BASES ECOLÓGICAS PARA EL MANEJO DE PLAGAS

EDICIONES UNIVERSIDAD CATÓLICA DE CHILE
Vicerrectoría de Comunicaciones
Av. Libertador Bernardo O'Higgins 390, Santiago, Chile

editorialedicionesuc@uc.cl
www.ediciones.uc.cl

BASES ECOLÓGICAS PARA EL MANEJO DE PLAGAS

Sergio A. Estay

© Inscripción N° 2021-A-5025
Derechos reservados
Junio 2021
ISBN 978-956-14-2833-1
ISBN digital 978-956-14-2834-8

Fotografías de portada:
Cristián Muñoz Morales, Universidad de Talca

Diseño y diagramación:
versión productora gráfica SpA

Impresor:
Salesianos Impresores S.A.

CIP – Pontificia Universidad Católica de Chile

Bases ecológicas para el manejo de plagas / [editado por] Sergio A. Estay.
Incluye bibliografías.

1. Plagas de insectos – Control biológico.
2. Plagas – Control biológico.
I. Estay Cabrera, Sergio Andrés, editor.

2021   632.7 + DDC 23   RDA

Esta publicación contó con el apoyo del centro CAPES-UC, ANID PIA/BASAL FB0002.

BASES ECOLÓGICAS PARA EL MANEJO DE PLAGAS

Sergio A. Estay

ÍNDICE

PRÓLOGO

Los primeros registros de plagas de insectos en la agricultura se remontan al Antiguo Testamento, cuando los enjambres de langostas eran una de las diez plagas infligidas a los egipcios por Dios, según el libro del Éxodo. El impacto que estas plagas tuvieron en las sociedades agrícolas en términos de daños a las cosechas, hambruna y pérdidas económicas está tan profundamente arraigado en la conciencia colectiva de las sociedades modernas que incluso hoy en día la visión de una nube oscura de langostas voladoras nos perturba. De hecho, los brotes de plagas de insectos siguen representando una de las mayores amenazas a la seguridad alimentaria y económica en muchas regiones del planeta.

Tratar de comprender y predecir los factores que causan estos brotes ha sido un enfoque tradicional y venerable en la ecología desde principios del siglo XX, con los trabajos pioneros de L. O. Howard y W. F. Fiske en 1911 sobre la importación de insectos parasitoides para controlar la plaga de la polilla gitana en USA. Los agricultores han estado relacionando la variación de un año a otro en las condiciones climáticas con la abundancia de las especies de insectos que dañan sus cultivos desde la misma revolución neolítica. Con el surgimiento de la agricultura, la humanidad comenzó a observar los efectos del clima en los rendimientos de los cultivos y en el desencadenamiento de plagas. Sin embargo, recién en el último siglo, con el surgimiento de la teoría evolutiva y ecológica, hemos comenzado a entender la dinámica conectada entre los ecosistemas agrarios y las poblaciones de insectos plagas.

De hecho, dos grandes innovaciones realizadas durante el siglo XX prometían solucionar el problema alimentario y la producción agrícola. Primero, el proceso de Harber-Bosch en 1913 que comenzó la producción de fertilizantes químicos para incrementar el rendimiento, y segundo, en 1939, el químico suizo Paul Hermann Müller descubrió el DDT que se comenzó a utilizar como veneno para el control de los insectos plagas. El DDT fue denominado como el insecticida "milagroso" capaz de salvar a la humanidad de la vieja amenaza de las plagas agrícolas y comenzó a aplicarse a lo largo del planeta. Sin embargo, algunos pocos entomólogos formados en la escuela teórica de la ecología evolutiva tenían sus reservas sobre el uso indiscriminado del DDT, ya que la posibilidad de evolución y resistencia al DDT, y la resurgencia de brotes secundarios causados por efectos indirectos, era probable de acuerdo a la teoría evolutiva y de dinámica de poblaciones. El tiempo les dio la razón, y sus temores se vieron justificados a lo largo de las últimas décadas.

Esta publicación aborda de manera diversa y detallada múltiples facetas del manejo de plagas y su relación con la teoría ecológica y evolutiva. A través de sus capítulos se recorren y conectan elementos de la teoría ecológica y del manejo de plagas a través de diferentes niveles de organización biológica y marcos conceptuales, desde la perspectiva organísmica hasta la ecosistémica, pasando por la dinámica de poblaciones, interacciones tróficas y comunidades. Pero, sobre todo, el libro es capaz de poner a conversar teoría y aplicaciones a través de los ejemplos en cada capítulo. Este aspecto lo convierte en una contribución muy interesante para diferentes lectores, desde estudiantes, entomólogos y ecólogos hasta tomadores de decisiones y funcionarios encargados del manejo y las normativas del control de plagas.

Hace treinta años, en 1991, Alan Andrew Berryman, ecológo, entomólogo y sobre todo dinamicista de poblaciones se preguntaba: *"Why it is that applied entomologists pay so little attention to the same laws of nature that other technologists use so effectively?"*. Este libro, editado por Sergio Estay, es una contribución para responder que los actuales ecólogos, entomólogos y manejadores están comenzando a aplicar la teoría ecológica y evolutiva para resolver problemas aplicados. Por lo tanto, esta publicación ilustra cómo se puede emplear la teoría ecológica y evolutiva para comprender y explicar las causas de las plagas de insectos y poder predecir cambios futuros en estos sistemas. En otras palabras, es un ejemplo de teoría ecológica aplicada, y pienso que es un aporte significativo ya que la ecología teórica es frecuentemente criticada por la falta de aplicaciones prácticas y poder predictivo.

MAURICIO LIMA ARCE
Profesor titular
Pontificia Universidad Católica de Chile

PREFACIO

SERGIO E. ESTAY[*]

Mucho se ha escrito sobre la importancia de una más estrecha relación entre la teoría ecológica y los métodos de control de plagas aplicados directamente en el terreno. Estos últimos muchas veces tienen cierta base empírica: han demostrado ser útiles en algunas circunstancias y su aplicación y recomendación de uso se transmite persona a persona en el tiempo. Sin embargo, su propia naturaleza empírica, sin un soporte conceptual más allá de la experiencia particular, hace que su aplicación a realidades distintas a aquellas de donde deriva sea incierta. Por otra parte, en ocasiones la teoría ecológica no ha sido capaz de mostrar y comunicar cómo sus avances permiten la elaboración de prácticas de manejo más efectivas y eficientes, con un nivel de generalidad que permita su aplicación sobre un más amplio rango de condiciones.

La aparente dicotomía teórico-aplicado ha sido una constante en la historia de la ecología. A principios del siglo XX, Arthur Tansley y Frederic E. Clements, dos personajes fundamentales en el desarrollo de la ecología temprana, creían que la mayor parte del conocimiento sobre los sistemas naturales se basaba en análisis caso a caso, con ausencia de un cuerpo teórico central que actuara como guía en la búsqueda de explicaciones generales a los patrones observados en la naturaleza (Goodenough y Hart, 2017). Una visión similar mostraban Levins y Wilson (1980), quienes identificaban factores desde sociológicos a históricos para explicar la distancia entre la teoría ecológica y la entomología económica. Probablemente, una excepción notable es la profunda discusión generada a finales de los años cincuenta sobre la aplicabilidad de los modelos de dinámica de poblaciones en el control biológico. La utilidad del enfoque basado en el modelo de Nicholson-Bailey (dinámica endógena) versus la aproximación de Andrewartha-Birch (exógena) impulsó el desarrollo de la ecología de poblaciones en sus aspectos teóricos, pero también motivó una discusión profunda sobre la forma de pensar e implementar los programas de control biológico en el mundo.

Hoy en día, la sólida base conceptual que ha alcanzado la ecología permite que para muchos de los problemas que enfrenta el agricultor o el tomador de decisiones, existan métodos o modelos teóricos de alta utilidad para lograr soluciones eficaces y sustentables. En este contexto, podría pensarse que la distancia entre lo teórico y la práctica parece haberse acortado, pero difícilmente puede decirse que ha desaparecido. La creciente

[*] Instituto de Ciencias Ambientales y Evolutivas, Universidad Austral de Chile. Valdivia, Chile.
Center of Applied Ecology and Sustainability (CAPES), Pontificia Universidad Católica de Chile. Santiago, Chile.
E-mail: sergio.estay@uach.cl

presión por una agricultura más sustentable, donde la sanidad vegetal y la seguridad alimentaria sean centrales, pone al manejo de plagas frente a un desafío de gran escala en todo el mundo.

En este libro, destacados investigadores nos muestran, a través de trece capítulos, cómo la conexión entre teoría ecológica y el manejo de plagas es posible y, además, deseable y beneficiosa para todos. El libro se ha organizado en cuatro secciones. En la primera parte, son revisados aspectos fundamentales a nivel organísmico. En el primer capítulo nos muestra cómo la resistencia a los insecticidas impacta el manejo de plagas. Este tópico es de gran actualidad dado el contexto mundial de búsqueda de alternativas que compatibilicen sanidad vegetal y seguridad alimentaria vía la minimización del uso de agroquímicos. En el segundo capítulo se provee una amplia mirada al rol de las tolerancias térmicas y su rol en la regulación de la distribución y abundancia de plagas, algo que en el actual contexto de cambio climático se vuelve clave para la adaptación de los sistemas agrícolas a estos nuevos contextos ambientales. Para cerrar la primera parte, el capítulo tres nos da una detallada revisión del uso de feromonas en el manejo de plagas.

La segunda parte del libro está enfocada en las interacciones biológicas y sus aplicaciones. El capítulo cuatro nos introduce en la interacción planta-insecto y cómo la salud del hospedante condiciona esta interacción. Los siguientes cuatro capítulos tratan sobre control biológico, brindando dos miradas sobre este tema clave en manejo de plagas. El primero nos muestra la importancia de la ecología conductual en el éxito de un programa de control biológico, mientras el segundo aborda las potencialidades de los gremios de depredadores en estos programas.

La tercera parte del libro está centrada alrededor de la ecología de invasiones y sus cuerpos teóricos anexos. A través de dos capítulos se muestra cómo la teoría de invasiones biológicas es un componente fundamental en la prevención y control de plagas cuarentenarias, y cómo la aplicación de este marco conceptual permitirá una gestión más eficiente de los recursos destinados a estas labores.

La cuarta y última sección, de cuatro capítulos, nos introduce al mundo normativo y cómo todo lo revisado anteriormente desemboca en políticas, reglamentos o instrumentos de gestión a nivel gubernamental. La importancia de esta sección radica en mostrar un área de la gestión de plagas que muchas veces pasa desapercibida o se presenta como una zona gris, donde el diálogo entre investigadores y tomadores de decisión raramente se produce. Creemos que su inclusión es clave para no solo establecer un lenguaje común y mejorar el intercambio de ideas, sino también para que estudiantes de pre y postgrado obtengan información sobre el funcionamiento de los sistemas nacionales de sanidad vegetal directamente desde sus ejecutores.

Esperamos que este libro sea de mucha utilidad para investigadores, tomadores de decisiones, productores, estudiantes de distintos niveles y para todo aquel que se interese en la sanidad vegetal. El poder desarrollar este trabajo en conjunto con un selecto grupo de investigadores ha sido un privilegio, y desde ya mi más profundo agradecimiento a todos por este esfuerzo.

Referencias

Goodenough, A. E., Hart, A. G. (2017). Applied ecology: monitoring, managing, and conserving. Oxford: Oxford University Press.

Levins, R., Wilson, M. (1980). Ecological theory and pest management. Annual Review of Entomology, 25, 287-308.

CAPÍTULO 1

RESISTENCIA A INSECTICIDAS EN EL MANEJO DE PLAGAS: DESDE LOS GENES HASTA LAS POBLACIONES

EDUARDO FUENTES-CONTRERAS

Centro de Ecología Molecular y Funcional en Agroecosistemas (CEMF),
Facultad de Ciencias Agrarias, Universidad de Talca. Talca, Chile.

RESUMEN

La resistencia de las plagas frente a los insecticidas es un problema relevante en la agricultura, resultado del uso inadecuado de los insecticidas sintéticos. Durante las últimas décadas se ha avanzado en comprender sus bases moleculares, bioquímicas y genéticas desde los genes hasta las poblaciones. Estos avances han permitido recomendar estrategias de mitigación, para disminuir sus efectos en el manejo integrado de plagas. En el presente capítulo se revisan aspectos básicos y aplicados del estudio de la resistencia a los insecticidas, para luego presentar las líneas de investigación más recientes sobre este tema. Finalmente, se ejemplifican estudios realizados con algunas plagas de importancia para la agricultura en Chile.

1. INTRODUCCIÓN

El desarrollo de resistencia a insecticidas en las plagas agrícolas es un proceso microevolutivo, que ocurre en pocas generaciones, como resultado de fuerzas evolutivas que aumentan la frecuencia de los fenotipos de la plaga que sobreviven a la aplicación de estos productos. La principal consecuencia de este proceso es la adaptación de las plagas a los insecticidas, que resulta en la falta de control cuando son utilizados (Mota-Sánchez *et al.*, 2002). Una definición que hace referencia a este proceso evolutivo es la entregada por Sawicki (1987), quien señala que es un "cambio genético en la población de la plaga, en respuesta a la presión de selección de los insecticidas, que puede resultar en una pérdida de la capacidad de control mediante insecticidas en situaciones de campo". Entre otras ventajas, esta definición tiene aspectos teóricos que enfatizan el proceso de cambio evolutivo, así como sus consecuencias prácticas que resultan en una falla de control de las plagas en el campo (Mota-Sánchez *et al.*, 2002). Una definición más operacional es la entregada por la industria de plaguicidas, a través del Insecticide Resistance Action Comitee (IRAC) que la define como un "cambio heredable en la sensibilidad de una población de una plaga que se refleja en la falla repetitiva de un producto en alcanzar el nivel de control esperado cuando se utiliza de acuerdo con las recomendaciones indicadas en su etiqueta para esa especie de plaga". Esta definición enfatiza las fallas de control en condiciones de campo, excluyendo las ocasionadas en un incorrecto almacenaje, aplicación o dosificación del insecticida, así como las ocasionadas por condiciones ambientales desfavorables. Sin embargo, al limitar la definición de resistencia a fallas de control a nivel de campo, quedan excluidos los casos en que la frecuencia de individuos resistentes es baja y el proceso microevolutivo no ha alcanzado aún el punto de falla de control (Mota-Sánchez *et al.*, 2002). Más allá de las definiciones es importante reconocer que el desarrollo de la resistencia a insecticidas no puede evitarse, sino más bien mitigar para que se presente en la menor frecuencia y demore el mayor tiempo posible en manifestarse (Hoy, 1998).

El problema de la resistencia a insecticidas tiene una larga historia documentada desde principios del siglo XX, asociado principalmente al advenimiento de los insecticidas sintéticos desde la década de los años cincuenta en adelante. El primer caso de resistencia a insecticidas parece ser el reportado por Melander (1914), el cual describe la pérdida de control sobre la escama de San José (*Diaspidiotus perniciosus*) de las aplicaciones de polisulfuro de calcio en manzanos del estado de Washington (USA). Desde este reporte inicial, el número de casos de resistencia, así como de especies de plagas e ingredientes activos de insecticidas en que se han reportado como involucrados en situaciones de resistencia, ha ido incrementándose progresivamente. Mota-Sánchez *et al.* (2008) revisan 7.747 casos de resistencia en 553 especies de plagas, cifra que sigue aún aumentando y se puede consultar en forma actualizada en la página web de Michigan State University e IRAC (https://www.pesticideresistance.org/) (Mota-Sánchez *et al.*, 2008; Onstad, 2008).

Producto de los problemas ambientales y de salud asociados a la aplicación de plaguicidas en la agricultura, los estándares ambientales y toxicológicos que deben cumplir los nuevos plaguicidas son cada día más exigentes. Este cambio, promovido por las economías más desarrolladas, ha provocado que el registro de los insecticidas sea un proceso largo y costoso, enfrentado por cada vez menos compañías de plaguicidas (Sparks, 2013; Umetsu y Shirai, 2020). Como resultado el número de insecticidas registrado para el control de plagas agrícolas se ha reducido durante las últimas décadas. Este escenario, en que el número de plagas resistentes aumenta, mientras disminuye el número de nuevos insecticidas que puedan controlar las plagas resistentes a los productos más antiguos, nos obliga a ser responsables en la forma de uso de los insecticidas para mantener su eficacia durante el mayor tiempo posible (Mota-Sánchez *et al.*, 2002; Sparks, 2013).

2. BASES MOLECULARES, BIOQUÍMICAS Y GENÉTICAS DE LA RESISTENCIA A INSECTICIDAS

2.1. Origen de la resistencia

La resistencia a insecticidas es un fenómeno resultado de un proceso evolutivo, en el cual la variabilidad genética existente en la población de una plaga es seleccionada por la aplicación de un insecticida que causa la mortalidad de los individuos que son susceptibles. Esta variabilidad genética aditiva de la plaga, sobre la que opera la selección, es pre-existente a la utilización de los insecticidas. Los insecticidas generalmente no son mutagénicos, de hecho es una de las pruebas que deben pasar antes de ser registrados, y no aumentan la variabilidad genética de las plagas. Por lo tanto, la utilización de los insecticidas selecciona aquellas variaciones genéticas pre-existentes en la población de la plaga. Estudios recientes realizados en ejemplares preservados en colecciones de museos de la mosca verde (*Lucilia cuprina*), indican que las poblaciones de esta plaga en Australia presentaban la mutación, que las hace resistentes al insecticida malation, desde antes de su utilización en ese continente (ffrench-Constant, 2007, 2013).

De esta forma, es esperable que una proporción de la población de una especie plaga no sea afectada en forma "natural" por la aplicación de los insecticidas. Debemos recordar que muchos insecticidas sintéticos (ej., piretroides y neonicotinoides) tienen estructuras químicas y modalidades de acción similares a las de algunos metabolitos secundarios de plantas (ej., piretrinas y nicotina), por lo que los insectos herbívoros ya han estado expuestos a estos compuestos a lo largo de procesos macroevolutivos con las plantas (Li *et al.*, 2007).

2.2. Mecanismos de resistencia

Existen varios mecanismos que hacen que las plagas sean resistentes a los insecticidas. En las siguientes secciones se detallarán los dos más comunes y estudiados, mientras se presentarán en forma más breve algunos otros para los cuales existen menos ejemplos disponibles.

2.2.1. Resistencia por insensibilidad del sitio activo

Los insecticidas sintéticos tienen modos de acción en los que interactúan con alguna proteína blanco (enzimas, canales o receptores de membrana), afectando su funcionamiento. Estas proteínas pueden presentar cambios en su estructura que reducen la capacidad de los insecticidas para afectar su funcionamiento. Estos cambios se deben a mutaciones en los genes codificantes, los que producen cambios en las secuencias de aminoácidos de estas proteínas, haciéndolas insensibles a la acción de los insecticidas (Pittendrigh *et al.*, 2008).

Algunas de las mutaciones más comunes asociadas a la resistencia a insecticidas en plagas son las del canal de sodio denominadas resistencia al volteo o *kdr* (knock down resistance) y súper *kdr*, las cuales producen insensibilidad a los piretroides y el DDT (Soderlund, 2008). También existen mutaciones en la enzima acetilcolinesterasa (MACE), la cual se asocia a insensibilidad a insecticidas organofosforados y carbamatos (Russel *et al.*, 2004). Más recientemente, se ha descrito una mutación en el receptor nicotínico que produce resistencia a los neonicotinoides (Bass *et al.*, 2011).

2.2.2. Resistencia metabólica

Los insectos presentan enzimas detoxificadoras que pueden metabolizar los insecticidas antes de que ejerzan su efecto tóxico sobre las proteínas blanco. También se consideran dentro de este tipo de mecanismo, los casos de enzimas que, aunque no logran detoxificar los insecticidas, son capaces de secuestrarlos en sus sitios activos, impidiendo su acción sobre las proteínas blanco. Este incremento de la actividad detoxificadora o de secuestro de los insecticidas puede ocurrir por un aumento en la cantidad de enzimas detoxificadoras o mutaciones en su sitio activo que las hacen más eficientes (Pittendrigh *et al.*, 2008). Las principales familias de enzimas detoxificadoras son las esterasas (EST), glutatión-S-transferasas (GST) y monoxigenasas del citocromo P-450 (Li *et al.*, 2007). Las EST están asociadas a la resistencia frente a organofosforados, carbamatos y algunos piretroides, pudiendo aumentar su actividad por amplificación del número de genes, mutación de genes reguladores de su expresión génica y mutaciones en los sitios activos que incrementan su actividad metabólica (Hemingway, 2000; Wheelock *et al.*, 2005). Las GST han sido asociadas a resistencia a varios grupos de insecticidas, ya sea por su capacidad de conjugar glutatión reducido a grupos tiol de los insecticidas, haciéndolos más hidrosolubles, dehidroclorinando insecticidas halogenados como el DDT, y posiblemente, detoxificando moléculas derivadas de la oxidación que producen algunos insecticidas (Hemingway, 2000; Enayati *et al.*, 2005). Finalmente, las P-450 son una familia diversa de enzimas con múltiples funciones metabólicas, las que se asocian a la detoxificación de insecticidas mediante hidroxilación, epoxidación y oxidación de varios sustratos (Scott, 1999). Generalmente, los insectos resistentes presentan una sobrexpresión constitutiva de P-450 asociada a cambios (ej., inserción de transposones) en los genes de sus regiones regulatorias, lo cual se relaciona también con sus capacidades de detoxificación de metabolitos secundarios de plantas (Li *et al.*, 2007; Bass *et al.*, 2013).

2.2.3. Otros mecanismos

En la literatura se menciona la resistencia conductual, en la cual se describe el desarrollo de la capacidad de los individuos de una población para evitar una dosis letal de insecticida. Existen muy pocos ejemplos de este mecanismo, siendo uno el de disminución de la ovipostura de la mosca verde (*L. cuprina*) frente a residuos del insecticida piretroide cicloprotrina. Esta conducta es heredable en forma parcialmente dominante y poligénica (Mota-Sánchez *et al.*, 2002). También se señala la resistencia por reducción de la penetración de los insecticidas a través del exoesqueleto de los insectos, la cual se ha reportado en algunos mosquitos (*Anopheles spp.* y *Culex pipiens*) como resultado de cambios en el grosor y/o composición de la cutícula. Los pocos casos descritos de resistencia por penetración reducida se presentan generalmente en conjunto con mecanismos de insensibilidad en sitios activos y resistencia metabólica (Pittendrigh *et al.*, 2008; Balabanidou *et al.*, 2018).

2.3. Resistencia cruzada y múltiple

La resistencia frecuentemente no se restringe solamente a un ingrediente activo o a un grupo químico de insecticidas, ya que algunos mecanismos de resistencia producen efectos sobre varios ingredientes activos con el mismo y a veces diferente modo de acción. De la misma manera se pueden presentar diferentes mecanismos de resistencia en un mismo individuo en forma simultánea.

2.3.1. Resistencia cruzada

Se produce cuando una población sometida a la presión de selección con un insecticida, adquiere un mecanismo de resistencia a este y a otros insecticidas que, aunque no hayan sido aplicados generalmente, comparten su modo de acción. Por ejemplo, la resistencia por mutaciones *kdr* y súper *kdr* en el pulgón verde del duraznero (*Myzus persicae*) que brindan resistencia a piretroides y DDT, los cuales comparten su modo de acción (Bass *et al.*, 2014). Sin embargo, la adquisición de resistencia metabólica puede incluir a ingredientes activos con diferentes modos de acción. Por ejemplo, el incremento en la actividad de EST E4 y FE4 en el pulgón verde del duraznero (*M. persicae*), le brindan resistencia a organofosforados, mono-metil carbamatos y en menor grado piretroides, los cuales no comparten su modo de acción (Bass *et al.*, 2014).

2.3.2. Resistencia múltiple

Se produce cuando una población sometida a la presión de selección con un insecticida, se hace resistente a varios insecticidas, aunque no hayan sido aplicados y no importando su grupo químico o modo de acción, ya que presentan al mismo tiempo varios mecanismos de resistencia. Por ejemplo, existen algunos linajes asexuales del pulgón verde del duraznero (*M. persicae*) que al mismo tiempo pueden ser resistentes a varios grupos de insecticidas, ya que presentan las mutaciones *kdr* (piretroides), MACE (dimetil carbamatos) y niveles de actividad R2 o R3 de EST E4 (organofosforados, monometilcarbamatos y piretroides) (Devonshire *et al.*, 1998; Bass *et al.*, 2014).

2.4. Bases genéticas de la resistencia

La resistencia a insecticidas debe ser heredable y por lo tanto debe estar basada sobre variabilidad genética aditiva. Esta variabilidad genética aditiva puede ser resultado de uno o muchos genes (Roush y McKenzie, 1987; McKenzie, 2001). La resistencia que se presenta en condiciones de campo, generalmente en poblaciones de la plaga con grandes tamaños poblacionales que permiten que alelos raros de baja frecuencia se encuentren presentes, es producto de aplicaciones de insecticidas en dosis altas y heterogéneas, que seleccionan en los individuos resistentes un único gen con efectos mayores en pocas generaciones (ffrench-Constant *et al.*, 2004). Por el contrario, en condiciones de laboratorio, con poblaciones más pequeñas y genéticamente menos variables, para poder mantener individuos que sobreviven a las aplicaciones, se usan dosis de insecticidas más bajas y homogéneas, las que seleccionan gradualmente en muchas generaciones varios genes con efectos parciales o menores, los que producen resistencia de tipo poligénica (ffrench-Constant *et al.*, 2004). Existe debate acerca de la importancia relativa de estas dos formas de selección de resistencia a insecticidas (Groeters y Tabashnik, 2000), aunque las evidencias más recientes desde la genómica tienden a mostrar que incluso la resistencia metabólica se basa sobre cambios en solo un gen del conjunto de genes que existen para cada grupo de enzimas detoxificadoras (ffrench-Constant, 2013).

La dominancia de la expresión fenotípica de la resistencia se evalúa como la resistencia de los genotipos heterocigotos en comparación con los homocigotos resistentes y susceptibles. La dominancia depende de la dosis de insecticida utilizado, así por ejemplo, si se usan dosis bajas, mueren solamente los homocigotos susceptibles y la resistencia es por lo tanto de tipo dominante (heterocigotos sobreviven), mientras que si se usan dosis más altas mueren los homocigotos susceptibles y los heterocigotos, siendo la resistencia de tipo recesivo al sobrevivir solamente los homocigotos resistentes (Roush y McKenzie, 1987; McKenzie, 2001). La dominancia de los genotipos puede ser evaluada comparando las dosis letales que alcanzan una mortalidad determinada, o bien, comparando las mortalidades que se alcanzan con una dosis determinada (Bourguet *et al.*, 2000). También se puede estimar la dominancia comparando la adecuación biológica frente a una dosis de insecticida determinada. Sin embargo, no necesariamente hay una correlación entre dominancia estimada por la mortalidad y la adecuación biológica frente a una dosis determinada, ya que los heterocigotos que sobreviven a la aplicación pueden reproducirse de igual forma o en menor medida que los homocigotos resistentes, contribuyendo diferencialmente a la siguiente generación (Bourguet *et al.*, 2000). En la mayoría de los casos la resistencia a insecticidas es de tipo parcialmente dominante (McKenzie, 2001), lo que tiene importantes consecuencias en las estrategias de mitigación de resistencia (Onstad y Guse, 2008).

La resistencia múltiple, en la cual se presentan varios mecanismos de resistencia en el mismo individuo, puede presentar interacciones entre los genes responsables de estos mecanismos. Por ejemplo, puede existir un desequilibrio de ligamiento entre los genes de estos mecanismos de resistencia. Esto indica que los genes están dentro del mismo grupo de ligamiento (cercanos dentro del mismo cromosoma) o bien son seleccionados en conjunto sobre linajes asexuales como en los pulgones plaga (Figueroa *et al.*, 2018), por lo tanto no recombinan y se asocian en forma no aleatoria. Dependiendo del número de cromosomas y formas de reproducción de las especies de plaga, así como de las presiones de selección de los insecticidas, estas interacciones pueden acelerar o retrasar el desarrollo de resistencia a insecticidas (Onstad y Guse, 2008).

Similarmente, existen factores epigenéticos que pueden regular la expresión de genes de resistencia (Oppold y Müller, 2017). Un ejemplo es la metilación de las EST en el pulgón verde del duraznero (*M. persicae*), la cual permite que linajes asexuales resistentes a insecticidas reviertan su condición a susceptibles (Field y Blackman, 2003).

Los individuos resistentes presentan una mayor adecuación biológica en un ambiente con selección de los insecticidas, pero en general se postula también que los individuos resistentes presentan una menor adecuación biológica en ambientes en que no está presente esta presión de selección. Esto implica que la adquisición de resistencia conlleva costos de adecuación biológica en ambientes donde este carácter no es ventajoso, debido a que los cambios en las proteínas que son blanco o detoxifican a los insecticidas, producen efectos pleiotrópicos negativos en otros caracteres que afectan la adecuación biológica (McKenzie, 2001; Kliot y Ghanim, 2002; Bourguet *et al.*, 2004). Sin embargo, varios análisis han encontrado que existe variabilidad dependiendo del tipo de resistencia y condiciones ambientales, que hacen que la evidencia disponible no siempre sustente esta hipótesis (Roush y McKenzie, 1987; Coustau *et al.*, 2000; ffrench-Constant y Bas, 2017). Uno de los casos más estudiados corresponde al pulgón verde del duraznero (M. *persicae*), donde se presentan linajes asexuales con resistencia cruzada o múltiple a diferentes insecticidas que los hace predominantes en cultivos con frecuentes aplicaciones de estos productos. Sin embargo, en cultivos u hospederos silvestres (malezas) sin aplicación de insecticidas, su frecuencia disminuye rápidamente (Foster *et al.*, 2000, 2002). Se ha demostrado que estos linajes asexuales del pulgón verde del duraznero (M. *persicae*) resistentes a insecticidas presentan menor capacidad de tolerar bajas temperaturas (Foster *et al.*, 1996, 1997), de defenderse de sus enemigos naturales mediante liberación o respuesta frente a su feromona de alarma (Foster *et al.*, 1999, 2003, 2005, 2007), o menores tasas de incremento poblacional (Foster *et al.*, 2003; Fenton *et al.*, 2010). No obstante, en otros estudios no se han detectado costos en términos metabólicos o reproductivos (Castañeda *et al.*, 2011). Justamente, la existencia de costos en adecuación biológica de la resistencia a insecticidas es la clave que permite que disminuya su frecuencia al relajarse la presión de selección de los insecticidas. Por el contrario, algunas formas de resistencia a insecticidas que tienen bajos costos en términos de adecuación biológica, pueden permanecer en las poblaciones de plagas una vez relajada la presión de selección. Este es otro aspecto clave de las estrategias de mitigación del desarrollo de resistencia a insecticidas (Roush y McKenzie, 1987; McKenzie, 2001; Onstad y Guse, 2008).

Los costos asociados al desarrollo de la resistencia a insecticidas no necesariamente se mantienen en el tiempo, debido a que si se mantiene la presión de selección a través de muchas generaciones, pueden aparecen nuevas adaptaciones modificadoras que disminuyan los efectos negativos de la resistencia a insecticidas e incluso permitan que se fije el carácter de resistencia en la población de la plaga. Sin embargo, este fenómeno de coadaptación se ha descrito en muy pocos casos estudiados (McKenzie, 2001; ffrench-Constant y Bass, 2017).

3. GENÉTICA DE POBLACIONES Y ESTRATEGIAS DE MITIGACIÓN DE LA RESISTENCIA

Los factores que afectan el desarrollo de resistencia en las poblaciones de plagas están relacionados con procesos que regulan la frecuencia de los genes en las poblaciones y por lo tanto, deben ser comprendidos en esta escala de análisis en la organización biológica. Las tasas de evolución de la resistencia a insecticidas, es decir el cambio a través del tiempo de la frecuencia de los alelos que confieren resistencia, es producto de la interacción compleja entre los procesos de mutación, selección, flujo génico y deriva genética. En ausencia de la presión de selección ejercida por los insecticidas, los procesos de mutación y deriva genética son los determinantes de la frecuencia génica de los alelos que pueden conferir resistencia a un nuevo insecticida. Por el contrario, una vez que se utiliza ampliamente el insecticida, los procesos de selección y flujo génico determinan principalmente la tasa de evolución de resistencia frente a los insecticidas (Roush y Daly, 1990; Onstad y Guse, 2008).

Los modelos matemáticos desarrollados para estudiar la tasa de evolución de la resistencia a insecticidas indican que en general: i) la tasa de evolución aumenta con la intensidad de la selección, ii) la tasa de evolución aumenta con la dominancia de la resistencia, iii) la tasa de evolución disminuye con sus costos en adecuación biológica, iv) la tasa de evolución aumenta con la frecuencia inicial de alelos resistentes, y v) la tasa de evolución disminuye con el flujo génico de alelos susceptibles. Los efectos de la tasa de mutación, deriva génica, desequilibrio de ligamiento y epistasis sobre la tasa de evolución de resistencia son variables (Roush y Mckenzie, 1987; Roush y Daly, 1990; Onstad y Guse, 2008). Como resultado de estas conclusiones generales se han desarrollado estrategias para la mitigación del desarrollo de resistencia que se detallan a continuación (Roush y Daly, 1990; Tabashnik 1990; Hoy, 1998).

3.1. Aplicación secuencial de insecticidas con diferente modalidad de acción (rotación)

Esta estrategia predice que la frecuencia de individuos resistentes a un insecticida A declina durante la aplicación posterior de un segundo insecticida B. Supone que existen costos en adecuación biológica asociados a la resistencia, o inmigración de susceptibles desde las áreas vecinas. Esta es la estrategia más recomendada para mitigar el desarrollo de resistencia de plagas agrícolas frente a insecticidas convencionales.

3.2. Aplicación de insecticidas con diferente modalidad de acción en mosaicos espaciales (refugios)

Esta estrategia predice que la frecuencia de individuos resistentes a un insecticida A declina, si en los campos vecinos se aplica simultáneamente un segundo insecticida B. También supone que existen costos en adecuación biológica asociados a la resistencia, así como que existe inmigración de susceptibles desde las áreas tratadas vecinas. Esta es la estrategia más recomendada para mitigar el desarrollo de resistencia de plagas agrícolas frente a plantas transgénicas con toxinas de *Bacillus thuringiensis* var. *kurstaki*.

3.3. Aplicación de mezclas de insecticidas con distinta modalidad de acción (cóctel)

Esta estrategia predice que la frecuencia de individuos resistentes a un insecticida A declina, si se aplica mezclado con un segundo insecticida B. En este caso los supuestos incluyen: i) resistencia monogénica, ii) ausencia de resistencia cruzada, iii) baja frecuencia inicial de individuos resistentes, iv) similar persistencia de los insecticidas A y B, y v) resistencia funcionalmente recesiva (solo los homocigotos recesivos son resistentes).

3.4. Aplicación de insecticidas en dosis crecientes (sobredosis)

Esta estrategia predice que la frecuencia de individuos resistentes a un insecticida A declina, si se aplica el mismo insecticida A en una dosis mayor capaz de matar hasta los individuos resistentes. Esta estrategia en general no se recomienda, ya que produce incrementos crecientes en el costo económico y ambiental de la utilización de los insecticidas.

4. ÓMICAS DE LA RESISTENCIA A INSECTICIDAS

El advenimiento de los estudios genómicos, transcriptómicos y proteómicos está comenzando a permitir el análisis detallado y simultáneo de grandes grupos de genes, transcritos y proteínas que interactúan para expresar mecanismos de resistencia a los insecticidas en algunas especies de plagas (Homem y Davies, 2018). Hasta hace pocos años la resistencia a insecticidas que predominantemente se estudiaba desde el punto de vista de la biología molecular, tenía una base monogénica analizable con las herramientas disponibles, basadas sobre genes ya conocidos (*kdr*, MACE, etc.), mediante la reacción en cadena de la polimerasa (PCR), usando partidores heterólogos (desarrollados para especies diferentes) o genética reversa mediante la enzima transcriptasa reversa (Oakeshott *et al.*, 2003; ffrench-Constant *et al.*, 2004). Desde que las técnicas de secuenciación permitieron conocer el genoma de los primeros insectos modelo (como por ejemplo *Drosophila melanogaster*), hasta la capacidad de secuenciar genomas completos en tiempos y presupuestos alcanzables, las posibilidades de investigar los mecanismos de resistencia con esta aproximación están disponibles en bases de datos públicas para cada vez más especies de insectos plaga (Yin *et al.*, 2016). Por ejemplo, la resistencia por incremento de actividad de enzimas detoxificadoras, producto de vías metabólicas compuestas por decenas de genes, ahora puede ser analizada con estas herramientas. Las familias de genes EST, GST y P450 se encuentran completamente catalogadas para varias especies, lo que ha permitido estudios de genómica comparada o el desarrollo de placas con microarreglos para estudiar sus niveles de transcripción (Oakeshott *et al.*, 2003; ffrench-Constant *et al.*, 2004). Similarmente, la capacidad de analizar secuencias en regiones que flanquean a mutaciones que brindan resistencia a insecticidas, permite establecer si estas mutaciones tienen un único origen seguido por dispersión o bien, múltiples orígenes en diferentes poblaciones (ffrench-Constant *et al.*, 2004). Más recientemente, la utilización de técnicas que permiten controlar la expresión de genes y editar cambios en sus secuencias en especies de insectos modelo, permite predecir que su aplicabilidad para evaluar manipulativamente los mecanismos de la resistencia a insecticidas en insectos plaga tiene un gran potencial (Pittendrigh *et al.*, 2008; Homem y Davies, 2018). En particular, la edición génica utilizando CRISPR/Cas 9 se está convirtiendo en una herramienta clave para manipular mutaciones en genes candidatos y demostrar experimentalmente su rol funcional en la resistencia a insecticidas (Samantsidis *et al.*, 2020; Homem *et al.*, 2020).

5. SIMBIONTES Y RESISTENCIA A INSECTICIDAS

Diversos aspectos del éxito ecológico de los insectos plaga se han asociado a la presencia de microorganismos simbiontes (Douglas, 2015). También podría ser el caso de la resistencia a insecticidas, donde se han reportado algunos casos de plagas que presentan resistencia a insecticidas en asociación con cambios en la composición de especies en sus comunidades de microorganismos simbiontes (Pietri y Liang, 2018). En otros pocos casos, se ha demostrado que las capacidades de detoxificación que presentan los simbiontes intestinales entregan resistencia a algunos insecticidas (Kikuchi *et al.*, 2012; Cheng *et al.*, 2017). Estas asociaciones entre simbiontes y plagas tienden a ser variables, con su funcionalidad dependiente del contexto ambiental, por lo que su potencial relevancia en términos prácticos para el desarrollo de la resistencia a insecticidas está por evaluarse (Liu y Guo, 2019).

6. ESTATUS DE LA RESISTENCIA A INSECTICIDAS EN PLAGAS AGRÍCOLAS DE CHILE

La demanda global de alimentos ha convertido a Chile en uno de los principales exportadores de estos productos en el hemisferio sur. Este objetivo se ha alcanzado mediante la producción agrícola intensiva, la cual requiere un estricto control de las plagas principalmente mediante la aplicación de insecticidas. En este escenario, los estudios sobre el desarrollo de resistencia a insecticidas de las plagas de la agricultura en Chile, son pocos y frecuentemente alcanzan un nivel descriptivo inicial. Estos estudios han sido revisados por Silva (2003) y Araya *et al.*, (2009), con pocas nuevas especies de plagas que puedan ser agregadas. Por otra parte, para algunas pocas plagas se ha podido estudiar en mayor profundidad este fenómeno, considerando sus mecanismos y consecuencias a nivel poblacional. En las siguientes secciones se detallarán los avances realizados en Chile para el pulgón verde del duraznero (M. *persicae*) y la polilla de la manzana (*Cydia pomonella*), ambas especies de plagas estudiadas globalmente y para las cuales se han desarrollado diversos métodos de análisis, desde los genes hasta las poblaciones, los que han sido aplicados para su estudio en nuestro país.

6.1. El pulgón verde del duraznero en Chile

El pulgón verde del duraznero (*Myzus persicae*), es una especie de áfido muy polífaga y que produce severas pérdidas económicas en variados cultivos agrícolas. Varios estudios han determinado que desarrolla resistencia a insecticidas mediante diversos mecanismos moleculares (Bass *et al.*, 2014), por lo que en las últimas décadas se han aplicado las metodologías disponibles para establecer sus niveles y mecanismos de resistencia a insecticidas en distintos cultivos en Chile. Los primeros avances fueron realizados con la subespecie especializada en tabaco (M. *persicae nicotianae*), la cual fue detectada en Chile a fines de los años noventa. Los análisis realizados indicaron que se estaba en presencia de un solo linaje asexual, que contaba con niveles bajos a intermedios de resistencia a organofosforados asociado a incrementos de actividad de EST, así como sin otros mecanismos de resistencia como *kdr* o MACE (Fuentes-Contreras *et al.*, 2004; Cabrera-Brandt *et al.*, 2010). En este momento tampoco se presentaban niveles de resistencia a insecticidas neonicotinoides (Fuentes-Contreras *et al.*, 2007a). La utilización de marcadores moleculares microsatélites permitió hacer un seguimiento de las posibles rutas de invasión de este linaje asexual a Sudamérica (Zepeda-Paulo *et al.*, 2010). Al ampliar los estudios a poblaciones del pulgón verde del duraznero en otros cultivos, se detectaron niveles altos de resistencia al dimetil carbamato pirimicarb, asociado a la mutación MACE, mientras la frecuencia de la mutación *kdr* y súper *kdr* y la actividad de EST fue relativamente baja (Fuentes-Contreras *et al.*, 2013). La presencia de mutaciones MACE, *kdr* y súper *kdr* no estuvo asociada a costos en adecuación biológica expresada como reproducción o tasa metabólica (Castañeda *et al.*, 2011). Estudios más recientes han encontrado mayores frecuencias de mutaciones MACE, *kdr* y súper *kdr* en poblaciones de huertos de duraznero, cultivos de pimentón y sus malezas asociadas (Rubiano-Rodríguez *et al.*, 2014, 2019; Rubio-Meléndez *et al.*, 2018). Finalmente, en relación con la resistencia a insecticidas también se han desarrollado algunos estudios transcriptómicos con el pulgón verde del duraznero en Chile (Figueroa *et al.*, 2007; Silva *et al.*, 2012a, 2012b).

6.2. La polilla de la manzana en Chile

La polilla de la manzana (*Cydia pomonella*) es la plaga clave del cultivo de los frutales pomáceos en Chile y en el mundo. Esta plaga se controla mediante el uso de feromonas sexuales (capítulo 3 en este volumen) y frecuentemente mediante la aplicación de insecticidas. Desde inicios del siglo pasado esta plaga ha desarrollado resistencia a casi todos los grupos de insecticidas disponibles para su control (Reyes *et al.*, 2009). Los estudios en Chile comienzan con la detección de actividad elevada de GST y P450 en poblaciones que presentaban resistencia a organofosforados y diacilhidrazinas (Reyes *et al.*, 2004). Estos resultados luego fueron ampliados, confirmando resistencia a organofosforados, medida por incrementos de actividad GST (Fuentes-Contreras *et al.*, 2007b), así como una baja prevalencia de mutación *kdr* y ausencia de MACE (Reyes *et al.*, 2009). Los estudios más recientes indican que se mantiene la resistencia a organofosforados asociado a enzimas detoxificadoras (Reyes *et al.*, 2015). Los niveles de resistencia a insecticidas encontrados en la polilla de la manzana en Chile, son en general más bajos a los observados en otras regiones productoras de pomáceas (Reyes *et al.*, 2009), a pesar de que el uso de insecticidas para su control es predominante. Estudios de genética de poblaciones (Espinoza *et al.*, 2007; Fuentes-Contreras *et al.*, 2008) indican que existe un alto flujo génico entre las poblaciones de esta plaga de Chile central, el cual se expresa también a la escala de cada huerto con su entorno sin manejo (Basoalto *et al.*, 2010; Fuentes-Contreras *et al.*, 2014). La continua inmigración de polillas mayoritariamente susceptibles a insecticidas, desde los entornos sin manejo hacia los huertos de pomáceas de exportación con frecuentes aplicaciones de insecticidas, sería la causa de la mantención de poblaciones con bajos niveles de resistencia a insecticidas en Chile central.

7. CONCLUSIONES

Desde hace varias décadas la resistencia a insecticidas en las plagas es un fenómeno con importantes consecuencias para la producción agrícola global y de Chile. Este problema representa un desafío actual y creciente, dada su frecuente ocurrencia y la menor disponibilidad de insecticidas en el futuro. El estudio en profundidad de este fenómeno, requiere de una aproximación multidisciplinaria, que incluya desde aspectos de la biología molecular hasta la biología de poblaciones. A través de estos estudios se pueden generar las evidencias que permitan el desarrollo de políticas de mitigación de este problema, tanto para el sector público como para la industria agrícola y de plaguicidas.

8. REFERENCIAS

Araya, J. E., Rosas, S., Silva, G. y Rodríguez-Maciel, J. C. (2009). Revisión de los casos de resistencia a insecticidas y acaricidas reportados en Chile y sus métodos de detección. *Agro-Ciencia, 25*, 55-72.

Balabanidou, V., Grigoraki, L. y Vontas, J. (2018). Insect cuticle: a critical determinant of insecticide resistance. *Current Opinion in Insect Science, 27*, 68-74.

Basoalto, E., Miranda, M., Knight, A. L. y Fuentes-Contreras, E. (2010). Landscape analysis of adult codling moth (Lepidoptera: Tortricidae) distribution and dispersal within typical agroecosystems dominated by apple production in central Chile. *Environmental Entomology, 39*, 1399-1408.

Bass, C., Puinean, A. M., Andrews, M., Cutler, P., Daniels, M., Elias *et al.* (2011). Mutation of a nicotinic acetylcholine receptor subunit is associated with resistance to neonicotinoid insecticides in the aphid *Myzus persicae*. *BMC Neuroscience, 12*, 51.

Bass, C., Zimmer, C. T., Riveron, J. M., Wilding, C. S., Wondji, C. S., Kaussmann, M. *et al.* (2013). Gene amplification and microsatellite polymorphism underlie a recent insect host shift. *Proceedings of the National Academy of Sciences, 110*, 19460-19465.

Bass, C., Puinean, A. M., Zimmer, C. T., Denholm, I., Field, L. M., Foster, S. P. *et al.* (2014). The evolution of insecticide resistance in the peach potato aphid, *Myzus persicae. Insect Biochemistry and Molecular Biology, 51*, 41-51.

Bourguet, D., Genissel, A. y Raymond, M. (2000). Insecticide resistance and dominance levels. *Journal of Economic Entomology, 93*, 1588-1595.

Bourguet, D., Guillemaud, T., Chevillon, C. y Raymond, M. (2004). Fitness costs of insecticide resistance in natural breeding sites of the mosquito *Culex pipiens. Evolution, 58*, 128-135.

Cabrera-Brandt, M. A., Fuentes-Contreras, E. y Figueroa, C. C. (2010). Differences in the detoxification metabolism between two clonal lineages of the aphid *Myzus persicae* (Sulzer) (Hemiptera: Aphididae) reared on tobacco (*Nicotiana tabacum* L.). *Chilean Journal of Agricultural Research, 70*, 567-575.

Castañeda, L. E., Barrientos, K., Cortés, P. A., Figueroa, C. C., Fuentes-Contreras, E., Luna-Rudloff, M. *et al.* (2011). Evaluating reproductive fitness and metabolic costs for insecticide resistance in *Myzus persicae* from Chile. *Physiological Entomology, 36*, 253-260.

Cheng, D., Guo, Z., Riegler, M., Xi, Z., Liang, G. y Xu, Y. (2017). Gut symbiont enhances insecticide resistance in a significant pest, the oriental fruit fly *Bactrocera dorsalis*. *Microbiome*, 5, 13.

Coustau, C., Chevillon, C. y ffrench-Constant, R. (2000). Resistance to xenobiotics and parasites: can we count the cost? *Trends in Ecology and Evolution*, 15, 378-383.

Douglas, A. E. (2015). Multiorganismal insects: diversity and function of resident microorganisms. *Annual Review of Entomology*, 60, 17-34.

Devonshire, A. L., Field, L. M., Foster, S. P., Moores, G. D., Williamson, M. S. y Blackman, R. L. (1998). The evolution of insecticide resistance in the peach-potato aphid, *Myzus persicae*. *Philosophical Transactions of the Royal Society of London. Series B*, 353, 1677-1684.

Enayati, A. A., Ranson, H. y Hemingway, J. (2005). Insect glutathione transferases and insecticide resistance. *Insect Molecular Biology*, 14: 3-8.

Espinoza, J. L., Fuentes-Contreras, E., Barros, W. y Ramírez C. C. (2007). Utilización de microsatélites para la determinación de la variabilidad genética de la polilla de la manzana *Cydia pomonella* L. (Lepidoptera: Tortricidae) en Chile Central. *Agricultura Técnica (Chile)*, 67, 244-252.

Fenton, B., Margaritopoulos, J. T., Malloch, G. L. y Foster, S. P. (2010). Micro-evolutionary change in relation to insecticide resistance in the peach-potato aphid, *Myzus persicae*. *Ecological Entomology*, 35, 131-146.

ffrench-Constant, R. H., Daborn, P. J. y Le Goff, G. (2004). The genetics and genomics of insecticide resistance. *Trends in Genetics*, 20, 163-170.

ffrench-Constant, R. H. (2007). Which came first: insecticides or resistance? *Trends in Genetics*, 23, 1-4.

ffrench-Constant, R. H. (2013). The molecular genetics of insecticide resistance. *Genetics*, 194, 807-815.

ffrench-Constant, R. H. y Bass, C. (2017). Does resistance really carry a fitness cost? *Current Opinion in Insect Science*, 27, 39-46.

Field, L. M. y Blackman, R. L. (2003). Insecticide resistance in the aphid *Myzus persicae* (Sulzer): chromosome location and epigenetic effects on esterase gene expression in clonal lineages. *Biological Journal of the Linnean Society*, 79, 107-113.

Figueroa, C. C., Prunier-Leterme, N., Rispe, C., Sepúlveda, F., Fuentes-Contreras, E., Sabater-Muñoz, B. *et al.* (2007). Annotated expressed sequence tags and xenobiotic detoxification in the aphid *Myzus persicae* (Sulzer). *Insect Science*, 14, 29-45.

Figueroa, C. C., Fuentes-Contreras, E., Molina-Montenegro, M., y Ramírez, C. C. (2018). Biological and genetic features of introduced aphid populations in agroecosystems. *Current Opinion in Insect Science*, 26, 63-68.

Foster, S. P., Harrington, R., Devonshire, A. L., Denholm, I., Devine, G. J., Kenward, M. G. y Bale, J. S. (1996). Comparative survival of insecticide-susceptible and resistant peach-potato aphids, *Myzus persicae* (Sulzer) (Hemiptera: Aphididae), in low temperature field trials. *Bulletin of Entomological Research*, 86, 17-27.

Foster, S. P., Harrington, R., Devonshire, A. L., Denholm, I., Clark, S. J. y Mugglestone, M.A. (1997). Evidence for a possible fitness trade-off between insecticide resistance and the low temperature movement that is essential for survival of UK populations of *Myzus persicae* (Hemiptera: Aphididae). *Bulletin of Entomological Research*, 87, 573-579.

Foster, S. P., Woodcock, C. M., Williamson, M. S., Devonshire, A. L., Denholm, I. y Thompson, R. (1999). Reduced alarm response for peach-potato aphids (*Myzus persicae*) with knock-down resistance to insecticides (*kdr*) may impose a fitness cost through increased vulnerability to natural enemies. *Bulletin of Entomological Research*, 89, 133-138.

Foster, S. P., Denholm, I. y Devonshire, A. L. (2000). The ups and downs of insecticide resistance in peach-potato aphids (*Myzus persicae*) in the UK. *Crop Protection*, 19, 873-879.

Foster, S. P., Harrington, R., Dewar, A. M., Denholm, I. y Devonshire, A. L. (2002). Temporal and spatial dynamics of insecticide resistance in Myzus persicae (Hemiptera: Aphididae). *Pest Management Science*, 58, 895-907.

Foster, S. P., Kift, N. B., Baverstock, J., Sime, S., Reynolds, K., Jones, J. E. *et al.* (2003). Association of MACE-based insecticide resistance in *Myzus persicae* with reproductive rate, response to alarm pheromone and vulnerability to attack by *Aphidius colemani*. *Pest Management Science*, 59, 1169-1178.

Foster, S. P., Denholm, I., Thompson, R., Poppy, G. M. y Powell, W. (2005). Reduced response of insecticide-resistance aphids and attraction of parasitoids to aphid alarm pheromone; a potential fitness trade-off. *Bulletin of Entomological Research*, 59, 1-10.

Foster, S. P., Tomiczek, M., Thompson, R., Denholm, I., Poppy, G. M., Kraaijeveld, A. R. y Powell, W. (2007). Behavioural side-effects of insecticide resistance in aphids increase their vulnerability to parasitoid attack. *Animal Behaviour*, 74, 621-632.

Fuentes-Contreras, E., Figueroa, C. C., Reyes, M., Briones, L. M. y Niemeyer, H. M. (2004). Genetic diversity and insecticide resistance of the *Myzus persicae* (Hemiptera: Aphididae) populations from tobacco in Chile: evidence for the existence of a single predominant clone. *Bulletin of Entomological Research*, 94, 11-18.

Fuentes-Contreras, E., Basoalto, E., Sandoval, C., Burgos, R., Leal, C., Pavez, P. y Muñoz, C. (2007a). Evaluación de la eficacia, efecto residual y de volteo de aplicaciones en pretrasplante de insecticidas nicotinoides y mezclas de nicotinoide-piretroide para el control de *Myzus persicae* (Hemiptera: Aphididae) en tabaco. *Agricultura Técnica (Chile)*, 67, 16-22.

Fuentes-Contreras, E., Reyes, M., Barros, W. y Sauphanor, B. (2007b). Evaluation of azinphosmethyl resistance and activity of detoxifying enzymes in codling moth (Lepidoptera: Tortricidae) from central Chile. *Journal of Economic Entomology*, 100, 551-556.

Fuentes-Contreras, E., Espinoza, J. L., Lavandero, B. y Ramírez, C. C. (2008). Population genetic structure of codling moth (Lepidoptera: Tortricidae) from apple orchards in central Chile. *Journal of Economic Entomology*, 101, 190-198.

Fuentes-Contreras, E., Silva, A. X., Bacigalupe, L., Foster, S., Unruh, T. y Figueroa, C. C. (2013). Survey of resistance to four insecticides and their associated mechanisms in different genotypes of the green peach aphid (Hemiptera: Aphididae) from Chile. *Journal of Economic Entomology*, 106, 400-407.

Fuentes-Contreras, E., Basoalto, E., Franck, P., Lavandero, B., Knight, A. L. y Ramírez, C. C. (2014). Measuring local genetic variability in populations of codling moth (Lepidoptera: Tortricidae) across an unmanaged and commercial orchard interface. *Environmental Entomology*, 43, 520-527.

Groeters, F. R. y Tabashnik, B. E. (2000). Roles of selection intensity, major genes, and minor genes in the evolution of insecticide resistance. *Journal of Economic Entomology*, 93, 1580-1587.

Hemingway, J. (2000). The molecular basis of two contrasting metabolic mechanisms of insecticide resistance. *Insect Biochemistry and Molecular Biology*, 30, 1009-1015.

Homem, R. A. y Davies, T. G. (2018). An overview of functional genomic tools in deciphering insecticide resistance. *Current Opinion in Insect Science*, 27, 103-110.

Homem, R. A., Buttery, B., Richardson, E., Tan, Y., Field, L. M., Williamson, M. S. y Emyr Davies, T. G. (2020). Evolutionary trade-offs of insecticide resistance. The fitness costs associated with target-site mutations in the nAChR of Drosophila melanogaster. *Molecular Ecology*, 2, 2661-2675.

Hoy, M. A. (1998). Myths, models and mitigation of resistance to pesticides. *Philosophical Transactions of the Royal Society of London. Series Biology*, 353, 1787-1795.

Kikuchi, Y., Hayatsu, M., Hosokawa, T., Nagayama, A., Tago, K. y Fukatsu, T. (2012). Symbiont-mediated insecticide resistance. *Proceedings of the National Academy of Science U.S.A.*, 109, 8618-8622.

Kliot, A. y Ghanim, M. (2012). Fitness costs associated with insecticide resistance. *Pest Management Science*, 68, 1431-1437.

Li, X., Schuler, M. A. y Berenbaum, M. R. (2007). Molecular mechanisms of metabolic resistance to synthetic and natural xenobiotics. *Annual Review of Entomology*, 52, 231-253.

Liu, X. D. y Guo, H. F. (2019). Importance of endosymbionts Wolbachia and Rickettsia in insect resistance development. *Current Opinion in Insect Science*, 33, 84-90.

McKenzie, J. A. (2001). Pesticide resistance. En C. W. Fox, D. A. Roff, y D. J. Fairbairn (Eds.), *Evolutionary ecology: concepts and case studies* (pp. 347-360). Oxford: Oxford University Press.

Melander, A. L. (1914). Can insects become resistant to sprays? *Journal of Economic Entomology*, 7, 167-173.

Mota-Sánchez, D., Bills, P. S. y Whalon, M. E. (2002). Arthropod resistance to pesticides: status and overview. En W. B. Wheeler (Ed.), *Pesticides in agriculture and the environment* (pp. 241-273). New York: Marcel Dekker Inc.

Mota-Sánchez, D., Whalon, M. E., Hollingworth, R. M. y Xue, Q. (2008). Documentation of pesticide resistance in arthropods. En M. E. Whalon, D. Mota-Sánchez y R. M. Hollingworth (Eds.), *Global pesticide resistance in arthropods* (pp. 32-39). Wallingford: CABI.

Oakeshott, J. G., Home, I., Sutherland, T. D. y Russell, R. J. (2003). The genomics of insecticide resistance. *Genome Biology*, 4, 202.

Onstad, D. W. (2008). Major issues in insect resistance management. En D. W. Onstad (Ed.), *Insect resistance management: biology, economics and prediction* (pp. 1-16). London: Academic Press.

Onstad, D. W. y Guse, C. A. (2008). Concepts and complexities of population genetics. In D. W. Onstad (Ed.), *Insect resistance management: biology, economics and prediction* (pp. 69-88). London: Academic Press.

Oppold, A. M. y Müller, R. (2017). Epigenetics: a hidden target of insecticides. *Advances in Insect Physiology*, 53, 313-324.

Pietri, J. E. y Liang, D. (2018). The links between insect symbionts and insecticide resistance: causal relationships and physiological tradeoffs. *Annals of the Entomological Society of America*, 111, 92-97.

Pittendrigh, B. R., Margan, V. M., Sun, L. y Huesing, J. E. (2008). Resistance in the post-genomics age. En D.W. Onstad (Ed.), *Insect resistance management: biology, economics and prediction* (pp. 39-68). London: Academic Press.

Reyes, M., Bouvier, J., Boivin, T., Muñoz, C., Fuentes-Contreras, E. y Sauphanor, B. (2004). Susceptibilidad a insecticidas y actividad enzimática de *Cydia pomonella* L. (Lepidoptera: Tortricidae) provenientes de tres huertos de manzano de la Región del Maule, Chile. *Agricultura Técnica (Chile)*, 64, 229-237.

Reyes, M., Franck, P., Olivares, J., Margaritopoulos. J., Knight, A. y Sauphanor, B. (2009). Worldwide variability of insecticide resistance mechanisms in the codling moth, *Cydia pomonella* L. (Lepidoptera: Tortricidae). *Bulletin of Entomological Research*, 99, 359-369.

Reyes, M., Barros-Parada, W., Ramírez, C. C. y Fuentes-Contreras, E. (2015). Organophosphate resistance and its main mechanism in populations of *Cydia pomonella* (Lepidoptera: Tortricidae) from central Chile. *Journal of Economic Entomology*, 108, 277-285.

Roush, R. T. y McKenzie, J. A. (1987). Ecological genetics of insecticide and acaricide resistance. *Annual Review of Entomology*, 32, 361-380.

Roush, R. T. y Daly, J. C. (1990). The role of population genetics in resistance research and management. En R. T. Roush y B. E. Tabashnik (Eds.), *Pesticide resistance in arthropods* (pp. 97-152). New York: Chapman and Hall.

Rubiano-Rodríguez, J. A., Fuentes-Contreras, E., Figueroa, C. C., Margaritopoulos, J. T., Briones, L. M. y Ramírez, C. C. (2014). Genetic diversity and insecticide resistance during the growing season in the green peach aphid (Hemiptera: Aphididae) on primary and secondary hosts: a farm-scale study in central Chile. *Bulletin of Entomological Research*, 104, 182-194.

Rubiano-Rodríguez, J. A., Fuentes-Contreras, E. y Ramírez, C. C. (2019). Neutral genetic variability and resistance mechanisms present in Myzus persicae (Hemiptera: Aphididae) from different hosts in central Chile. *Ciencia y Tecnología Agropecuaria*, 20, 611-633.

Rubio-Meléndez, M. E., Sepúlveda, D. A. y Ramírez, C. C. (2018). Temporal and spatial distribution of insecticide resistance mutations in the green peach aphid *Myzus persicae* (Hemiptera: Aphididae) on primary and secondary host plants in central Chile. *Pest Management Science*, 74, 340-347.

Russell, R. J., Claudianos, C., Campbell, P. M., Horne, I., Sutherland, T. D. y Oakeshott, J. G. (2004). Two major classes of target site insensitivity mutations confer resistance to organophosphate and carbamate insecticides. *Pesticide Biochemistry and Physiology*, 79, 84-93.

Samantsidis, G. R., Panteleri, R., Denecke, S., Kounadi, S., Christou, I., Nauen, R., Douris, V. y Vontas, J. (2020). 'What I cannot create, I do not understand': functionally validated synergism of metabolic and target site insecticide resistance: synergism of resistance mechanisms. *Proceedings of the Royal Society B: Biological Sciences*, 287, 20200838.

Sawicki, R. (1987). Definition, detection and documentation of insecticide resistance. En M.G. Ford, D.W. Holloman, B. P. Khambay y R. M. Sawicki (Eds.), *Combating resistance to xenobiotics: biological and chemical approaches* (pp. 105-117). London: Ellis Horwood.

Scott, J. G. (1999). Cytochromes P450 and insecticide resistance. *Insect Biochemistry and Molecular Biology*, 29, 757-777.

Silva, A. X., Samaniego, H., Ramsey, J. y Figueroa, C. C. (2012a). Insecticide resistance mechanisms in the green peach aphid *Myzus persicae* (Hemiptera: Aphididae) I: a transcriptomic survey. *PLOS ONE*, 7(6),e3636.

Silva, A. X., Bacigalupe, L. D., Luna-Rudloff, M. y Figueroa, C. C. (2012b). Insecticide resistance mechanisms in the green peach aphid *Myzus persicae* (Hemiptera: Aphididae) II: costs and benefits. *PLOS ONE*, 7(6):e36810.

Silva, G. (2003). Resistencia a los insecticidas. En G. Silva y R. Hepp (Eds.), *Bases para el manejo racional de insecticidas* (pp. 237-259). Chillán: Universidad de Concepción/ Fundación para la Innovación Agraria.

Soderlund, D. M. (2008). Pyrethroids, knockdown resistance and sodium channels. *Pest Management Science*, 64, 610-616.

Sparks, T. C. (2013). Insecticide discovery: an evaluation and analysis. *Pesticide Biochemistry and Physiology*, 107, 8-17.

Tabashnik, B. E. (1990). Modeling and evaluation of resistance management tactics. En R. T. Roush y B. E. Tabashnik (Eds.), *Pesticide resistance in arthropods* (pp. 153-182). New York: Chapman and Hall.

Umetsu, N. y Shirai, Y. (2020). Development of novel pesticides in the 21st century. *Journal of Pesticide Science*, 45, 54-74.

Wheelock, C. E., Shan, G. y Ottea, J. (2005). Overview of carboxylesterases and their role in the metabolism of insecticides. *Journal of Pesticide Science*, 30, 75-83.

Yin, C., Shen, G., Guo, D., Wang, S., Ma, X., Xiao, H. *et al.* (2016). InsectBase: a resource for insect genomes and transcriptomes. *Nucleic Acid Research*, 44, D801-D807.

Zepeda-Paulo, F. A., Simon, J. C., Ramírez, C. C., Fuentes-Contreras, E., Margaritopoulos, J. T., Sorenson, C. E. *et al.* (2010). The invasion route for an insect pest species: the tobacco aphid in the New World. *Molecular Ecology*, 19, 4738-4752.

CAPÍTULO 2

FISIOLOGÍA DE LOS LÍMITES Y TOLERANCIAS TÉRMICAS: SENSIBILIDAD, RESILIENCIA Y POTENCIAL DE ADAPTACIÓN AL CAMBIO CLIMÁTICO EN INSECTOS PLAGAS

SABRINA CLAVIJO-BAQUET[1], GRISEL CAVIERES[2] Y FRANCISCO BOZINOVIC[2]

[1] Sección Etología, Facultad de Ciencias,
Universidad de la República. Montevideo, Uruguay.
[2] Center of Applied Ecology and Sustainability (CAPES),
Pontificia Universidad Católica de Chile. Santiago, Chile.

RESUMEN

La temperatura ambiental ha sido descrita como uno de los factores abióticos con mayor impacto sobre la abundancia y distribución de los organismos, especialmente en ectotermos, que carecen de regulación interna de la temperatura corporal. En este sentido, la susceptibilidad de los organismos a la temperatura ha sido evaluada mediante el estudio de las tolerancias y límites térmicos. El uso de estas herramientas ha cobrado fuerza al momento de comprender y predecir los cambios en abundancia y distribución de las especies frente al cambio climático. Sin embargo, la naturaleza no lineal de la relación entre temperatura y las funciones biológicas, dificulta dichas predicciones, especialmente cuando se proyecta un aumento de la media y en la variabilidad en la temperatura. Es decir, que un aumento de la variabilidad térmica podría disminuir el nicho térmico respecto al observado en temperaturas constantes. Por otro lado, un aumento en el promedio y de la variación en la temperatura podría aumentar la variabilidad de la población favoreciendo, por ejemplo, los brotes de plagas. Esto pone de manifiesto la relevancia de comprender plenamente los mecanismos que determinan la relación entre la temperatura y la adecuación biológica de las especies, y así realizar predicciones de los efectos del cambio climático sobre su abundancia y distribución. Aquí se presentarán conceptos de eco-fisiología que explican de manera mecanicista cómo los organismos se relacionan con la temperatura y se mostrará con ejemplos como pueden llegar a ser excelentes herramientas para el manejo de plagas en el contexto del cambio climático.

1. INTRODUCCIÓN

La temperatura es una variable abiótica que afecta prácticamente todas las tasas biológicas en los organismos, desde las reacciones bioquímicas, el desarrollo, el crecimiento poblacional, hasta diversificación y extinción (Brown *et al.*, 2004; Allen *et al.*, 2006; Kingsolver, 2009; Arrighi *et al.*, 2013; Puurtinen *et al.*, 2016).

El Programa Internacional de Cambio Climático de las Naciones Unidas (IPCC) indica que uno de los efectos más importantes del rápido cambio climático es el aumento en la temperatura media del planeta y su variabilidad (Pachauri y Reisinger, 2007). En efecto, el cambio climático en gran parte del planeta incluye e incluirá aumentos en las variables meteorológicas medias (por ejemplo, temperatura, precipitación, radiación solar y viento), pero también la variabilidad o fluctuaciones de las mismas. De hecho, resulta cada vez más claro por parte de los climatólogos que el clima futuro se caracterizará en muchas regiones del planeta por el aumento en la frecuencia de fenómenos climáticos extremos o "eventos extremos", como las olas de calor, las sequías severas, los huracanes, las lluvias torrenciales e inundaciones, entre otras. Los eventos extremos son fenómenos de muy distinto tipo que se caracterizan por su intensidad e impacto. La asociación entre los eventos extremos y el calentamiento global se confirma científicamente cada día y, además, como era de esperar, las predicciones de sus impactos negativos sobre la vida tienden a ser importantes (Pörtner 2002; Sunday *et al.*, 2011; Saxon *et al.*, 2018).

Los organismos ectotermos, entre ellos las especies plagas para la agricultura y las especies vectores de enfermedades, carecen de regulación interna de la temperatura corporal, y por consiguiente dependen directamente de la temperatura ambiental para el desarrollo de sus actividades (Huey *et al.*, 2012). Por este motivo, son considerados particularmente vulnerables al cambio climático (Paaijmans *et al.*, 2013) y han sido ampliamente utilizados para estudiar el impacto de la variabilidad climática sobre la distribución y abundancia de organismos (Alverson *et al.*, 2001; Pachauri y Reisinger, 2007; Bozinovic y Pörtner, 2015).

El entendimiento de los factores ambientales y la sensibilidad de los organismos al cambio ambiental, son fundamentales para determinar el grado de vulnerabilidad de los organismos al ambiente (Williams *et al.*, 2008). En este capítulo examinaremos la sensibilidad de organismos ectotermos a la temperatura y sus consecuencias poblacionales. Específicamente, revisaremos cómo este conocimiento puede nutrir el debate sobre planes de manejo de especies plagas para la agricultura y de especies vectores de enfermedades, a fin de hacer predicciones sobre el impacto del cambio climático sobre los organismos. En este sentido los atributos a analizar son: (1) la sensibilidad y plasticidad de los organismos frente al cambio, (2) la exposición (efecto de frecuencia e intensidad) al cambio, (3) la resiliencia o habilidad para recuperarse frente al cambio y (4) el potencial de adaptación genética al cambio.

2. TEMPERATURA AMBIENTAL Y DESEMPEÑO

2.1. Curvas de desempeño térmico y límites de tolerancia

La sensibilidad y vulnerabilidad de los organismos a la temperatura ambiental puede ser descrita a través del estudio de los límites de tolerancia (Terblanche *et al.*, 2006; Rezende *et al.*, 2011) y de las curvas de desempeño térmico (Angilletta, 2006; Kingsolver *et al.*, 2014).

Los límites de tolerancia de los organismos se pueden estimar a través de la cuantificación de las temperaturas críticas mínima y máxima (*CTmin* y *CTmax* respectivamente). *CTmin* es la temperatura en la que los organismos experimentan una pérdida de función muscular coordinada, y *CTmax* es la temperatura en que comienzan los espasmos musculares (Terblanche *et al.*, 2006). *CTmin* y *CTmax* han sido usualmente cuantificadas con dos métodos experimentales. El método "*estático*" que consiste en determinar el tiempo que demora un organismo en alcanzar la incapacidad física (ver arriba) a una temperatura dada, y el método "*dinámico*" o de "*rampa*" (Mitchell y Hoffmann, 2010) donde la temperatura se incrementa o disminuye gradualmente hasta que los individuos alcanzan la incapacidad física (ver Terblanche *et al.*, 2011; Rezende *et al.*, 2011 para una discusión metodológica).

Por otra parte, la *curva de desempeño térmico*, es una función que describe el cambio en un rasgo fenotípico (ej., tasa locomotora, tasa fotosintética, fecundidad, metabolismo) en un rango de temperaturas experimentales (Kingsolver *et al.*, 2014). Con el incremento de la temperatura ambiental el desempeño de un organismo aumenta hasta alcanzar un óptimo, a partir del cual el desempeño cae abruptamente **(Figura 2.1a)**. Varias características

Figura 2.1
Curva de desempeño.

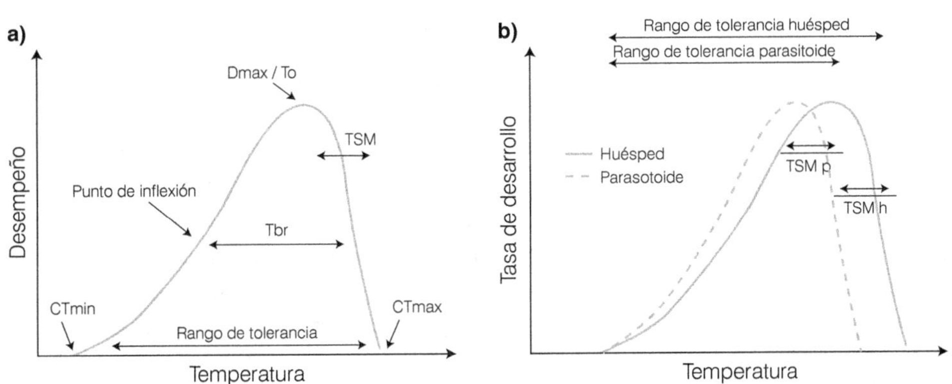

(a) Curva teórica para un ectotermo hipotético. Los parámetros de la curva son: Máximo Desempeño (*Dmax*), temperatura en que el desempeño es máximo (*To*), amplitud del performance (*Tbr*) y temperatura crítica máxima y mínima (*CTmax* y *CTmin* respectivamente), rango de tolerancia térmica (*CTmax-CTmin*) y margen de seguridad térmica (*To-CTmax*); (b) curva de desempeño que relaciona la tasa de desarrollo de un parasitoide y su hospedero (modificada de Wang *et al.*, 2012).

de esta curva merecen una atención especial. Primero, *CTmax* y *CTmin* son los puntos donde la curva se cruza con el eje de la temperatura y son los límites que definen el rango de tolerancias térmicas de los organismos, población o especie en el eje de temperatura. Por debajo del límite inferior y por encima del límite superior, el desempeño toma valores negativos, lo que significa que a esas temperaturas los organismos no pueden sobrevivir y/o reproducirse, es lo que se denomina muerte ecológica (Komoroske *et al.*, 2014). Por otra parte, el punto de inflexión marca el punto donde la segunda derivada de la función es cero, o en otras palabras, donde la aceleración del desempeño comienza a disminuir (Estay *et al.*, 2014). El desempeño máximo (*Dmax*), y su proyección en el eje x marca la temperatura óptima (*To*). Finalmente, el margen de seguridad térmico (TSM) es un índice inverso al riesgo de que un animal experimente su máxima tolerancia térmica, y se calcula como la diferencia entre *CTmax* y *To*. Las curvas de desempeño térmico se pueden construir con diversos indicadores de desempeño, por ejemplo, la tasa reproductiva, sobrevivencia, fecundidad, tasa metabólica, velocidad locomotora, entre otros (Huey *et al.*, 2012), y pueden representar el modelo base o nulo para examinar la respuesta del organismo en un ambiente que cambia.

Estudios teóricos y empíricos utilizan las curvas de desempeño para predecir las consecuencias del cambio climático en el rendimiento y la adecuación biológica de los organismos (Williams *et al.*, 2008; Huey *et al.*, 2012; Bauerfeind y Fischer, 2013; Estay *et al.*, 2014; Bartheld *et al.*, 2017). Como indica Sinclair *et al.* (2016), es importante considerar que la curva de desempeño no es fija, sino que como todo rasgo, puede variar a lo largo de la vida de un organismo, y tal variación puede ser dependiente de la experiencia previa de los organismos, del rasgo que se está evaluando y del tiempo de exposición a la temperatura, entre otros (Angilletta, 2006; Hoffmann, 2010; Vasseur *et al.*, 2014; Cavieres *et al.*, 2016).

Los estudios que utilizan curvas de desempeño son variados (Foray *et al.*, 2011; Sinclair *et al.*, 2016; Bartheld *et al.*, 2017). Algunos, han evaluado las curvas para comparar la sensibilidad térmica entre especies invasoras y nativas (Schulte *et al.*, 2011; Cortes *et al.*, 2016), otros han utilizado estas curvas en estudios de control biológico (Blanford y Thomas, 1999; Wang *et al.*, 2012). Por ejemplo, Wang *et al.* (2012) evaluaron las tolerancias térmicas en himenópteros parasitoides y en sus hospederos y documentaron que To para el desarrollo de los parasitoides fue menor que para sus hospederos. Sumado a la baja plasticidad fenotípica del hospedero y a la proximidad del To a CTmax, esta interacción podría verse negativamente impactada por el incremento de la temperatura global. Es decir, altas temperaturas tendrían un mayor impacto negativo sobre la distribución del parasitoide que del huésped, lo que podría excluirlo en algunas regiones agrícolas **(Figura 2.1b)**. De esta forma, el uso de curvas de desempeño térmico para evaluar el impacto del cambio climático global sobre los organismos es una herramienta útil, debido a que incorpora los límites y tolerancias fisiológicas de los organismos, y permite hacer predicciones sobre las consecuencias ecológicas de cambios en la temperatura del ambiente.

Relación entre temperatura y parámetros poblacionales

Las consecuencias poblacionales de la temperatura ambiental han sido ampliamente documentadas en la literatura (Gilchrist y Huey 2001; Bozinovic *et al.*, 2011; Bauerfeind y Fischer 2013; Saxon *et al.*, 2018). La evaluación del éxito de las especies frente a los cambios ambientales basándose en la respuesta de parámetros poblacionales es un análisis inclusivo ya que incluye ambos componentes de la adecuación biológica (i.e. sobrevivencia y fecundidad), véase Clavijo-Baquet y Bozinovic (2012). Sin embargo, es importante tener en cuenta los supuestos de dichos parámetros ya que los mismos restringen su uso para el estudio de la evolución de rasgos de historia de vida (Kozlowski, 1993), y también para otras aplicaciones. Por ejemplo, la tasa reproductiva neta (R_0) es el número de crías o huevos que produce una hembra a lo largo de toda su vida, por lo que este parámetro considera toda la vida del organismo (Pásztor *et al.*, 1996) y debe ser utilizado en aquellos rasgos que se fijen a lo largo de la vida o en poblaciones que no estén aumentando el tamaño poblacional (Roff, 2010). Contrariamente, la tasa de crecimiento poblacional intrínseca (r) es una medida de la aptitud cuando los cambios de interés varían de un año a otro (Pásztor *et al.*, 1996) y donde la densodependencia no influya o esté correlacionada al rasgo de interés (Roff, 2010). Las restricciones mencionadas anteriormente deben ser consideradas para el diseño de los experimentos, análisis de los resultados e implicancias ecológicas de los mismos.

De acuerdo a Estay *et al.* (2014), el efecto, tanto de la media como de la varianza de la temperatura sobre la adecuación biológica, dependerá de la temperatura corporal (que corresponde a la temperatura ambiental en un animal ectotermo), y de la sensibilidad térmica de los organismos (descrita a través de la curva de desempeño). Diversos autores proyectan los efectos de la temperatura sobre el desempeño de los organismos bajo tres escenarios de cambio climático: (1) cambios en la temperatura promedio, (2) cambios en la varianza de la temperatura, y (3) cambios en ambos, media y varianza de la temperatura (ver **Figura 2.2**, Bozinovic *et al.* 2011; Chown *et al.* 2010; Estay *et al.* 2014; Paaijamans *et al.* 2013). Por ejemplo, un incremento en la temperatura promedio sin cambios en la varianza de la temperatura, tendrá efectos positivos lineales si la temperatura corporal (T_b) está por debajo de *To*; el efecto será negativo si T_b está sobre el máximo desempeño (*Dmax*) **(Figura 2.2a)**. Además, los autores teorizan que los cambios en la varianza de la temperatura serán positivos para los organismos solo si T_b está por debajo del punto de inflexión en la curva de rendimiento **(Figura 2.2b)**. Por otro lado, los cambios tanto en media y varianza de la temperatura ambiental serán positivos si T_b está bajo el punto

Figura 2.2

Desempeño de un ectotermo hipotético bajo los escenarios de cambio climático propuestos por Estay *et al.*, 2014.

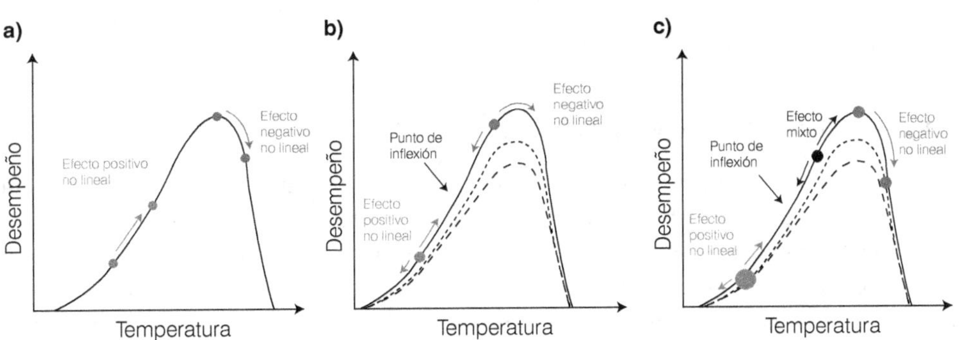

(a) Incremento en la temperatura promedio sin cambio en la varianza tiene efectos positivos no lineales cuando los organismos están entre *CTmin* y *To*, los efectos serán negativos no lineales si están por sobre *To*; (b) un incremento en la varianza de la temperatura tendrá efectos positivos no lineales si los organismos están entre *CTmin* y el punto de inflexión, el efecto del incremento en la fluctuación térmica será negativo no lineal si los individuos están entre el punto de inflexión y *CTmax*; (c) un incremento en la media de la temperatura y en la fluctuación térmica.

de inflexión, y negativos si T_b está sobre *To*. Finalmente, los efectos de la temperatura dependerán de la magnitud de la variabilidad térmica experimentada por los organismos entre el punto de inflexión y *To*, entonces pueden ser mixtos.

Los efectos poblacionales de los cambios en la media y la varianza en la temperatura, han sido evaluados experimentalmente en organismos modelo de fácil mantención en el laboratorio, como la mosca del vinagre, *Drosophila melanogaster* y el escarabajo de la harina, *Tribolium confusum* (Bozinovic *et al.*, 2011; Clavijo-Baquet *et al.*, 2014; Estay *et al.*, 2011). En estos trabajos se encontró que los efectos de la variabilidad en la temperatura no son lineales, y que generan cambios positivos o negativos dependiendo si están por encima o debajo de *To* (Bozinovic *et al.*, 2011; Estay *et al.*, 2014). Por ejemplo, *T. confusum* presentó mayor crecimiento poblacional máximo (R_{max}) cuando los individuos estuvieron en un tratamiento con variabilidad térmica respecto al tratamiento constante (Estay *et al.*, 2011). Esto podría deberse a que los individuos en el tratamiento de variabilidad térmica estuvieron por lo menos 12 horas dentro de su rango óptimo mientras que los individuos de tratamiento térmico constante estuvieron siempre fuera de su temperatura óptima. Por otro lado, *D. melanogaster* a temperatura alta y constante, cuando aumentó la variabilidad térmica R_{max} disminuyó mientras que en condiciones de frío el efecto de la variabilidad fue el opuesto, aumentando el R_{max} con la variabilidad en la temperatura (Bozinovic *et al.*, 2011). Entonces, la evidencia experimental respalda el hecho de que los efectos de la variabilidad térmica dependen del valor promedio de la temperatura así como del hecho de si este valor está sobre o debajo *To* (ver Estay *et al.*, 2011). En lo que respecta a las diferentes respuestas de los parámetros poblacionales a los cambios en temperatura promedio y su variabilidad, se encontró en *D. melanogaster* que los cambios en *r* fueron casi indistinguibles mientras que R_0 y el tiempo generacional (*Tg*) mostraron una respuesta similar y no lineal a la variabilidad en la temperatura (Clavijo-Baquet *et al.*, 2014). Tanto R_0 y *Tg* mostraron un punto de inflexión frente a la variabilidad, disminuyendo por encima de temperaturas frías y aumentando con la variabilidad por debajo de esta condición (Clavijo-Baquet *et al.*, 2014).

3. PAISAJES DE TOLERANCIA TÉRMICA

Los paisajes de tolerancia térmica (*TTL* por sus siglas en inglés) evalúan la tolerancia térmica de los organismos incluyendo el tiempo de exposición al estrés térmico además de la temperatura (Rezende *et al.*, 2014). Con las estimaciones de los paisajes térmicos se incorpora explícitamente el hecho de que la sobrevivencia de los individuos frente a una temperatura desafiante depende del tiempo que se ve expuesto a la misma. Sin embargo, no es posible determinar desde el *TTL* la temperatura óptima de una especie y hasta el momento solamente considera la sobrevivencia y no evalúa el otro componente de la adecuación biológica como la fecundidad. Si bien esta herramienta es poderosa en términos predictivos respecto al estrés térmico, es necesario tamaños de muestra considerables y por ende muchos individuos para la construcción del paisaje de tolerancia térmico, lo que no es posible en todas las especies. Aún no ha sido evaluado en especies plagas.

4. SOBRE LA TOLERANCIA TÉRMICA Y EL ÉXITO DE INSECTOS PLAGAS AGRÍCOLAS

Se han estudiado los efectos del aumento del promedio y la variabilidad en la temperatura sobre la sobrevivencia y fecundidad en varias especies de insectos plagas (Terblanche *et al.*, 2010; Zhang *et al.*, 2015; Zhao *et al.*, 2014). Del mismo modo, se han evaluado los efectos de la exposición acotada en el tiempo a altas temperaturas (i.e. ondas de calor) en varios estadios en diversos rasgos asociados a la sobrevivencia y fecundidad de los individuos (Zhang *et al.*, 2015). Por ejemplo, Terblanche *et al.* (2010) encontraron que los adultos de la mosca de la fruta mediterránea, *Ceratitis capitata*, a bajas variabilidades térmicas mostraron capacidad de aclimatación en la mayoría de los rasgos estudiados y que modifican su tolerancia térmica (cambios en $CTmax$ y $CTmin$). Sin embargo, al aumentar la variabilidad en temperatura su resistencia al estrés térmico disminuye en varios de los rasgos estudiados (Terblanche *et al.*, 2010), a pesar que la fecundidad aumentó alrededor de su To. Pareciera que C. *capitata* es sensible al aumento de la temperatura y de la variabilidad a pesar que algunos de los rangos de temperatura evaluados son fácilmente encontrados en su rango de distribución geográfica (Terblanche *et al.*, 2010).

Muchas veces los regímenes térmicos evaluados no son estrictamente los cambios proyectados por el cambio climático, lo que puede generar predicciones incorrectas respecto a los brotes de pestes frente al cambio climático. Por ejemplo, se estudió en el pulgón de la espiga, *Sitobion avenae*, los efectos del aumento de la variabilidad térmica de manera asimétrica con un aumento mayor en la temperatura nocturna, lo que es una de las proyecciones debido al cambio climático (Easterling *et al.*, 1997; Meehl y Tebaldi, 2004), y que ya se observan en cultivos de avena de China (Zhao *et al.*, 2014). Los autores encontraron que el aumento de la temperatura en la noche desplazaba To para el desarrollo de esta plaga en cerca de 3 °C, pero se reducía tanto la sobrevivencia y fecundidad en adultos (Zhao *et al.*, 2014). En la misma especie de pulgón, se encontró que las fluctuaciones moderadas diarias en las temperaturas máximas tienen efectos negativos relativamente menores comparados con las condiciones más extremas (Ma, 2015).

En lo que respecta a cuáles estadios del ciclo de vida son los más sensibles a los cambios de temperatura, Chiu *et al.* (2015) evaluaron los efectos de las ondas de calor en diversos estadios del áfido *Myzus persicae*, encontrando que las ninfas y los adultos reproductivos son afectados mayormente que los adultos reproductivos tardíos (Chiu *et al.*, 2015). En el caso de *Plutella xylostella*, las ondas de calor también afectaron la sobrevivencia y la fecundidad de manera diferencial en los distintos estadios del desarrollo (Zhang *et al.*, 2015). En particular, cuando los individuos fueron expuestos por largo tiempo a altas temperaturas, pero moderadas durante etapas del desarrollo (i.e. larvas y pupas), se redujo el desempeño de los adultos (Zhang *et al.*, 2015). Esta evidencia podría llegar a ser de utilidad para el control de esta plaga, ya que pareciera que exposiciones a ondas de calor temprano en el desarrollo generan una disminución de los componentes de la adecuación biológica (Zhang *et al.*, 2015). Sin embargo, los efectos del aumento de la temperatura promedio y la variabilidad son más difíciles de elucidar (ver secciones previas).

5. SOBRE LA TOLERANCIA TÉRMICA DE INSECTOS VECTORES DE ENFERMEDADES

El estudio de la tolerancia térmica y otros rasgos fisiológicos en los insectos vectores de enfermedades ha cobrado gran relevancia debido al cambio climático y las consecuencias que el mismo puede tener sobre la distribución y abundancia de estos insectos nocivos para la salud. La mayoría de los vectores de enfermedades son artrópodos ectotérmicos, por lo tanto, sus rasgos de historia de vida, comportamiento y adecuación biológica están fuertemente influenciados por la temperatura ambiental (Paaijmans *et al.*, 2010; Bozinovic *et al.*, 2011; Estay *et al.*, 2011; Paaijmans *et al.*, 2013; Clavijo-Baquet *et al.*, 2014). Por este motivo, la incidencia de las enfermedades trasmitidas por vectores (ETVs) son particularmente susceptibles al cambio climático (Lafferty, 2009). Sin embargo, no hay consenso sobre cuáles serán los cambios en las poblaciones de los vectores de ETVs con el cambio climático (Wilson, 2009). Algunos autores sugieren que la expansión de la distribución es más plausible (Pascual y Bouma, 2009), mientras que otros señalan que es más probable que se produzca un desplazamiento en la distribución (Lafferty, 2009). A partir de este debate se pone de manifiesto la idea de que los mecanismos que determinan la relación entre la temperatura y la aptitud del vector deben ser plenamente comprendidos para hacer predicciones adecuadas de los efectos del cambio climático sobre la incidencia de las ETVs (Pascual y Bouma, 2009). Además, la relación entre la temperatura y los parámetros poblacionales no es lineal, lo que plantea dificultad al momento de hacer predicciones sobre los cambios proyectados en temperatura (Estay *et al.*, 2014; Lawson *et al.*, 2015).

Por este motivo, la Organización Mundial de la Salud ha propuesto que para alcanzar las metas globales en el control de ETVs, es necesario un manejo integrado de vectores (WHO, 2012). La misma organización ha señalado que algunas de las dificultades para el control de vectores ha sido la incapacidad de tomar decisiones basadas en evidencia, lo que genera elecciones sub-óptimas, poco efectivas y que desperdician los recursos. Además, se suma la falta de planes de manejo adaptativos que incorporen los efectos del cambio climático, urbanización y degradación ambiental (WHO, 2012). Es importante resaltar que para algunas de las ETVs como el Dengue, la única aproximación disponible para reducir la incidencia de la enfermedad es el control del vector (Townson *et al.*, 2005).

Mediante un estudio de caso en *Triatoma infestans*, el principal vector de la enfermedad de Chagas en el Cono Sur, explicaremos cómo el conocimiento del desempeño de individuos aclimatados a diferentes temperaturas puede ayudar a entender los posibles riesgos del aumento de la temperatura ambiental. La enfermedad de Chagas es causada por un protozoario parásito, el *Trypanosoma cruzi* (Trypanosomatidae), y es trasmitido por insectos triatominos domésticos que generalmente viven en grietas de viviendas rurales mal construidas o en estructuras del peridomicilio (ej., gallineros) (WHO, 2002). Esta ETV se encuentra restringida a las Américas donde se estima que seis millones de personas están infectadas (WHO, 2002; Schofield *et al.*, 2006), generando costos médicos de 267 millones de dólares al año solamente en Colombia (Castillo-Riquelme *et al.*, 2008). La trasmisión ocurre cuando un vector infectado se alimenta de la sangre humana y, a la vez defeca, por lo cual las heces infectadas entran en contacto con la mordedura, los ojos, la boca o cualquier ruptura de la piel cuando la persona se frota instintivamente. Hoy en día, la transmisión vectorial de Chagas por *Triatoma infestans* ha sido interrumpida en Chile, Uruguay, Brasil y algunas regiones de Paraguay, Argentina y Bolivia (WHO 2002; Schofield *et al.*, 2006). Además, Uruguay ha erradicado el vector de los hábitats domésticos, y su abundancia disminuyó considerablemente en los peri-domésticos con una infectabilidad individual menor al 1% (MSP, Uruguay). Sin embargo, la presencia de focos silvestres de *T. infestans* en Chile (Bacigalupo *et al.*, 2006; Bacigalupo *et al.*, 2010), Bolivia (Noireau *et al.*, 2005) y Argentina (Ceballos *et al.*, 2011) plantea dificultades a los planes de control de enfermedades, debido a la posible re-colonización de los ambientes peri-domésticos (Noireau *et al.*, 2005).

En este contexto, Clavijo-Baquet *et al.* (datos no publicados) estudiaron la tolerancia térmica de individuos de *T. infestans* mediante la estimación de la curva de desempeño de individuos aclimatados a diferentes tratamientos térmicos que representan las temperaturas promedio de invierno en los microambientes peri-domésticos con y sin aumento de la variabilidad, 18±0 °C y 18±5 °C). También se aclimataron individuos a la temperatura óptima que es fácilmente alcanzada dentro de los hogares, que es el óptimo de la especie, con y sin variabilidad (27±0 °C y 27±5 °C). Luego de ajustar y seleccionar entre varios modelos aditivos generalizados (GAMs), el mejor ajuste para los datos incluyó el tratamiento, la masa y una interacción entre ambas, además de la relación no-lineal entre el desempeño locomotor y la temperatura (*"splines"*) que describen la forma de la curva (**Figura 2.3**). Los individuos de todos los tratamientos respondieron

Figura 2.3

Predicciones del mejor modelo para las curvas de desempeño locomotor en individuos de *T. infestans* aclimatados a tratamientos térmicos que representan diferentes escenarios de cambio climático.

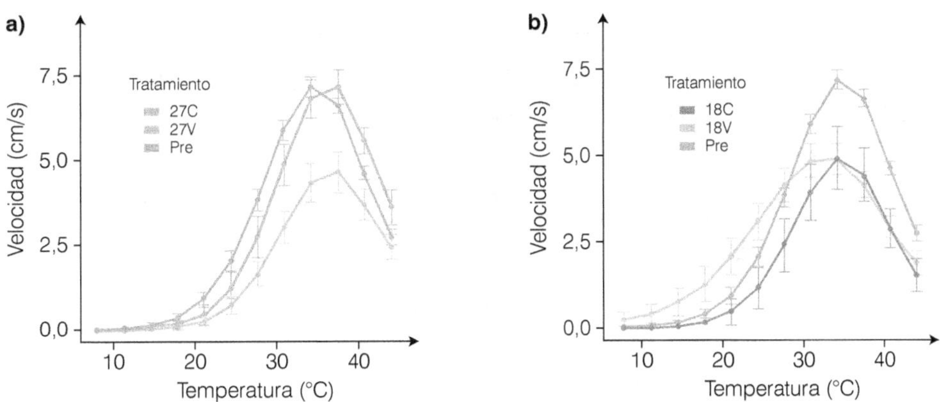

(a) Pre-aclimatación (Pre) y aclimatación a temperaturas óptimas con (27V) y sin variabilidad térmica (27C).
(b) Pre-aclimatación (Pre) y aclimatación a temperaturas bajas con (18V) y sin variabilidad térmica (18C).
Se muestran los efectos de los tratamientos para un individuo de masa promedio (0,157 g).

a la aclimatación con respecto a la curva de pre-aclimatación **(Figura 2.3)**; sin embargo, los cambios más relevantes se observaron a las bajas temperaturas (i.e. 18±0 °C y 18±5 °C). Los individuos aclimatados a temperaturas variables (18±5 °C) presentaron mayor desempeño a las bajas temperaturas en la primera porción de la curva (i.e. temperaturas entre los 8 y 24 °C) en relación a los individuos aclimatados a 18±0 °C. Como estas temperaturas de aclimatación representan las temperaturas de invierno en las zonas de los focos silvestres en la región Central de Chile, los resultados muestran que frente a inviernos con temperaturas variables, las vinchucas estarán activas antes en el verano **(Figura 2.3)**. Por otro lado, los tratamientos alrededor de la temperatura óptima con y sin variabilidad (i.e. 27 ±5 y 27 ±0 °C), evidenciaron los efectos negativos de la variabilidad cuando se corrigen las curvas por tamaño corporal **(Figura 2.3)**. Este estudio de caso evidencia la necesidad de monitorear los focos silvestres en Chile de *T. infestans* y poner especial énfasis en las posibles medidas de control frente a aquellos inviernos donde aumente la temperatura y su variabilidad.

Tabla 2.1

Resumen de parámetros fisiológicos y ecológicos que pueden ser utilizados como aproximaciones de la tolerancia térmica de las especies de ectotermos.

Metodología Propiedades	Límites críticos (CTmax, CTmin)	Curvas de desempeño	Paisajes de tolerancia térmica	Estimaciones Poblacionales $(R_0, r, Rmax)$[2]
Sobrevivencia	Sí	Sí	Sí	Sí
Fecundidad	No	No necesariamente[1]	No	Sí
Facilidad	***	***	**	**
Capacidad predictiva	**	***	****	*****
Referencias	Terblanche et al., 2010, Nyamukondiwa y Terblanche, 2009	Wang et al., 2012, Folguera et al., 2009 Bozinovic et al., 2013	Rezende et al., 2014	Bozinovic et al., 2011, Estay et al., 2011, Clavijo-Baquet et al., 2014, Ma et al., 2015

[1] La estimación de las curvas de desempeño a partir de distintos rasgos, desempeño locomotor, sobrevivencia, y si bien no es tan frecuente, también pueden construirse desde la medición de rasgos asociados a la fecundidad (e. g. tasa de oviposición).

[2] R_0 y *r*, pueden ser obtenidos desde la construcción de tablas de vida (ver Carey 2001) a partir de la medición de la sobrevivencia y fecundidad de una cohorte en todos los estadios del ciclo de vida. *r*, la tasa de crecimiento per cápita realizada puede ser obtenida del registro del tamaño poblacional (N) en dos momentos diferentes (t y t-1) en condiciones sin restricciones del alimento $r = \ln(N_t/N_{t-1})$, y partir de la estimación de *r* a diferentes densidades poblacionales ajustando un modelo de Ricker (1958), se puede estimar *Rmax* (ver detalle de la metodología en Estay et al., 2011, Estay et al., 2009).

6. CONCLUSIONES

La fisiología ecológica y evolutiva dispone de diversas herramientas para poder entender cómo los organismos y las especies, especialmente de ectotermos, podrían responder al cambio climático, las cuales se encuentran resumidas en la **Tabla 2.1**. La aplicación de la teoría y herramientas biológicas para dilucidar las causas de los problemas ambientales actuales no es nueva. Sin embargo, hay una renovada apreciación de la importancia de integrar, por ejemplo, el conocimiento fisiológico, en los modelos ecológicos para predecir con mayor exactitud los impactos de los cambios globales sobre los organismos, la biodiversidad y la salud pública. Proponemos que la emergente ciencia del cambio global debe considerar formalmente los mecanismos que explican la sensibilidad, la resiliencia y el potencial de adaptación al cambio climático de especies nativas y cultivadas, así como los efectos de vectores de las enfermedades sobre poblaciones humanas enfrentadas a diferentes escenarios globales.

7. AGRADECIMIENTOS

FB y GC agradecen el financiamiento de CONICYT PIA/BASAL FB002 y proyecto FIA PYT-2018-0058. SCB agradece el financiamiento de FONDECYT Iniciación N° 11160839 y Fondo Vaz-Ferreira N° 27. FB Agradece a FONDECYT 119007 y 1170017.

8. REFERENCIAS

Allen, A. P., Gillooly, J. F., Savage, V. M., y Brown, J. H. (2006). Kinetic effects of temperature on rates of genetic divergence and speciation. *Proceedings of the National Academy of Sciences of the United States of America*, 103, 9130-9135.

Alverson, K., Bradley, R., y Pedersen, T. (2001). Environmental Variability and Climate Change. IGBP, *Science*, N° 3.

Angilletta, M. J. (2006). Estimating and comparing thermal performance curves. *Journal of Thermal Biology*, 31, 541-545.

Arrighi, J. M., Lencer, E. S., Jukar, A., Park, D., Phillips, P. C., y Kaplan, R. H. (2013). Daily temperature fluctuations unpredictably influence developmental rate and morphology at a critical early larval stage in a frog. *BMC Ecology*, 13, 18-18.

Bacigalupo, A., Torres-Pérez, F., Segovia, V., García, A., Correa, J. P., Moreno, L., Arroyo, P. y Cattan, P. E. (2010). Sylvatic foci of the Chagas disease vector Triatoma infestans in Chile: description of a new focus and challenges for control programs. *Memórias do Instituto Oswaldo Cruz*, 105(5), 633-64.

Bartheld J. L., Artacho P., y Bacigalupe L. (2017). Thermal performance curves under daily thermal fluctuation: a study in helmeted water toad tadpoles. *Journal of Thermal Biology*, 70, 80-85.

Bauerfeind S. S., y Fischer K. (2013). Simulating climate change: temperature extremes but not means diminish performance in a widespread butterfly. *Population Ecology*, 56, 239-250.

Blanford S., y Thomas M. B. (1999). Host thermal biology: the key to understanding host-pathogen interactions and microbial pest control? *Agricultural and Forest Entomology*, 1, 195-202.

Bozinovic, F., Bastías, D. A., Boher, F., Clavijo-Baquet, S., Estay, S. E., y Angilletta, M. J. (2011). The Mean and Variance of Environmental Temperature Interact to Determine Physiological Tolerance and Fitness. *Physiological and Biochemical Zoology*, 84, 543-552.

Bozinovic, F., y Pörtner, H-O. (2015). Physiological ecology meets climate change. *Ecology and Evolution*, 5, 1025-1030.

Brown, J.H., Gillooly, J.F., Allen, A.P., Savage, V.M., y West, G.F. (2004). Toward a Metabolic Theory of Ecology. *Ecology*, 85, 1771-1789.

Carey, J. R. (1993). Applied demography for biologists with special emphasis on insects. Oxford University Press Inc., New York.

Castillo-Riquelme, M., Guhl, F., Turriago, B., Pinto, N., Rosas, F., Martínez, M. F., Fox-Rushby, J., Davies, C. y Campbell-Lendrum, D. (2008). The costs of preventing and treating Chagas disease in Colombia. *PLoS Neglected Tropical Diseases*, 2(11), e336.

Cavieres, G., Bogdanovich, J. M., y Bozinovic, F. (2016). Ontogenetic thermal tolerance and performance of ectotherms at variable temperatures. *Journal of Evolutionary Biology*, 29, 1462-1468.

Ceballos, L. A., Piccinali, R. V., Marcet, P. L., Vazquez-Prokopec, G. M., Cardinal, M. V., Schachter-Broide, J., Dujardin, J., Dotson, E.M., Kitron, U. y Gürtler, R. E. (2011). Hidden sylvatic foci of the main vector of Chagas disease Triatoma infestans: threats to the vector elimination campaign? *PLoS Neglected Tropical Diseases*, 5(10), e1365.

Chiu, M. C., Kuo, J. J., y Kuo, M. H. (2015). Life stage dependent effects of experimental heat waves on an insect herbivore. *Ecological Entomology*, 40(2), 175-181.

Chown, S. L., Hoffmann, A. A., Kristensen, T. N., Angilletta, M. J., Stenseth, N. C. y Pertoldi, C. (2010). Adapting to climate change: a perspective from evolutionary physiology. *Climate research*, 43(1-2), 3-15.

Clavijo-Baquet, S., Boher, F., Ziegler, L., Martel, S. I., Estay, S. A., y Bozinovic, F. (2014). Differential responses to thermal variation between fitness metrics. *Scientific Reports*, 4, 5349.

Clavijo-Baquet, S., y Bozinovic, F. (2012). Testing the fitness consequences of the thermoregulatory and parental care models for the origin of endothermy. *PLOS ONE*, 7(5) e37069.

Cortes, P. A., Puschel, H., Acuña, P., Bartheld, J. L., y Bozinovic, F. (2016). Thermal ecological physiology of native and invasive frog species: do invaders perform better? *Conservation Physiology*, 4(1), cow056.

Easterling, D. R., Horton, B., Jones, P. D., Peterson, T. C., Karl, T. R., Parker, D. E., Salinger, M. J., Razuvayev, V., Plummer, N., Jamason, P., y Folland, C. K. (1997). Maximum and minimum temperature trends for the globe. *Science*, 277(5324), 364-367.

Estay, S. A., Clavijo-Baquet, S., Lima, M., Bozinovic, F. (2011). Beyond average: an experimental test of temperature variability on the population dynamics of *Tribolium confusum*. *Population Ecology*, 53(1), 53-58.

Estay, S. A., Lima, M., y Bozinovic, F. (2014). The role of temperature variability on insect performance and population dynamics in a warming world. *Oikos*, 123(2), 131-140.

Folguera, G., Bastías, D. A. y Bozinovic, F. (2009). Impact of experimental thermal amplitude on ectotherm performance: adaptation to climate change variability? *Comparative Biochemistry and Physiology Part A: Molecular & Integrative Physiology*, 154(3), 389-393.

Foray, V., Gibert, P., y Desouhant, E. (2011). Differential thermal performance curves in response to different habitats in the parasitoid *Venturia canescens*. *Naturwissenschaften*, 98, 683-691.

Gilchrist, G. W., y Huey, R. B. (2001). Parental and developmental temperature effects on the thermal dependence of fitness in *Drosophila melanogaster*. *Evolution*, 55, 209-214.

Hoffmann, A. A. (2010). Physiological climatic limits in *Drosophila*: patterns and implications. *Journal of Experimental Biology*, 213, 870-880.

Huey, R. B., Kearney, M. R., Krockenberger, A., Holtum, J. A., Jess, M., y Williams, S. E. (2012). Predicting organismal vulnerability to climate warming: roles of behaviour, physiology and adaptation. *Philosophical Transactions of the Royal Society B*, 367(1596), 1665-1679.

Kingsolver, J., Diamond, S., y Gomulkiewicz, R. (2014). Curve thinking: understanding reaction norms and developmental trajectories as traits. En L. Martin, C.K. Ghalambor, H.A., Woods (Eds.) *Integrative Organismal Biology* (pp. 39-53). New Jersey: John Wiley y Sons, Inc.

Kingsolver, J.G. (2009). The well-temperatured biologist: (American Society of Naturalists Presidential Address). *The American Naturalist*, 174(6), 755-768.

Komoroske, L., Connon, R., Lindberg, J., Cheng, B., Castillo, G., Hasenbein, M., y Fangue, N. (2014). Ontogeny influences sensitivity to climate change stressors in an endangered fish. *Conservation Physiology*, 2(1): cou008.

Kozłowski, J. (1993). Measuring fitness in life, history studies. *Trends in Ecology and Evolution*, 8(3), 84-85.

Lafferty, K. D. (2009). The ecology of climate change and infectious diseases. *Ecology*, 90(4), 888-900.

Lawson, C.R., Vindenes, Y., Bailey, L., y Pol, M. (2015). Environmental variation and population responses to global change. *Ecology letters*, 18(7), 724-736.

Ma, G., Hoffmann, A. A., y Ma, C. S. (2015). Daily temperature extremes play an important role in predicting thermal effects. *Journal of Experimental Biology*, 218, 2289-2296.

Meehl, G. A., y Tebaldi, C. (2004). More intense, more frequent, and longer lasting heat waves in the 21st century. *Science*, 305(5686), 994-997.

Mitchell, K. A. y Hoffmann, A. (2009). Thermal ramping rate influences evolutionary potential and species differences for upper thermal limits in *Drosophila*. *Functional Ecology*, 24(3), 694-700.

Noireau, F., Cortez, M. G. R., Monteiro, F. A., Jansen, A. M., y Torrico, F. (2005). Can wild Triatoma infestans foci in Bolivia jeopardize Chagas disease control efforts? *Trends in Parasitology*, 21(1), 7-10.

Nyamukondiwa, C., y Terblanche, J. S. (2009). Thermal tolerance in adult Mediterranean and Natal fruit flies (Ceratitis capitata and Ceratitis rosa): effects of age, gender and feeding status. *Journal of Thermal Biology*, 34(8), 406-414.

Paaijmans, K. P., Blanford, S., Bell, A. S., Blanford, J. I., Read, A. F., y Thomas, M. B. (2010). Influence of climate on malaria transmission depends on daily temperature variation. *Proceedings of the National Academy of Sciences*, 107(34), 15135-15139.

Paaijmans, K. P., Heinig, R. L., Seliga, R. A., Blanford, J. I., Blanford, S., Murdock, C. C., y Thomas, M. B. (2013). Temperature variation makes ectotherms more sensitive to climate change. *Global Change Biology*, 19(8), 2373-2380.

Pachauri, R. K., y Reisinger, A. (2007). Cambio climático 2007: Informe de Síntesis. Contribución de los grupos de trabajo I, II y III al Cuarto Informe de evaluación del Grupo Intergubernamental de Expertos sobre el Cambio Climático (IPCC).

Pascual, M., y Bouma, M. J. (2009). Do rising temperatures matter. *Ecology*, 90(4), 906-912.

Pásztor, L., Meszena, G., y Kisdi, E. (1996). R_0 or r: a matter of taste? *Journal of Evolutionary Biology*, 9(4), 511-516.

Pörtner, H.O. (2002). Climate variations and the physiological basis of temperature dependent biogeography: systemic to molecular hierarchy of thermal tolerance in animals. *Comparative Biochemistry and Physiology Part A: Molecular & Integrative Physiology*, 132(4), 739-761.

Puurtinen, M., Elo, M., Jalasvuori, M., Kahilainen, A., Ketola, T., Kotiaho, J. S., Mönkkönen, M., y Pentikäinen, O. T. (2016). Temperature dependent mutational robustness can explain faster molecular evolution at warm temperatures, affecting speciation rate and global patterns of species diversity. *Ecography* 39(11), 1025-1033.

Rezende, E.L., Tejedo, M., y Santos, M. (2011). Estimating the adaptive potential of critical thermal limits: methodological problems and evolutionary implications. *Functional Ecology*, 25(1), 111-121.

Rezende, E. L., Castañeda, L. E., y Santos, M. (2014). Tolerance landscapes in thermal ecology. *Functional Ecology*, 28 (4), 799-809.

Ricker, W. E. (1958). Maximum sustained yields from fluctuating environments and mixed stocks. *Journal of the Fisheries Board of Canada*, 15(5), 991-1006.

Roff, D. A. (2010). *Modeling evolution: an introduction to numerical methods*. Oxford: Oxford University Press.

Saxon, A. D., O'brien, E. K., y Bridle, J. R. (2018). Temperature fluctuations during development reduce male fitness and may limit adaptive potential in tropical rainforest *Drosophila*. *Journal of Evolutionary Biology*, 31(3), 405-415.

Schofield, C. J., Jannin, J., & Salvatella, R. (2006). The future of Chagas disease control. *Trends in parasitology*, 22(12), 583-588.

Schulte, P. M., Healy, T. M., y Fangue, N. A. (2011). Thermal performance curves, phenotypic plasticity, and the time scales of temperature exposure. *Integrative and Comparative Biology*, 51(5), 691-702.

Sinclair, B. J., Marshall, K. E., Sewell, M. A., Levesque, D. L., Willett, C. S., Slotsbo, S., y Huey, R. B. (2016). Can we predict ectotherm responses to climate change using thermal performance curves and body temperatures? *Ecology Letters*, 19(11), 1372-1385.

Sunday, J. M., Bates, A. E., y Dulvy, N. K. (2010). Global analysis of thermal tolerance and latitude in ectotherms. *Proceedings of the Royal Society of London B: Biological Sciences*, rspb20101295.

Terblanche, J. S., Hoffmann, A. A., Mitchell, K. A., Rako, L., le Roux, P. C., y Chown, S. L. (2011). Ecologically relevant measures of tolerance to potentially lethal temperatures. *Journal of Experimental Biology*, 214(22), 3713-3725.

Terblanche, J. S., Klok, C. J., Krafsur, E. S., y Chown, S. L. (2006). Phenotypic plasticity and geographic variation in thermal tolerance and water loss of the tsetse *Glossina pallidipes* (Diptera: *Glossinidae*): implications for distribution modelling. *The American Journal of Tropical Medicine and Hygiene*, 74(5), 786-794.

Terblanche, J. S., Nyamukondiwa, C., y Kleynhans, E. (2010). Thermal variability alters climatic stress resistance and plastic responses in a globally invasive pest, the Mediterranean fruit fly (*Ceratitis capitata*). *Entomologia Experimentalis et Applicata*, 137(3), 304-315.

Townson, H., Nathan, M., Zaim, M., Guillet, P., Manga, L., Bos, R., y Kindhauser, M. (2005). Exploiting the potential of vector control for disease prevention. *Bulletin of the World Health Organization*, 83(12), 942-947.

Vasseur, D. A., DeLong, J. P., Gilbert, B., Greig, H. S., Harley, C. D., McCann, K. S., y O'Connor, M. I. (2014). Increased temperature variation poses a greater risk to species than climate warming. *Proceedings of the Royal Society of London B: Biological Sciences*, 281(1779), 2013-2612.

Wang, X. G., Levy, K., Son, Y., Johnson, M. W., y Daane, K. M. (2012). Comparison of the thermal performance between a population of the olive fruit fly and its co-adapted parasitoids. *Biological Control*, 60(3), 247-254.

WHO (2002). Control of Chagas disease. WHO Tech Rep Series 905. Geneva, Switzerland. World Health Organization.

WHO (2012). Global strategy for dengue prevention and control. Geneva, Switzerland: World Health Organization.

Williams, S. E., Shoo, L. P., Isaac, J. L., Hoffmann, A. A., y Langham, G. (2008). Towards an integrated framework for assessing the vulnerability of species to climate change. *PLoS Biology*, 6(12), e325.

Wilson, K. (2009). Climate change and the spread of infectious ideas. *Ecology*, 90(4), 901-902.

Zhang, W., Rudolf, V. H., y Ma, C. S. (2015). Stage-specific heat effects: timing and duration of heat waves alter demographic rates of a global insect pest. *Oecologia*, 179(4), 947-957.

Zhao, F., Zhang, W., Hoffmann, A.A., y Ma, C. S. (2014). Night warming on hot days produces novel impacts on development, survival and reproduction in a small arthropod. *Journal of Animal Ecology*, 83(4), 769-778.

CAPÍTULO 3

FEROMONAS Y SU USO EN EL MANEJO DE PLAGAS

JAN BERGMANN[1], EDUARDO FUENTES-CONTRERAS[2] Y TANIA ZAVIEZO[3]

[1] *Instituto de Química, Pontificia Universidad Católica de Valparaíso. Valparaíso, Chile.*
[2] *Centro de Ecología Molecular y Funcional en Agroecosistemas (CEMF),*
Facultad de Ciencias Agrarias, Universidad de Talca. Talca, Chile.
[3] *Facultad de Agronomía e Ingeniería Forestal, Pontificia Universidad Católica de Chile.*
Santiago, Chile.

RESUMEN

Las feromonas son compuestos liberados por un individuo que causan una reacción específica en otro individuo de la misma especie. Desde el inicio de los estudios sobre feromonas de insectos a partir de los años sesenta, se ha visualizado el potencial que tienen estos compuestos naturales en el manejo de plagas. Este capítulo resume información sobre aspectos básicos de feromonas, enfatizando aspectos químicos y biológicos, para luego discutir los avances de su uso en el manejo de plagas y presentar ejemplos relevantes para Chile.

1. INTRODUCCIÓN

Las feromonas son sustancias secretadas por un individuo y recibidas por otro individuo de la misma especie, en el cual induce una reacción específica, por ejemplo un determinado comportamiento o cambio fisiológico. El término "feromona" deriva del griego *pherein*, portador, y *hormon*, excitar (Karlson y Lüscher, 1959). La primera feromona cuya estructura fue esclarecida es bombikol (1) **(Figura 3.1)**, identificada en el año 1959 por Butenandt desde hembras del gusano de seda, *Bombyx mori* (Lepidoptera: Bombycidae). Poco después de la identificación de bombikol, ya se contaba con evidencia que compuestos químicos no solo median interacciones entre individuos de la misma especie, sino también entre diferentes especies. De esta manera, se tuvo que ampliar la terminología, definiendo semioquímicos como compuestos involucrados en la comunicación química, los que se subdividen en feromonas y aleloquímicos. Estos últimos actúan entre diferentes especies y a su vez se subdividen en kairomonas (benefician el receptor) y alomonas (benefician el emisor) (Brown *et al.*, 1970).

Figura 3.1

Estructura de bombikol, la primera feromona identificada.

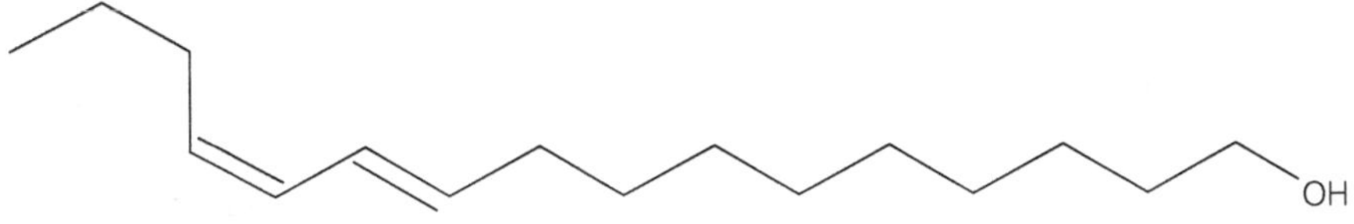

(10*E*, 12*Z*)–hexadecadien–1–ol ("bombikol") (**1**)
Bombyx mori (LEPIDOPTERA: Bombycidae)

El estudio de semioquímicos puede ser motivado por la aspiración de generar conocimiento fundamental sobre procesos de transmisión de información entre diferentes organismos a nivel molecular, o por la posibilidad de emplear estas sustancias en el manejo de plagas, o una combinación de ambos factores. De hecho, poco después de la identificación de las primeras feromonas, se reconoció el potencial que estos compuestos tienen en el manejo de plagas y los resultados de los primeros experimentos exitosos fueron publicados en 1967 (Gaston *et al.*, 1967; Shorey *et al.*, 1967). Hoy está disponible comercialmente una amplia gama de productos basados en feromonas para el manejo de plagas, gracias a un gran esfuerzo de la comunidad científica (Baker *et al.*, 2016).

Por su especificidad, las feromonas de insectos han sido las más estudiadas en vista de su potencial aplicación en el campo. Para la identificación de una feromona y el desarrollo de su uso en el manejo de plagas, se requiere un trabajo altamente interdisciplinario, en el cual se deben aplicar conocimientos de la química, la biología y la agricultura. Por lo anterior, este capítulo se enfoca en resumir aspectos fundamentales de la química y de la biología de feromonas, para luego discutir cómo estos compuestos se pueden usar en el manejo de plagas agrícolas.

2. ASPECTOS QUÍMICOS DE FEROMONAS

2.1. Estructuras de feromonas

2.1.1. Estructura de los compuestos orgánicos

Los compuestos orgánicos contienen invariablemente átomos de carbono e hidrógeno y pueden contener además átomos de otro tipo (llamados heteroátomos) como oxígeno, nitrógeno, azufre, fósforo, entre otros. El átomo de carbono tiene la particularidad de poder formar enlaces estables con otros átomos de carbono, pudiendo resultar en cadenas de longitud variable y/o ciclos de tamaño variable. Estas estructuras además pueden poseer ramificaciones y, en teoría, no hay límite para el número de átomos de carbono de los cuales puede estar formado un compuesto, lo que, junto con la posibilidad de la presencia de uno o más heteroátomos, explica el gran número y la gran diversidad de compuestos orgánicos.

El tamaño de la molécula y la presencia de grupos funcionales determinan las propiedades físicas y químicas de un determinado compuesto. Los compuestos sin grupo funcional son aquellos que solo contienen carbono e hidrógeno unidos por enlaces simples (estos son los alcanos y cicloalcanos). Los demás compuestos contienen uno o más grupos funcionales, y algunos de los más comunes presentes en productos naturales, incluyendo feromonas de insectos, son el doble y el triple enlace carbono-carbono (en alquenos y alquinos, respectivamente), el grupo hidroxilo -OH (en alcoholes), el grupo amino $-NH_2$ (en aminas) y el grupo carbonilo $>C=O$ (en aldehídos, cetonas, ésteres, entre otros).

La nomenclatura sistemática de compuestos orgánicos fue definida por la Unión Internacional de Química Pura y Aplicada (IUPAC) y consiste de un prefijo que indica el número de átomos de carbono de la cadena más larga y un sufijo que indica el grupo funcional de mayor prioridad, además de indicar los eventuales sustituyentes en la cadena o ciclo principal (Favre y Powell, 2013).

2.1.2. Isomería

Otro aspecto que aumenta la diversidad de estructuras de compuestos orgánicos es la posibilidad de la existencia de isómeros. Isómeros son compuestos diferentes pero que tienen la misma fórmula molecular (es decir, contienen la misma cantidad de cada tipo de átomo). Por ejemplo, un doble enlace puede ocurrir en cualquier lugar a lo largo de una cadena, dando lugar a isómeros posicionales. La posición del doble enlace se indica con el número del primer átomo de carbono contado desde el extremo más cercano al grupo funcional de mayor prioridad, como queda ilustrado en los alcoholes isoméricos 7-dodecen-1-ol (2, **Figura 3.2**) y 9-dodecen-1-ol (3). La presencia de un doble enlace abre, además, la posibilidad de la existencia de estereoisómeros, en los cuales hay diferencias en la ubicación de algunos átomos o grupos en el espacio. Contrario a lo que ocurre en un enlace simple, la posición espacial de los grupos unidos a los dos átomos de un doble enlace está fijada, dando lugar a isómeros geométricos. Por ejemplo, existen dos estereoisómeros del compuesto acetato de 11-tetradecenilo, componente de la feromona de varias especies de tortrícidos, que se diferencian por tener los grupos unidos a los dos carbonos del doble enlace en lados opuestos (isómero E o *trans*) (4, **Figura 3.4**) o en el mismo lado (isómero Z o *cis*) (5), respectivamente. Otro tipo de estereoisómeros son los enantiómeros, también conocidos como isómeros ópticos. El fenómeno asociado es la quiralidad (del griego *cheir* = mano). El prototipo de un objeto quiral, y de ahí el nombre, son las dos manos de una persona: son imágenes especulares entre ellas, sin embargo, no son idénticas. Así, el compuesto 2-nonanol, componente de la feromona de algunos insectos del orden Trichoptera (Löfstedt *et al.*, 2008; Löfsted *et al.*, 1994), existe en dos formas diferentes, que tienen la relación de imágenes especulares entre sí y que se distinguen por la orientación del grupo hidroxilo en el espacio (6 y 7, **Figura 3.2**). Los dos enantiómeros se nombran con las designaciones (R) y (S), según las reglas definidas por la IUPAC.

2.1.3. Diversidad de estructuras de feromonas

Desde el punto de vista químico, las estructuras de feromonas son muy diversas. El grupo más estudiado con respecto a sus feromonas son probablemente los lepidópteros. Muchas estructuras producidas por estos insectos son acetatos, alcoholes o aldehídos con una cadena de entre 10 a 18 átomos de carbono que posee uno o más dobles enlaces (feromonas "tipo I") (1-5, 8-10, **Figuras 3.1, 3.2 y 3.3**). La diversidad de las estructuras surge de la variación de la longitud de la cadena, la identidad del grupo funcional, además de la cantidad, posición y geometría de los dobles enlaces (Ando *et al.*, 2004). Otro grupo importante de feromonas de lepidópteros son hidrocarburos derivados del ácido linoleico

Figura 3.2

Diferentes tipos de isomería en algunas feromonas de Lepidoptera y Trichoptera.
Ver texto para explicaciones.

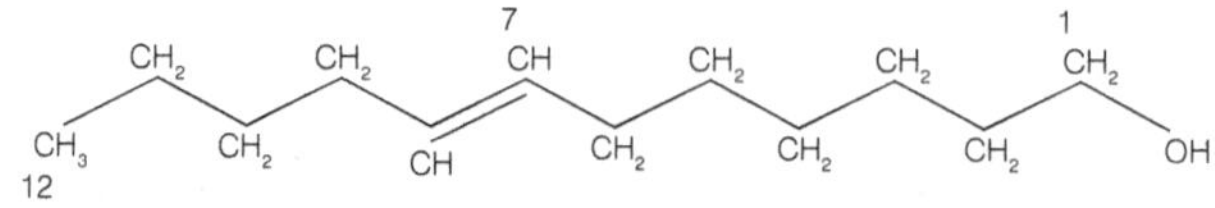

7-dodecen-1-ol (**2**)

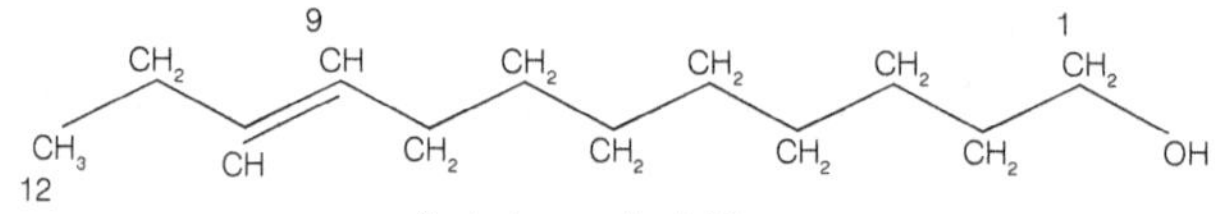

9-dodecen-1-ol (**3**)

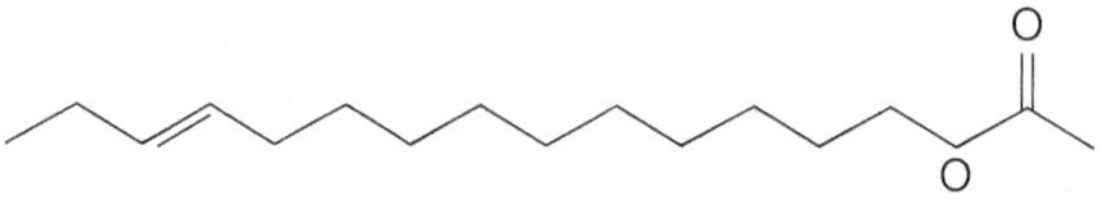

acetato de (*E*)-11-tetradecenilo (**4**)
Proeulia auraria (Lepidoptera: Tortricidae)

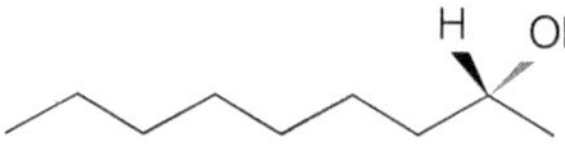

(*R*)-2-nonanol (**6**)
Rhyacophila nubila
(Trichoptera: Rhyacophilidae)

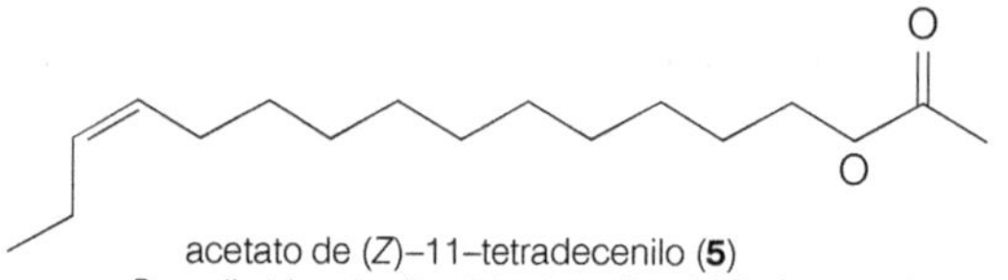

acetato de (*Z*)-11-tetradecenilo (**5**)
Proeulia triquetra (Lepidoptera: Tortricidae)

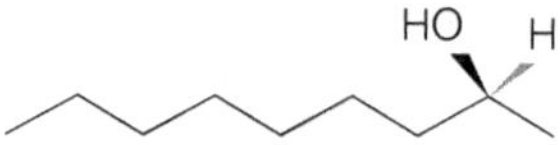

(*S*)-2-nonanol (**7**)
Molanna angustata
(Trichoptera: Molannidae)

o ácido linolénico, con una cadena de entre 17 a 25 átomos de carbono, y sus derivados epoxidados (feromonas "tipo II") (**11-12, Figura 3.3**) (Millar, 2000).

Las feromonas de especies pertenecientes a otros órdenes (**13-16, Figura 3.4**) presentan gran diversidad estructural y pueden ser agrupados por ejemplo de acuerdo a su supuesto origen biosintético (por ejemplo, acetogeninos, poliquétidos, terpenoides) o basados en su estructura (generalmente de acuerdo a sus grupos funcionales). La base de datos de feromonas probablemente más completa es "The Pherobase", disponible en internet (El-Sayed, 2017) y existen varias publicaciones que han resumido la información existente sobre la comunicación química en Lepidoptera (Allison y Cardé, 2016a; Ando *et al.*, 2004), Coleoptera (Francke y Dettner, 2005), Hymenoptera (Ayasse *et al.*, 2001; Keeling *et al.*, 2004), Heteroptera (Millar, 2005), Diptera (Wicker-Thomas, 2007), y, más allá de los insectos, en bacterias (Chhabra *et al.*, 2005; Winans y Bassler, 2008), y mamíferos (Burger, 2005).

Figura 3.3
Feromonas de Lepidoptera del tipo I (8-10) y tipo II (11, 12).

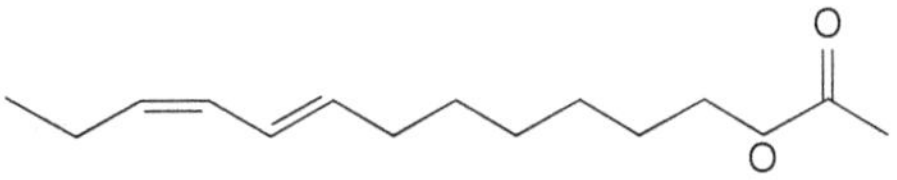

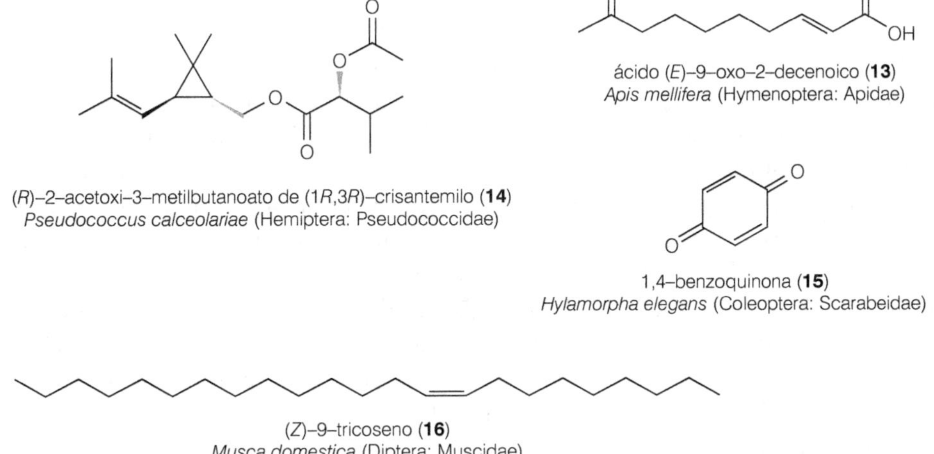

acetato de (7*E*,9*Z*)–dodecadienilo (**8**)
Lobesia botrana (Lepidoptera: Tortricidae)

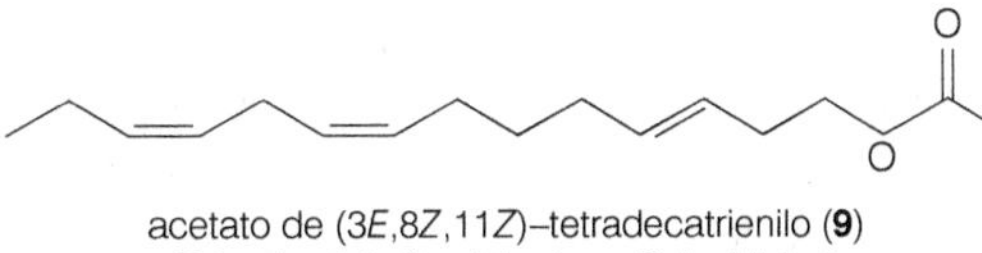

acetato de (3*E*,8*Z*,11*Z*)–tetradecatrienilo (**9**)
Tuta absoluta (Lepidoptera: Gelechiidae)

(7*Z*,10*Z*)–hexadecadienal (**10**)
Chilecomadia valdiviana (Lepidoptera: Cossidae)

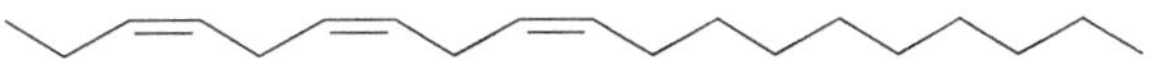

(3*Z*,6*Z*,9*Z*)–nonadecatrieno (**11**)
Ascotis selenaria (Lepidoptera: Geometridae)

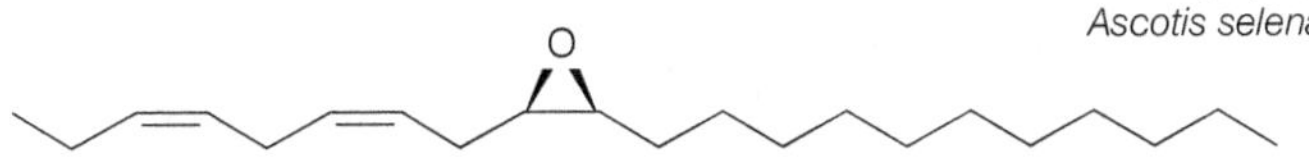

(3*Z*,6*Z*,9*S*,10*R*)–9,10–epoxi-3,6–heneicosadieno (**12**)
Hyphantria cunea (Lepidoptera: Arctiidae)

Figura 3.4
Diversidad de estructuras de feromonas de insectos en otros órdenes.

(*R*)–2–acetoxi–3–metilbutanoato de (1*R*,3*R*)–crisantemilo (**14**)
Pseudococcus calceolariae (Hemiptera: Pseudococcidae)

ácido (*E*)–9–oxo–2–decenoico (**13**)
Apis mellifera (Hymenoptera: Apidae)

1,4–benzoquinona (**15**)
Hylamorpha elegans (Coleoptera: Scarabeidae)

(*Z*)–9–tricoseno (**16**)
Musca domestica (Diptera: Muscidae)

3. IMPORTANCIA DE LA ESTRUCTURA QUÍMICA EN LA ACTIVIDAD BIOLÓGICA

3.1. Propiedades

Las propiedades físicas y químicas dependen de la estructura del compuesto, y pueden determinar también aspectos de su actividad biológica. Feromonas que deben actuar a través de la distancia, por ejemplo para la atracción de una pareja para el apareamiento (feromonas de largo alcance), deben ser volátiles y en consecuencia generalmente son moléculas apolares de bajo peso molecular. Feromonas de corto alcance, por ejemplo usadas para marcar una localidad, pueden ser moléculas de mayor peso molecular comparado con las feromonas de largo alcance (Alberts, 1992).

3.2. Especificidad de feromonas

La especificidad de una señal química puede estar dada por la estructura de la molécula. Esto supone que un determinado compuesto es usado solamente por una única especie para transmitir informaciones. Por ejemplo, las feromonas de especies de "chanchitos blancos" (Hemiptera: Pseudococcidae), poseen estructuras poco comunes, siendo la mayoría de ellos derivados de terpenos con estructuras irregulares, y en casi todos los ejemplos conocidos las hembras producen un solo compuesto que es único para cada especie (Zou y Millar, 2015). De esta forma se asegura la existencia de un canal de comunicación exclusivo, incluso en caso de co-existir dos o más especies en el mismo hábitat.

Sin embargo, en muchos casos, diferentes especies pueden compartir un mismo compuesto en sus respectivas feromonas. En estos casos, la feromona suele ser una mezcla de dos o más compuestos en una definida relación y el término "feromona" se refiere a la mezcla completa de compuestos, y los compuestos individuales se denominan "componentes" de la feromona, y es la mezcla en su totalidad, y no sus componentes individuales, que conforman la señal específica. La mayoría de las feromonas de lepidópteros consisten de un componente principal y uno o más componentes minoritarios que son estructuralmente muy similares entre ellos. La variación de la identidad y/o de la relación de los compuestos presentes en la mezcla permite crear una señal específica, incluso entre dos especies muy cercanas. Por ejemplo, el componente principal de las feromonas de *Heliothis virescens* y *Helicoverpa zea* (Lepidoptera: Noctuidae) es en ambas especies (Z)-11-hexadecenal (**17, Figura 3.5**). La discriminación entre las dos especies se basa en que hembras de *H. virescens*, pero no las de *H. zea*, producen además (Z)-9-tetradecenal (**18**), y la presencia de este compuesto es por un lado necesaria para la atracción de machos de *H. virescens* y por otro lado inhibe la atracción de machos de *H. zea* (Klun *et al.*,1979).

Aparte de diferencias químicas, otros mecanismos de aislamiento reproductivo son por ejemplo diferencias temporales (estacionales o diarias) o espaciales en la actividad (Greenfield y Karandinos, 1979).

Figura 3.5

Discriminación entre dos especies relacionadas utilizando mezclas de compuestos similares.
Ver texto para explicaciones.

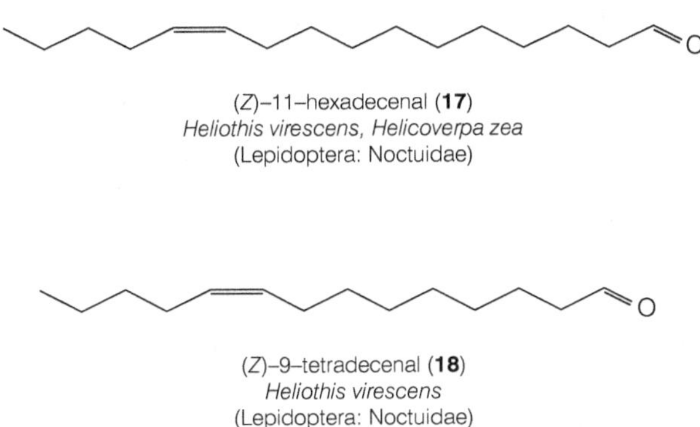

(*Z*)–11–hexadecenal (**17**)
Heliothis virescens, Helicoverpa zea
(Lepidoptera: Noctuidae)

(*Z*)–9–tetradecenal (**18**)
Heliothis virescens
(Lepidoptera: Noctuidae)

3.3. Isómeros y especificidad

Las diferencias estructurales entre isómeros, aunque puedan parecer sutiles, pueden ser percibidas fácilmente por un insecto y pueden tener efectos dramáticos sobre el comportamiento. Por ejemplo, en *Proeulia auraria* (Lepidoptera: Tortricidae), el componente principal de la feromona, acetato de (*E*)-11-tetradecenilo (**4**), es atractivo para machos, sin embargo, la presencia de tan solo 4% del isómero geométrico, acetato de (*Z*)-11-tetradecenilo (**5**), inhibe la atracción de los machos hacia trampas (Reyes-García *et al.*, 2014). En cambio, este último compuesto es el componente principal de la feromona de *Proeulia triquetra*, lo que probablemente es parte de un mecanismo de aislamiento reproductivo entre estas dos especies sincrónicas y simpátricas (Bergmann *et al.*, 2016). De manera similar, los dos enantiómeros de un compuesto quiral también pueden tener actividad biológica diferente, y la importancia de la quiralidad en la actividad biológica de feromonas ha sido resumida por Mori (2007).

Para aplicaciones prácticas, por tanto, se debe prestar atención a la posible presencia de estereoisómeros y es necesario determinar la actividad biológica de isómeros no naturales que pueden estar presentes en los compuestos sintetizados y usados en campo.

4. IDENTIFICACIÓN Y SÍNTESIS DE FEROMONAS

Desde el punto de vista químico, las etapas en la identificación de una feromona son la extracción o la captura del o de los compuestos desde el insecto, la separación de los compuestos por métodos cromatográficos, seguido de la aplicación de técnicas analíticas para su identificación y finalmente la síntesis del compuesto. En caso de ser necesario, estas etapas deben ser acompañadas de la realización de bioensayos. Los métodos empleados en las diferentes etapas han sido resumidos en varias publicaciones, por ejemplo por Howse *et al.* (1998), Millar y Haynes (1998) y Haynes y Millar (1998).

Uno de los principales retos en la identificación química de una feromona es la poca cantidad producida por el insecto, que usualmente se encuentra en el rango de los pg a ng (10^{-12} a 10^{-9} g), lo que previene el empleo de Resonancia Magnética Nuclear, una técnica más poderosa pero menos sensible. Para compuestos volátiles, la cromatografía de gases acoplado a espectrometría de masas (GC/MS) es la técnica de elección, pero esta requiere pruebas y evidencias adicionales para la identificación inequívoca de un compuesto desconocido. En particular, para corroborar la identificación tentativa realizada sobre la base de los resultados obtenidos por GC/MS y otras técnicas y pruebas, es necesario comparar los datos analíticos del compuesto natural con los del respectivo compuesto sintético. Este puede estar comercialmente disponible, pero en la mayoría de los casos es necesario realizar la síntesis a partir de precursores comercialmente disponibles. Se pueden diseñar varias rutas hacia un determinado compuesto, y todos requieren cerciorarse que 1) se obtenga el esqueleto de carbono correcto, 2) los grupos funcionales estén en la correcta posición y 3) se produzca el estereoisómero correcto. Para elegir entre diferentes rutas sintéticas, algunos factores a considerar son la cantidad de pasos requeridos, el precio y la disponibilidad de los reactivos, los rendimientos de las diferentes reacciones y por último, para aplicaciones a mayor escala, la posibilidad de producir grandes cantidades. La síntesis de feromonas ha sido resumida en varias ocasiones (Aleu *et al.*, 2007; Bergmann *et al.*, 2009; Mori, 1981, 1992, 2004; Zarbin *et al.*, 2009).

Finalmente, para completar la identificación de una feromona, se requiere evidencia que el o los compuestos sintéticos modifican el comportamiento del insecto, mostrado en ensayos en el laboratorio y/o en el campo.

5. ASPECTOS BIOLÓGICOS DE FEROMONAS

5.1. Tipos de feromonas según comportamiento que están mediando

El origen evolutivo de feromonas es todavía objeto de investigación (Stökl y Steiger, 2017), pero lo que se puede constatar es que a lo largo de los procesos evolutivos, la comunicación química se ha diversificado de manera que, en la actualidad, las feromonas intervienen en diversos aspectos ecológicos y variados comportamientos de insectos. Se debe tener presente que diferentes especies pueden exhibir diferentes comportamientos, por lo cual no todas las especies poseen todos los tipos de feromonas. El tipo más estudiado (y más utilizado en aplicaciones de campo) son probablemente las *feromonas sexuales*. Estas son emitidas por un sexo y su función es proveer información al sexo opuesto para que este pueda encontrar y elegir una pareja para el apareamiento. En la mayoría de los casos conocidos, son las hembras que emiten feromonas sexuales, aunque también se conocen especies, del orden Coleoptera en su mayoría, en las cuales las producen los machos (Landolt, 1997). Las *feromonas de agregación* atraen a ambos sexos de una especie. Los mecanismos para agregarse son complejos y pueden estar basados en una ventaja al vivir en grupo, o puede ser una respuesta a la feromona sexual emitida por individuos del mismo sexo, interceptando la comunicación entre sexos en búsqueda de mejores opciones de apareamiento (Wyatt, 2003). Aunque no son limitados a ese grupo, feromonas de agregación muchas veces se encuentran en Coleoptera (Landolt, 1997) y uno de los sistemas más estudiados es la agregación de algunos escolítidos (*Ips spp.* y *Dendroctonus spp.*) que infestan a pinos en grandes números (Howse *et al.*, 1998). Una gran ventaja de usar feromonas de agregación en el manejo de plagas es que, a diferencia de las feromonas sexuales, atraen a ambos sexos. Otros tipos de feromona cuyo uso en el manejo de plagas ha sido mucho menos explorado o exitoso (Howse *et al.*, 1998) son por ejemplo *feromonas de alarma* (encontrados en algunos Hemiptera e insectos sociales), *feromonas de reclutamiento* (presentes en insectos sociales), *feromonas de disuasión* (por ejemplo de la oviposición, como en algunos Lepidoptera (Blaakmeer *et al.*, 1994) y Diptera (Hurter *et al.*, 1987), o *feromonas "primer"* (que inducen cambios fisiológicos).

5.2. Factores que controlan la respuesta de insectos a feromonas

En los inicios de los estudios sobre feromonas, se pensaba que la respuesta de un insecto hacia un estímulo era predeterminada y que ocurría de forma casi automática (Kennedy, 1972). Hoy existe amplia evidencia que la respuesta a una feromona puede estar condicionada por varios otros factores, y algunos tienen directa implicancia en su uso en el manejo de plagas. Como se mencionó antes, la integridad de la señal es importante para evocar una respuesta, y la ausencia de uno o dos componentes de una feromona multicomponente puede provocar una disminución en la llegada a la fuente de la señal (Linn *et al.*, 1987). Asimismo, en el caso de especies con una amplia distribución geográfica, se debe tener presente que puede haber una variación geográfica de la composición de la feromona y/o de la respuesta hacia ella (Allison y Cardé, 2016b), por lo que un determinado cebo no necesariamente tiene el mismo efecto para diferentes poblaciones de la misma especie. La respuesta a una feromona también puede ser modulada por otros tipos de señales. Por ejemplo, muchos insectos usan volátiles de la planta hospedera, en adición a la feromona, para la localización de una pareja (Xu y Turlings, 2018). Estímulos visuales (colores o formas) también pueden tener un rol en la atracción de insectos hacia un estímulo olfativo (Barros-Parada *et al.*, 2013). Por otra parte, la actividad y fisiología de insectos sufre cambios circadianos, y muchas veces la respuesta a una feromona ocurre solamente durante ciertas horas del día. Asimismo, durante la vida del insecto adulto, la receptividad puede cambiar de acuerdo a la madurez sexual y/o experiencias previas (Anderson y Anton, 2014; Gadenne *et al.*, 2016). Por último, se debe tomar en consideración que factores ambientales como temperatura y humedad (Rousse *et al.*, 2009) o presión atmosférica (Pellegrino *et al.*, 2013) también pueden tener influencia en la actividad de insectos.

6. FEROMONAS EN EL MANEJO DE PLAGAS

6.1. Monitoreo

Las feromonas, y en especial las sexuales, han sido usadas para monitoreo de insectos por más de 50 años, partiendo con el uso directo de hembras no apareadas y posteriormente con feromonas sintéticas (Witzgall *et al.*, 2010). El monitoreo de lepidópteros usando feromonas sexuales ha sido el más frecuente, y en menor medida el monitoreo de coleópteros usando feromonas de agregación. Recientemente, el uso de feromonas para monitoreo de hemípteros ha aumentado, luego de la identificación y síntesis de las feromonas sexuales de chanchitos blancos (Pseudococcidae) (El-Sayed *et al.*, 2010; Millar *et al.*, 2002; Roda *et al.*, 2012; Zada *et al.*, 2004), y de la feromona de agregación del chinche apestoso marrón marmoleado (*Halyomorpha halys* Stál), una plaga que recientemente ha invadido Europa y Estados Unidos (Khrimian *et al.*, 2014).

Además de las feromonas, kairomonas han sido usadas para monitoreo de plagas, particularmente volátiles emitidos por plantas, alimento u hospederos, siendo el principal blanco insectos del orden Diptera, incluyendo plagas agrícolas (ej., moscas de la fruta (Shelly *et al.*, 2014)) y vectores de enfermedades en animales y humanos (ej., moscas del establo, mosca doméstica, mosquitos (Geden, 2005)). Kairomonas también han sido usadas en combinación con feromonas, ya sea para aumentar la atracción (ej., feromonas de agregación de coleópteros de la corteza con volátiles de pino (Seybold *et al.*, 2006)), o para capturar ambos sexos (ej., feromonas sexuales de polilla de la manzana con volátiles del alimento (Knight *et al.*, 2014; Knight y Light, 2005)).

Interesantemente, el uso de volátiles para el monitoreo de enemigos naturales de plagas es casi inexistente, a pesar de que se conoce que las feromonas sexuales de algunas plagas son atractivas para sus parasitoides (Franco *et al.*, 2008; Pekas *et al.*, 2015; Teshiba y Tabata, 2017), y depredadores (Urbina *et al.*, 2018). Recientemente, se ha explorado el uso de feromonas producidas por enemigos naturales (ej., iridodial, feromona de agregación emitida por machos de algunas especies de crisopas (Zhang *et al.*, 2006)), y volátiles de plantas (constitutivos o inducidos por el daño de herbívoros) para el monitoreo de enemigos naturales (Jones *et al.*, 2011, 2016; Mills *et al.*, 2016).

El uso de feromonas en monitoreo puede dividirse en tres fines principales: (1) detección o prospección, (2) fenología y (3) abundancia poblacional. Es muy importante tener claro cuál de estos objetivos se persigue antes de su implementación en terreno, ya que esto determinará las técnicas específicas a usar (tipo de volátiles, trampas, etc.), distribución de trampas (interior huertos, periferia, distancia, etc.), frecuencia de revisión (diaria, semanal, etc.) y muy importantemente el número de trampas o esfuerzo muestreal. Estos aspectos a su vez influirán en los costos del monitoreo, incluyendo materiales y tiempo de personas calificadas. A continuación, se discutirán los aspectos claves a considerar para el monitoreo de cada objetivo, y se ejemplificará su utilidad con un caso relevante en Chile.

6.1.1. Monitoreo para detección o prospección de plagas

Compuestos volátiles específicos, como las feromonas, son muy útiles en programas de vigilancia nacionales, porque permiten detectar tempranamente incursiones de plagas cuarentenarias en un país o zona geográfica (Witzgall *et al.*, 2010). Su gran utilidad radica en que el área prospectada por unidad de esfuerzo y su sensibilidad son por lo general considerablemente mayores que cualquier otro método de prospección. Por ejemplo, *Planococcus minor* (Hemiptera: Pseudococcidae), especie que no había sido encontrada en Estados Unidos continental, fue detectada en Florida usando trampas de feromonas. Estas capturaron machos en todos los sitios, comparado con la inspección visual de más de 14.000 muestras de tejidos vegetales hasta encontrar una hembra de esta especie (Roda *et al.*, 2012).

La detección de plagas a nivel predial con trampas de feromonas también es útil, particularmente para especies migratorias o que infestan los cultivos desde el entorno, ya que sirve para determinar cuándo es necesario iniciar acciones complementarias de monitoreo o control en la unidad productiva. Por otra parte, usar atrayentes especie-específicos para la detección de especies de importancia cuarentenaria para mercados de exportación tienen potencial uso en enfoques de sistemas para el manejo del riesgo de plagas ("*system approach*", NINF 14) (FAO, 2002), algo que aún no se ha explorado suficientemente.

Aspectos claves de un exitoso monitoreo para detección o prospección de plagas usando volátiles son: usar compuestos lo más específicos posible (nivel de especies), en altas dosis si es para vigilancia fitosanitaria (mayor rango de atracción), con trampas que no requieran mantención muy frecuente, distribuidas en los frentes de invasión o en lugares claves (puertos, aeropuertos, pasos fronterizos). Tanto la frecuencia de revisión como la densidad de trampas no necesitan ser particularmente altas, y esto puede ajustarse al riesgo asociado a diferentes épocas del año y zonas geográficas.

Hay dos casos interesantes de destacar, relevantes para Chile y otros países. El primero es el programa de monitoreo de la mosca del mediterráneo (*Ceratitis capitata*) (Diptera: Tephritidae), que se realiza desde hace más de 20 años con kairomonas (proteína hidrolizada, trimedlure), usando trampas McPhail y trampas pegajosas (tableros o tipo delta) (SAG, s.f.-b). Las áreas de muestreo más sensibles incluyen pasos fronterizos y grandes ciudades, porque su entrada al país se asocia al movimiento de personas, y la red de trampeo permite detectar incursiones tempranas y activar planes de erradicación localizados (SAG, s.f.-b). El segundo caso corresponde a la prospección nacional de la polilla del racimo de la vid (*Lobesia botrana*) (Lepidoptera: Tortricidae), iniciada en 2008, usando la feromona sexual en trampas delta (SAG, s.f.-a). Este programa permite conocer las regiones del país donde la plaga está presente y definir, de acuerdo a niveles de capturas y superficie de detección, zonas de contención, supresión o erradicación (SAG, s.f.-a). En esta especie, la feromona también ha sido usada en estrategias de control directo (ver 4.3).

6.1.2. Monitoreo de fenología

Conocer la fenología de plagas a lo largo del año, particularmente en especies que presentan generaciones con poco traslape, permite saber cuándo están presentes los estados de desarrollo susceptibles al control (Knight, 2007; Witzgall *et al.*, 2010). En casos que estos son difíciles de observar, se puede estimar el momento de su presencia si se conoce (i) la relación entre tasa de desarrollo del organismo y temperatura (modelos fenológicos), (ii) la temperatura que experimenta el organismo diariamente y (iii) momento de inicio de acumulación térmica con el modelo ("biofix") (Higley *et al.*, 1986). Las trampas de feromonas han sido usadas para determinar el biofix, principalmente para lepidópteros en climas templados (Higley *et al.*, 1986). En especies con generaciones traslapadas y vuelos permanentes, pero con una estación sin actividad, las trampas de feromonas se usan para conocer el inicio y fin del vuelo de adultos y con ello las épocas de riesgo de daño al cultivo (Ahmad y Ali, 1995).

Dentro de los aspectos claves para este propósito de monitoreo están: usar volátiles específicos, que idealmente atraigan el estado a controlar o hembras adultas, trampas que faciliten el recuento frecuente (ej., pisos removibles), distribuidas acorde a las diferentes condiciones climáticas del campo o huerto, y su número puede ser reducido (una cada 4 a 10 ha) (Kehat *et al.*, 1994). Sin embargo, en este caso la frecuencia de revisión es clave, y debe ser lo suficientemente frecuente para detectar los eventos biológicos con la precisión deseada (ej., inicio vuelos de diferentes generaciones en la temporada, momento aparición hembras, etc.). En épocas críticas, la revisión diaria de trampas puede ser necesaria. Algo muy importante de tener en cuenta es que con este diseño la relación entre capturas en trampas y abundancia poblacional o potencial daño es baja o nula dado: las pocas muestras (pocas trampas para ser representativas de la abundancia), la fenología propia de la especie (pocas generaciones y sin traslape) y los efectos de las condiciones climáticas en la actividad de los insectos (ej., temperatura, viento, lluvias).

Las especies para las cuales más se han utilizado feromonas para estimar su fenología, tanto en Chile como en el extranjero, son polillas de la fruta, y en particular la polilla de la manzana (*Cydia pomonella*) (Lepidoptera: Tortricidae). El desarrollo de modelos fenológicos para estimar el desarrollo de esta se inicia hace casi 100 años (Glenn, 1922), aunque su aplicación se empezó a masificar en la década del 1980 debido a la posibilidad de contar con feromona sexual sintética, mejores equipos para medir condiciones ambientales, desarrollo de hardware y softwares computacionales para hacer los cálculos necesarios y, posteriormente, las mayores restricciones al uso de insecticidas de amplio espectro y larga residualidad (Higley *et al.*, 1986; Knight, 2007; Kührt *et al.*, 2006; Riedl, 1980). Protocolos de trampeo similares se han desarrollado en muchas regiones productoras de manzanas y nogales, especificando época de muestreo, tipo de trampa y volátiles, distribución, posición y número de trampas y frecuencia de muestreo (Kehat *et al.*, 1994; Riedl, 1980). Una de las debilidades del monitoreo de *C. pomonella* con la feromona sexual es que la fenología de las hembras adultas no es directamente observable, y que en lugares con confusión sexual para su control no es posible seguir la fenología del vuelo de machos. Por esta razón, se ha buscado mejorar esta técnica de monitoreo combinando la feromona con kairomonas (éster de pera y ácido acético).

6.2.3. Monitoreo para estimar abundancia poblacional

Este enfoque busca relacionar capturas en trampas con el nivel poblacional y el potencial daño económico, para determinar la necesidad de control basado en la abundancia de la plaga. A pesar de ser potencialmente una de las herramientas más útiles para la toma de decisiones de control a nivel campo, los ejemplos son escasos, incluso en lepidópteros.

Los aspectos claves para lograr adecuadamente este propósito de monitoreo son: usar atrayentes específicos, que atraigan el estado que predice bien el daño potencial, y usar trampas que faciliten el recuento frecuente (ej., pisos removibles) o incluso puedan automatizarse (Potamitis *et al.*, 2017). También es crítico el número de trampas, su distribución en la unidad productiva, la frecuencia de revisión y la dosis de feromona o atrayente (Flores *et al.*, 2015; Jactel *et al.*, 2006). La dosis de la feromona debe ser tal que genere un acotado rango de atracción, porque de otra manera muchos individuos desde fuera del cuartel o potrero podrían ser capturados, y esto impediría describir bien la abundancia de la plaga al interior de este. Por lo tanto, en comparación con los otros dos objetivos de monitoreo, este requiere una mayor cantidad de trampas por unidad de superficie, un protocolo más específico y detallado, y una buena interpretación de las capturas, que considere factores bióticos y abióticos relevantes.

Un grupo de insectos donde las capturas en trampas de feromonas han presentado buenas correlaciones con abundancia poblacional y/o daño son los pseudocóccidos (Flores *et al.*, 2015; Millar *et al.*, 2002; Waterworth *et al.*, 2011). Las feromonas sexuales de chanchitos blancos (Hemiptera: Pseudococcidae) han sido investigadas en Chile y otros países para estimar abundancia poblacional y potencial daño (Flores *et al.*, 2015; Millar *et al.*, 2002; Waterworth *et al.*, 2011). Nuestro grupo ha estudiado dos especies de importancia para la fruticultura: chanchito blanco de la vid (*Pseudococcus viburni*) y chanchito citrófilo (*Pseudococcus calceolariae*). En la primera especie encontramos una relación entre las capturas de machos en trampas de feromonas en distintas épocas del año con la abundancia de estados móviles en la planta y los niveles de daño a cosecha en vid de mesa (Nuñez, 2007), y en la segunda especie establecimos una relación con la abundancia de estados móviles, el número de individuos por fruto y la proporción de frutos infestados en manzanos (Flores *et al.*, 2015). La mejor predicción de la abundancia basada en las capturas en trampas de feromonas en el caso de los pseudocóccidos comparado con los lepidópteros, posiblemente se explica por las diferencias biológicas entre estos insectos. Por ejemplo, las hembras de los pseudocóccidos no vuelan y los machos tienen corta vida, por lo que sus poblaciones tendrían rangos más acotados espacialmente, permitiendo una mejor relación captura-abundancia.

7. CONTROL POR TRAMPEO MASIVO Y CEBOS TÓXICOS ("ATRACTICIDAS")

El uso de feromonas y otros compuestos volátiles para el control directo de plagas tiene un largo desarrollo. Recientemente, El-Sayed *et al.* (2006) revisaron el potencial del trampeo masivo y cebos tóxicos o "atracticidas" (*attract and kill* o *lure and kill*) (El-Sayed *et al.*, 2009) en el manejo de plagas y erradicación de especies invasoras. Además, Gregg *et al.* (2018) y colaboradores revisaron los avances en el desarrollo de atracticidas con compuestos no feromonales para controlar plagas agrícolas.

7.1. Mecanismos de acción

Estos dos enfoques tienen un mecanismo de acción similar, y se diferencian de manera importante del control por confusión sexual (ver 8.). En el trampeo masivo y atracticidas, el insecto debe dirigirse hacia la fuente de emisión y es eliminado de la población, ya sea porque es capturado o porque es intoxicado con un insecticida (o en unos pocos casos, infectado por microorganismos entomopatógenos) (El-Sayed *et al.*, 2006; El-Sayed *et al.*, 2009; Gregg *et al.*, 2018). En confusión sexual, en general se desea desorientar al insecto para que no encuentre a la pareja para el apareamiento, y no es removido de la población. Otras diferencias prácticas entre los enfoques de control son la cantidad de la feromona o atrayente (mayor en confusión sexual) y de otros materiales (mayor en trampeo masivo), la dificultad de aplicación y la necesidad de mantención (mayores en trampeo masivo).

Si bien los mecanismos de acción de trampeo masivo y atracticidas son similares, en atracticidas el comportamiento debe darse a muy corto alcance para que el insecto entre en contacto con el insecticida, mientras que en trampeo masivo, esto no es necesario (Curkovic *et al.*, 2009). Además, en atracticidas, el compuesto tóxico no debe disminuir el efecto del atrayente o producir repelencia. Por otra parte, en el trampeo masivo, el diseño de la trampa es muy importante, no solo por facilidad de manejo, sino que también porque su forma, color y ubicación pueden ser determinantes en la atracción de los insectos.

Los aspectos claves para lograr éxito con estos enfoques han sido discutidos en detalle por El-Sayed *et al.* (2006, 2009), y Gregg *et al.* (2018). Entre los más destacados están: (a) competitividad de los compuestos de atracción en relación a las fuentes naturales (ej. hembras vírgenes, alimento); (b) abundancia de la plaga, siendo estas técnicas denso-dependientes negativas (mayor efecto con menores poblaciones), lo que las hace atractivas en programas de erradicación; (c) riesgo de inmigración, particularmente de hembras apareadas cuando se usan feromonas sexuales. Gregg *et al.* (2018) además discutieron los avances normativos necesarios (ej., registros) que podrían favorecer su desarrollo comercial.

7.2. Desarrollo y usos

El desarrollo e investigación en trampeo masivo y atracticidas para el manejo de plagas ha sido menor que para confusión sexual, pero en los últimos 10 años ha aumentado significativamente (cantidad de publicaciones al 2018 vs 2006 usando la misma base de datos de

El-Sayed *et al.*, 2006). Por otra parte, hay una mayor variedad de plagas, ambientes y compuestos volátiles investigados en trampeo masivo y atracticidas que en confusión sexual. Para trampeo masivo, además de lepidópteros, existe un gran desarrollo en coleópteros, dípteros y recientemente en himenópteros y trips, y para atracticidas principalmente en lepidópteros y dípteros (El-Sayed *et al.*, 2006, 2009; Gregg *et al.*, 2018). Estos dos enfoques se han usado tanto para plagas agrícolas y forestales, vectores de enfermedades en animales y humanos, plagas de almacenaje, invernaderos y más recientemente en plagas domésticas (El-Sayed *et al.*, 2006, 2009; Gregg *et al.*, 2018). Entre los compuestos usados, además de feromonas sexuales, hay feromonas de agregación y otros semioquímicos como volátiles emitidos por alimentos, plantas o animales, y mezclas de distintos tipos de volátiles (Gregg *et al.*, 2018).

En Chile existen pocos ejemplos del uso de estas técnicas en el manejo de plagas. Para la polilla del tomate, *Tuta absoluta* (Lepidoptera: Gelechiidae), se ha usado trampeo masivo con la feromona sexual para su control en invernaderos, y su uso ha aumentado desde que la plaga invadió Europa (Aksoy *et al.*, 2016; Vacas *et al.*, 2013). Otro ejemplo aún en desarrollo es *Pseudococcus calcolariae*, especie para la cual nuestro grupo usó trampas de feromona y láminas pegajosas colgando de ellas, en un huerto de manzanos orgánicos. Con ellas se capturó 33 veces más machos en trampas con feromona y sus láminas que en aquellos sin la feromona, siendo las láminas pegajosas las principales responsables (Jan Bergman y Tania Zavieso, datos no publicados). Estos resultados sugieren que este enfoque debería explorarse en más detalle. El trampeo masivo usando volátiles también se ha explorado para el control de la avispa chaqueta amarilla, *Vespula germanica* (Hymenoptera: Vespidae) (Curkovic *et al.*, 2017).

En el caso de atracticidas, el mayor uso ha sido para el control de moscas de la fruta usando volátiles alimenticios con insecticidas (cebo-insecticida) (revisado por Shelly *et al.*, 2014), y en Chile se usa como parte de las estrategias de erradicación de incursiones de mosca de la fruta (SAG, s.f.-b).

8. CONTROL POR CONFUSIÓN SEXUAL

La confusión sexual, o entorpecimiento de apareamiento, es una técnica de manejo de plagas que consiste en la saturación del ambiente con su feromona sexual sintética, para interferir la conducta de apareamiento de las plagas (Rodríguez-Saona y Stelinski, 2009). Esto produce una disminución de la frecuencia y/o un retraso del periodo de cópula, reduciendo finalmente la fecundidad y la densidad poblacional en la siguiente generación (Baker, 2008; Cardé, 2007).

Esta técnica ha sido particularmente exitosa en el control de lepidópteros, donde según estimaciones recientes se aplica en unas 750.000 ha anualmente a nivel mundial (Miller y Gut, 2015). Debido al impulso de subsidios estatales en algunos países, que facilitan el acceso a esta tecnología, la confusión sexual ha sido aplicada en programas de manejo en área extensa, los cuales consideran el control en grandes superficies, incluyendo el manejo extrapredial de las plagas (Ioriatti *et al.*, 2011; Ioriatti y Lucchi, 2016; Knight, 2008; Lance *et al.*, 2016; Witzgall *et al.*, 2008).

Debido a la alta especificidad de las feromonas sexuales, las cuales atraen solo a una o a veces a algunas pocas especies cercanas filogenéticamente, la confusión sexual es una técnica de manejo de plagas muy selectiva (Baker, 2008; Cardé, 2007). De igual forma el impacto ambiental asociado a su utilización es mínimo (Cardé, 2007). Esto se debe a su baja toxicidad frente a diversas especies, así como su alta volatilidad y rápida transformación o degradación en el campo, que hace que su exposición a otros organismos sea mínima, así como también la posibilidad de dejar residuos en los productos agrícolas (OECD, 2002). Además, la baja cantidad de feromona sexual que se libera, en comparación con la aplicación de plaguicidas y fertilizantes, hacen que su uso sea seguro para los trabajadores agrícolas y consumidores (Cardé, 2007; OECD, 2002). Los productos para la confusión sexual de lepidópteros tienen un proceso de registro con menores requisitos que los plaguicidas convencionales en USA, así como sus componentes están exentos de tolerancias en los productos agrícolas (EPA, 2018).

La confusión sexual es compatible con programas de manejo integrado de plagas, que incluyen la utilización de insecticidas selectivos, la técnica de machos estériles y el control biológico, entre otros (Cardé, 2007; Knight, 2008). La confusión sexual, si bien utiliza compuestos químicos sintéticos, debido a que son idénticos al compuesto natural, están permitidos en la producción orgánica (Benuzzi y Ladurner, 2017). La utilización de confusión sexual no ha producido casos de desarrollo de resistencia, a diferencia de la utilización de plaguicidas sintéticos.

La utilización de confusión también enfrenta limitaciones técnicas, las cuales deben considerarse al momento de su utilización. Un buen desempeño requiere que se aplique en superficies grandes y homogéneas, nunca menores de una hectárea (Baker, 2008). A mayor superficie aumenta la relación área/perímetro, es decir hay menos bordes en proporción al centro, lo que favorece la formación de una nube de feromona continua menos expuesta a ser desplazada de los bordes por el viento (Baker, 2008; Cardé, 2007). Debido a que esta técnica impide o retrasa la cópula de los insectos plaga presentes en el lugar donde se aplique, no tiene efecto sobre la inmigración de hembras que pueden ser fecundadas en áreas cercanas sin presencia de confusión sexual (Baker, 2008; Cardé, 2007). Para mitigar el riesgo de infestación externa de los bordes del cultivo, se recomienda la aplicación de insecticidas que protejan el cultivo en sectores más expuestos a la inmigración (Baker, 2008; Cardé, 2007). La confusión sexual es más efectiva sobre poblaciones bajas a moderadas de la plaga, básicamente debido a que la probabilidad de cópula en el periodo de vida fértil de las plagas es un fenómeno denso-dependiente (Baker, 2008; Cardé, 2007). Esta tecnología debe ser instalada en forma oportuna, antes del periodo de apareamiento de la plaga, para lograr evitar o retrasar la cópula y consecuentemente el daño al cultivo por la siguiente generación (Baker, 2008).

Desde el punto de vista económico la utilización de confusión sexual tiene un costo mayor al de aplicaciones de insecticidas (Baker, 2008), debido al mayor costo de la síntesis estéreo-selectiva, necesaria para producir los isómeros biológicamente activos con altos niveles de pureza.

8.1. Mecanismos de acción de la confusión sexual

Son pocos los estudios sobre los mecanismos de la confusión sexual a nivel de campo, pero la evidencia indica que son varios y pueden operar en forma simultánea dependiendo de la especie de plaga y la forma de aplicación. Según una revisión reciente de Miller y Gut (2015), existen mecanismos de tipo competitivo, en los que la confusión sexual no inhabilita a los machos para buscar a las hembras, a las hembras para llamar a los machos, o a la feromona para atraer al macho hacia la hembra. En estos casos los machos tienen la capacidad de encontrar a las hembras. Por lo tanto, su eficacia es denso-dependiente disminuyendo al aumentar la población de la plaga. El mecanismo que mayoritariamente se asocia a esta forma de acción de la confusión sexual es la atracción competitiva, o el seguimiento por parte de los machos de múltiples falsos puntos de emisión (emisores de feromona sexual), que impiden o retrasan que los machos logren encontrar a las hembras vírgenes que están en llamado para la cópula. Otro mecanismo competitivo que se ha propuesto es la alopatría inducida, en la cual los machos serían atraídos en forma permanente a algunos emisores de feromona sexual, limitando su dispersión en el espacio hacia lugares donde no se encuentran las hembras vírgenes.

Por otra parte, Miller y Gut (2015) también indican que existen mecanismos de tipo no competitivo, en los que la confusión sexual inhabilita a los machos para buscar a las hembras, a las hembras para llamar a los machos, o a la feromona para atraer al macho hacia la hembra. En estos casos los machos no pueden encontrar a las hembras y su eficacia es denso-independiente. Cuando los machos son inhabilitados se produciría su insensibilización frente al estímulo de la feromona sexual, debido a la adaptación de los receptores olfativos en el sistema nervioso periférico o a la habituación del sistema nervioso central. Otro mecanismo no competitivo que afectaría a los machos es la alocronía inducida, en la cual los machos serían atraídos por los emisores de feromona sexual en periodos en los que no se encuentran las hembras vírgenes en llamado de cópula. También es posible que las hembras no puedan realizar su llamado, debido a que la percepción de la feromona sexual produciría la interrupción de su liberación o la inhabilidad para la cópula. Otros posibles mecanismos de inhabilitación de la atracción de la feromona sexual, tales como el camuflaje de las plumas de olor o el desbalance sensorial debido a una proporción de compuestos alterada, no cuentan con evidencias experimentales que las apoyen.

8.2. Ejemplos de programas de confusión sexual

Existen algunos ejemplos de utilización de la confusión en programas de área extensa en Latinoamérica. En particular, las polillas de frutales de la familia Tortricidae han sido exitosamente manejadas en frutales de hoja caduca y viñas en Argentina, Brasil, Chile y Uruguay. En el caso de Chile el programa de control legal de la polilla del racimo de la vid, *Lobesia botrana*, por parte del Servicio Agrícola y Ganadero (SAG) es un caso de aplicación de esta técnica de manejo con cerca de una década de funcionamiento.

La polilla del racimo de la vid fue detectada en la zona central de Chile el año 2008, y en las temporadas siguientes en California (USA) y Mendoza (Argentina) (Lance *et al.*, 2016; Varela *et al.*, 2010). Si bien sería una especie polífaga dentro de su rango de distribución en la región Paleártica (Ioriatti *et al.*, 2011), durante los primeros años de su invasión en Chile se inició un programa de control oficial, de carácter obligatorio, para productores de vid en las regiones con presencia de la plaga. Este programa de control oficial desde su inicio consideró la utilización de confusión sexual como una de las alternativas de manejo, particularmente para productores orgánicos, con el objetivo de erradicar esta plaga invasiva. Este objetivo fue logrado en California (Lance *et al.*, 2016), pero no así en Chile o Argentina donde la plaga había alcanzado un rango de distribución mucho más amplio y con gran abundancia de vides sin manejo en áreas rurales y urbanas. Debido a que el objetivo de erradicación se hizo inalcanzable, entre los años 2010 al 2013 se restringió su programa de control obligatorio. Hacia fines del año 2013 se detectó la presencia de larvas de *L. botrana* en exportaciones de arándanos frescos. Durante la primavera de esa temporada una serie de heladas que redujeron la producción de vides, aparentemente estuvo asociada a la ampliación del rango de hospederos de esta plaga hacia el arándano y el ciruelo, produciendo grandes pérdidas por rechazos cuarentenarios a USA. Desde el año 2014 se retomó el programa de control oficial de la polilla del racimo de la vid, con el objetivo de contener su expansión y eventualmente lograr su erradicación local en los extremos de su rango geográfico en Chile (SAG, 2018). En este contexto se han instalado aproximadamente entre 70.000 y 90.000 ha de confusión sexual para esta especie durante las últimas temporadas, siendo estas mayoritariamente vides (SAG, 2018). De esta manera se han reducido drásticamente las capturas de machos en trampas en los predios tratados, así como el daño en la producción y la detección de estados inmaduros en inspecciones fitosanitarias de exportaciones de fruta fresca.

9. CONCLUSIONES

En los últimos 60 años, generaciones de científicos de todos los continentes han logrado grandes avances en el estudio de feromonas y su uso en el campo. Se puede constatar que para el desarrollo de un producto basado en feromonas para el manejo de plagas que se pueda establecer en el mercado, se requiere un trabajo interdisciplinario de largo aliento. Hoy en día sigue vigente el desafío de desarrollar métodos de manejo de plagas amigables con el medioambiente. Se ha demostrado el potencial de feromonas y otros semioquímicos para este fin y se requiere el apoyo y el trabajo concertado de organismos públicos, privados y de la academia para avanzar y consolidar el uso de feromonas, en pro de una agricultura sustentable.

10. REFERENCIAS

Ahmad, T. R., y Ali, M. A. (1995). Forecasting emergence and flight of some *Ephestia spp.* (Lep., Pyralidae) based on pheromone trapping and degree day accumulations. *Journal of Applied Entomology*, 119(1-5), 611-614

Aksoy, E., y Kovanci, O. B. (2016). Mass trapping low-density populations of *Tuta absoluta* with various types of traps in field-grown tomatoes. *Journal of Plant Diseases and Protection*, 123(2), 51-57.

Alberts, A. C. (1992). Constraints on the Design of Chemical Communication Systems in Terrestrial Vertebrates. *The American Naturalist, 139*, S62-S89.

Aleu, J., Bustillo, A. J., Hernandez-Galan, R., y Collado, I. (2007). Biocatalysis Applied to the Synthesis of Pheromones. *Current Organic Chemistry*, 11(8), 693-705.

Allison, J. D., y Cardé, R. T. (2016a). *Pheromone communication in moths: evolution, behavior, and application*. Oakland, CA: University of California Press.

Allison, J. D., y Cardé, R. T. (2016b). Variation in moth pheromones: causes and consequences. En J. D. Allison y R. T. Cardé (Eds.), *Pheromone communication in moths* (pp. 25-42). Oakland: University of California Press.

Anderson, P., y Anton, S. (2014). Experience-based modulation of behavioural responses to plant volatiles and other sensory cues in insect herbivores. *Plant, Cell and Environment, 37*(8), 1826-1835.

Ando, T., Inomata, S., y Yamamoto, M. (2004). Lepidopteran sex pheromones. *Topics in Current Chemistry, 239*, 51-96.

Ayasse, M., Paxton, R. J., y Teng, J. (2001). Communication in the Order Hymenoptera. *Ecological Research, 46*(1), 31-78.

Baker, T. C. (2008). Use of pheromones in IPM. En W. D. Hutchinson y R. E. Cancelado (Eds.), *Integrated pest management: concepts, tactics, strategies and case studies* (pp. 273-285). Cambridge: Cambridge University Press.

Baker, T. C., Zhu, J. J., y Millar, J. G. (2016). Delivering on the Promise of Pheromones. *Journal of Chemical Ecology, 42*(7), 553-556.

Barros-Parada, W., Knight, A. L., Basoalto, E., y Fuentes-Contreras, E. (2013). An evaluation of orange and clear traps with pear ester to monitor codling moth (Lepidoptera: Tortricidae) in apple orchards. *Ciencia e Investigación Agraria*, 40(2), 307-315.

Benuzzi, M., y Ladurner, E. (2017). Plant protection tools in organic farming. En V. Vacante y S. Kreiter (Eds.), *The handbook of pest management in organic farming* (pp. 122-169). Cambridge: Cambridge University Press.

Bergmann, J., Reyes-Garcia, L., Ballesteros, C., Cuevas, Y., Flores, M. F., y Curkovic, T. (2016). Identification of the Female Sex Pheromone of the Leafroller *Proeulia triquetra* Obraztsov (Lepidoptera: Tortricidae). *Neotropical Entomology*, 45(4), 351-356.

Bergmann, J., Villar, J. A., Flores, F., y Zarbin, P. H. G. (2009). Synthesis of Pheromones: highlights from 2005-2007. *Current Organic Chemistry*, 13(7), 683-719.

Blaakmeer, A., Stork, A., van Veldhuizen, A., van Beek, T. A., de Groot, A., van Loon, J. J. A., y Schoonhoven, L. M. (1994). Isolation, Identification, and Synthesis of Miriamides, New Hostmarkers from Eggs of Pieris brassicae. *Journal of Natural Products*, 57(1), 90-99.

Brown, W. L., Eisner, T., y Whittaker, R. H. (1970). Allomones and kairomones: transspecific chemical messengers. *BioScience*, 20(1), 21-22.

Burger, B. V. (2005). Mammalian semiochemicals. *Topics in Current Chemistry*, 240, 231-278.

Cardé, R. T. (2007). Using pheromones to disrupt mating of moth pests. En M. Kogan y P. Jepson (Eds.), *Perspectives in Ecological Theory and Integrated Pest Management* (pp. 122-169). Cambridge: Cambridge University Press.

Chhabra, S. R., Philipp, B., Eberl, L., Givskov, M., Williams, P., y Cámara, M. (2005). Extracellular communication in bacteria. *Topics in Current Chemistry*, 240, 279-315.

CIPF(h) (2002). NIMF n.º 14. Aplicación de medidas integradas en un enfoque de sistemas para el manejo del riesgo de plagas.

Curkovic, T., Brunner, J. F., y Landolt, P. J. (2009). Field and laboratory responses of male leaf roller moths, *Choristoneura rosaceana* and *Pandemis pyrusana*, to pheromone concentrations in an attracticide paste formulation. *Journal of insect science (Online)*, 9(45), 45.

Curkovic, T., Vergara, J., Araya, J. E., y Contreras, A. (2017). Selective attraction of *Vespula germanica* (Hymenoptera: Vespidae) to feeding baits enhanced with isobutanol and acetic acid. *Chilean Journal of Agricultural and Animal Science, ex Agro-Ciencia*, 33(3), 195-201.

El-Sayed, A. M. (2017). The Pherobase: database of pheromones and semiochemicals. Recuperado a partir de http://www.pherobase.com

El-Sayed, A. M., Suckling, D. M., Byers, J. A., Jang, E. B., y Wearing, C. H. (2009). Potential of "lure and kill" in long-term pest management and eradication of invasive species. *Journal of Economical Entomology*, 102(3), 815-835.

El-Sayed, A. M., Suckling, D. M., Wearing, C. H., y Byers, J. A. (2006). Potential of mass trapping for long-term pest management and eradication of invasive species. *Journal of Economic Entomology*, 99(5), 1550-1564.

El-Sayed, A. M., Unelius, C. R., Twidle, A., Mitchell, V., Manning, L. A., Cole, L. *et al.* (2010). Chrysanthemyl 2-acetoxy-3-methylbutanoate: the sex pheromone of the citrophilous mealybug, *Pseudococcus calceolariae*. *Tetrahedron Letters*, 51(7), 1075-1078.

EPA (2018). Biopesticide Registration. Recuperado 18 de marzo de 2018, a partir de https://www.epa.gov/pesticide-registration.

Favre, H. A., y Powell, W. H. (2013). *Nomenclature of Organic Chemistry*. Cambridge: Royal Society of Chemistry.

Flores, M. F., Romero, A., Oyarzun, M. S., Bergmann, J., y Zaviezo, T. (2015). Monitoring *Pseudococcus calceolariae* (Hemiptera: Pseudococcidae) in fruit crops using pheromone-baited traps. *Journal of Economic Entomology*, 108(5), 2397-2406.

Francke, W., y Dettner, K. (2005). Chemical signalling in beetles. *Topics in Current Chemistry*, 240, 85-166.

Franco, J. C., Silva, E. B., Cortegano, E., Campos, L., Branco, M., Zada, A., y Mendel, Z. (2008). Kairomonal response of the parasitoid *Anagyrus* spec. nov. near *pseudococci* to the sex pheromone of the vine mealybug. *Entomologia Experimentalis et Applicata*, 126(2), 122-130.

Gadenne, C., Barrozo, R. B., y Anton, S. (2016). Plasticity in insect olfaction: to smell or not to smell? *Annual Review of Entomology*, 61(1), 317-333.

Gaston, L. K., Shorey, H. H., y Saario, C. A. (1967). Insect population control by the use of sex pheromones to inhibit orientation between the sexes. *Nature*, 213(5081), 1155-1155.

Geden, C. J. (2005). Methods for monitoring outdoor populations of house flies, *Musca domestica* L. (Diptera: Muscidae). *Journal of vector ecology*, 30(2), 244-250.

Glenn, P. A. (1922). Relation of temperature to development of codling moth. *Journal of Economic Entomology*, 15(3), 193-198.

Greenfield, M. D., y Karandinos, M. G. (1979). Resource Partitioning of the Sex Communication Channel in Clearwing Moths (Lepidoptera: Sesiidae) of Wisconsin. *Ecological Monographs*, 49(4), 403-426.

Gregg, P. C., Del Socorro, A. P., y Landolt, P. J. (2018). Advances in attract-and-kill for agricultural pests: beyond pheromones. *Annual Review of Entomology*, 63(1), 453-470.

Haynes, K. F., y Millar, J. G. (1998). *Methods in chemical ecology. Volume 2, Bioassay methods.* Springer US.

Higley, L. G., Pedigo, L. P., y Ostlie, K. R. (1986). Degday: a program for calculating degree-days, and assumptions behind the degree-day approach. *Environmental Entomology*, 15(5), 999-1016.

Howse, P. E., Stevens, I. D. R., y Jones, O. T. (1998). *Insect Pheromones and their Use in Pest Management.* Dordrecht: Springer Netherlands.

Hurter, J., Boller, E. F., Städler, E., Blattmann, B., Buser, H.-R., Bosshard, N. U. *et al.* (1987). Oviposition-deterring pheromone in *Rhagoletis cerasi* L.: purification and determination of the chemical constitution. *Experientia*, 43(2), 157-164.

Ioriatti, C., Anfora, G., Tasin, M., De Cristofaro, A., Witzgall, P., y Lucchi, A. (2011). Chemical ecology and management of *Lobesia botrana* (Lepidoptera: Tortricidae). *Journal of Economic Entomology*, 104(4), 1125-37.

Ioriatti, C., y Lucchi, A. (2016). Semiochemical Strategies for Tortricid Moth Control in Apple Orchards and Vineyards in Italy. *Journal of Chemical Ecology*, 42(7), 571-583.

Jactel, H., Menassieu, P., Vétillard, F., Barthélémy, B., Piou, D., Frérot, B. *et al.* (2006). Population monitoring of the pine processionary moth (Lepidoptera: Thaumetopoeidae) with pheromone-baited traps. *Forest Ecology and Management*, 235(1-3), 96-106.

Jones, V. P., Horton, D. R., Mills, N. J., Unruh, T. R., Baker, C. C., Melton, T. D. *et al.* (2016). Evaluating plant volatiles for monitoring natural enemies in apple, pear and walnut orchards. *Biological Control*, 102, 53-65.

Jones, V. P., Steffan, S. A., Wiman, N. G., Horton, D. R., Miliczky, E., Zhang, Q. H., y Baker, C. C. (2011). Evaluation of herbivore-induced plant volatiles for monitoring green lacewings in Washington apple orchards. *Biological Control*, 56(1), 98-105.

Karlson, P., y Lüscher, M. (1959). "Pheromones": A new term for a class of biologically active substances. *Nature*, 183(4653), 55-56.

Keeling, C. I., Plettner, E., y Slessor, K. N. (2004). Hymenopteran semiochemicals. *Topics in current chemistry*, 239, 133-77.

Kehat, M., Anshelevich, L., Dunkelblum, E., Fraishtat, P., y Greenberg, S. (1994). Sex pheromone traps for monitoring the codling moth: effect of dispenser type, field aging of dispenser, pheromone dose and type of trap on male captures. *Entomologia Experimentalis et Applicata*, 70(1), 55-62.

Kennedy, J. S. (1972). The emergence of behaviour. *Australian Journal of Entomology, 11*(3), 168-176.

Khrimian, A., Zhang, A., Weber, D. C., Ho, H. Y., Aldrich, J. R., Vermillion, K. E. *et al.* (2014). Discovery of the aggregation pheromone of the brown marmorated stink bug (*Halyomorpha halys*) through the creation of stereoisomeric libraries of 1-bisabolen-3-ols. *Journal of Natural Products, 77*(7), 1708-1717.

Klun, J. A., Plimmer, J. R., Bierl-Leonhardt, B. A., Sparks, A. N., y Chapman, O. L. (1979). Trace chemicals: the essence of sexual communication systems in heliothis species. *Science, 204*(4399), 1328-30.

Knight, A. (2007). Adjusting the phenology model of codling moth (Lepidoptera: Tortricidae) in Washington State apple orchards. *Environmental Entomology, 36*(6), 1485-93.

Knight, A., Cichon, L., Lago, J., Fuentes Contreras, E., Barros Parada, W., Hull, L. *et al.* (2014). Monitoring oriental fruit moth and codling moth (Lepidoptera: Tortricidae) with combinations of pheromones and kairomones. *Journal of Applied Entomology, 138*(10), 783-794.

Knight, A. L. (2008). Codling moth areawide integrated pest management. En O. Koul, G. Cuperus, y N. Elliot (Eds.), *Areawide pest management: theory and implementation* (pp. 159-190). Wallingford: CABI.

Knight, A. L. (2010). Increased catch of female codling moth (Lepidoptera: Tortricidae) in kairomone-baited clear delta traps. *Environmental entomology, 39*(2), 583-90.

Knight, A. L., y Light, D. M. (2005). Seasonal flight patterns of codling moth (Lepidoptera: Tortricidae) monitored with pear ester and codlemone-baited traps in sex pheromone-treated apple orchards. *Environmental Entomology, 34*(5), 1028-1035.

Kührt, U., Samietz, J., Höhn, H., y Dorn, S. (2006). Modelling the phenology of codling moth: influence of habitat and thermoregulation. *Agriculture, Ecosystems and Environment, 117*(1), 29-38.

Lance, D. R., Leonard, D. S., Mastro, V. C., y Walters, M. L. (2016). Mating disruption as a suppression tactic in programs targeting regulated lepidopteran pests in US. *Journal of Chemical Ecology, 42*(7), 590-605.

Landolt, P. J. (1997). Sex attractant and aggregation pheromones of male phytophagous insects. *American Entomologist, 43*(1), 12-22.

Linn, C. E., Campbell, M. G., y Roelofs, W. L. (1987). Pheromone components and active spaces: what do moths smell and where do they smell it? *Science, 237*(4815), 650-652.

Löfstedt, C., Bergmann, J., Francke, W., Jirle, E., Hansson, B. S., y Ivanov, V. D. (2008). Identification of a sex pheromone produced by sternal glands in females of the caddisfly *Molanna angustata* Curtis. *Journal of Chemical Ecology, 34*(2), 220-228.

Löfstedt, C., Hansson, B. S., Petersson, E., Valeur, P., y Richards, A. (1994). Pheromonal secretions from glands on the 5th abdominal sternite of hydropsychid and rhyacophilid caddisflies (Trichoptera). *Journal of Chemical Ecology, 20*(1), 153-170.

Millar, J. G. (2000). Polyene hydrocarbons and epoxides: a second major class of lepidopteran sex attractant pheromones. *Annual Review of Entomology, 45*(1), 575-604.

Millar, J. G. (2005). Pheromones of True Bugs. *The Chemistry of Pheromones and Other Semiochemicals II SE, 2*, 240, 37-84.

Millar, J.G., Daane, K.M., McElfresh, J.S., Moreira, J., Malakar-Kuenen, R., Guillén, M., y Bentley, W.J. (2002). Development and optimization of methods for using sex pheromone for monitoring the mealybug *Planococcus ficus* (Homoptera: Pseudococcidae) in California vineyards. *Journal of Economic Entomology*, 95(4), 706-14.

Millar, J. G., y Haynes, K. F. (1998). *Methods in chemical ecology. Vol 1, Chemical methods*. Springer Science+Business Media.

Miller, J. R., y Gut, L. J. (2015). Mating disruption for the 21st century: matching technology with mechanism. *Environmental Entomology*, 44(3), 427-453.

Mills, N. J., Jones, V. P., Baker, C. C., Melton, T. D., Steffan, S. A., Unruh, T. R. *et al.* (2016). Using plant volatile traps to estimate the diversity of natural enemy communities in orchard ecosystems. *Biological Control*, 102, 66-76.

Mori, K. (1981). The Synthesis of Insect Pheromones. En *The Total Synthesis of Natural Products* (Vol 4., pp. 1-83). Wiley & Sons, Inc.

Mori, K. (1992). The synthesis of insect pheromones, 1979-1989. En J. ApSimon (Ed.), *The Total Synthesis of Natural Products* (Vol. 9, pp. 1-521). New York: Wiley & Sons, Inc.

Mori, K. (2004). Pheromone Synthesis. En S. Schulz (Ed.), *The chemistry of pheromones and other semiochemicals I* (pp. 1-50). Heidelber: Springer-Verlag Berlin Heidelberg.

Mori, K. (2007). Significance of chirality in pheromone science. *Bioorganic and Medicinal Chemistry*, 15(24), 7505-7523.

Nuñez, J. (2007). *Evaluación de sistemas de monitoreo para chanchitos blancos (Pseudococcus sp.) en vid de mesa*. Pontificia Universidad Católica de Chile.

OECD (2002). Appendix 9: Guidance for registration requirements for pheromones and other semiochemicals used for arthropod pest control. En *OECD Dossier Guidance - Pheromones and Semiochemicals*. Organization for Economic Co-operation and Development.

Pekas, A., Navarro-Llopis, V., Garcia-Marí, F., Primo, J., y Vacas, S. (2015). Effect of the California red scale *Aonidiella aurantii* sex pheromone on the natural parasitism by *Aphytis spp.* in Mediterranean citrus. *Biological Control*, 90, 61-66.

Pellegrino, A. C., Peñaflor, M. F., Nardi, C., Bezner-Kerr, W., Guglielmo, C.G., Bento, J. M., y McNeil, J. N. (2013). Weather forecasting by insects: modified sexual behaviour in response to atmospheric pressure changes. *PLOS ONE*, 8(10), e75004.

Potamitis, I., Rigakis, I., y Tatlas, N. A. (2017). Automated surveillance of fruit flies. *Sensors (Switzerland)*, 17(1).

Reyes-García, L., Cuevas, Y., Ballesteros, C., Curkovic, T., Löfstedt, C., y Bergmann, J. (2014). A 4-component sex pheromone of the Chilean fruit leaf roller *Proeulia auraria* (Lepidoptera: Tortricidae). *Ciencia e investigación agraria*, 41(2), 9-10.

Riedl, H. (1980). The importance of pheromone trap density and trap maintenance for the development of standardized monitoring procedures for the codling moth (Lepidoptera: Tortricidae). *The Canadian Entomologist*, 112(7), 655-663.

Roda, A., Millar, J. G., Rascoe, J., Weihman, S., y Stocks, I. (2012). Developing detection and monitoring strategies for *Planococcus minor* (Hemiptera: Pseudococcidae). *Journal of Economic Entomology*, 105(6), 2052-2061.

Rodriguez-Saona, C. R., y Stelinski, L. L. (2009). Behavior-modifying strategies in IPM: theory and practice. En R. Peshin y A. K. Dhawan (Eds.), *Integrated pest management: innovation-development process* (pp. 263-315). Dordrecht: Springer Netherlands.

Rousse, P., Gourdon, F., Roubaud, M., Chiroleu, F., y Quilici, S. (2009). Biotic and abiotic factors affecting the flight activity of *Fopius arisanus*, an egg-pupal parasitoid of fruit fly pests. *Environmental Entomology*, 38(3), 896-903.

SAG. (s.f.-a). *Estrategia Temporada 2017/2018 Programa Nacional Lobesia botrana.*

SAG. (s.f.-b). Mosca de la fruta | SAG.

SAG. (2018). *Lobesia botrana* o polilla del racimo de la vid. Recuperado 15 de mayo de 2018, a partir de www.sag.gob.cl/ambitos-de-accion/lobesia-botrana-o-polilla-del-racimo-de-la-vid.

Seybold, S. J., Huber, D. P. W., Lee, J. C., Graves, A. D., y Bohlmann, J. (2006). Pine monoterpenes and pine bark beetles: a marriage of convenience for defense and chemical communication. *Phytochemistry Reviews*, 5(1), 143-178.

Shelly, T., Epsky, N., Jang, E., Reyes-Flores, J., y Vargas, R. (2014). *Trapping and the detection, control, and regulation of tephritid fruit flies.* Dordrecht: Springer Netherlands.

Shorey, H. H., Gaston, L. K., y Saario, C. A. (1967). Sex pheromones of noctuid moths. xiv. feasibility of behavioral control by disrupting pheromone communication in cabbage loopers. *Journal of Economic Entomology*, 60(6), 1541-1545.

Stökl, J., y Steiger, S. (2017). Evolutionary origin of insect pheromones. *Current Opinion in Insect Science*, 24, 36-42.

Teshiba, M., y Tabata, J. (2017). Suppression of population growth of the Japanese mealybug, *Planococcus kraunhiae* (Hemiptera: Pseudococcidae), by using an attractant for indigenous parasitoids in persimmon orchards. *Applied Entomology and Zoology*, 52(1), 153-158.

Urbina, A., Verdugo, J. A., López, E., Bergmann, J., Zaviezo, T., y Flores, M. F. (2018). Searching behavior of *Cryptolaemus montrouzieri* (Coleoptera: Coccinellidae) in response to mealybug sex pheromones. *Journal of Economic Entomology*, 111(4),1996-1999.

Vacas, S., López, J., Primo, J., y Navarro-Llopis, V. (2013). Response of *Tuta absoluta* (Lepidoptera: Gelechiidae) to different pheromone emission levels in greenhouse tomato crops. *Environmental Entomology*, 42(5), 1061-1068.

Varela, L. G., Smith, R. J., Cooper, M. L., y Hoenisch, R. W. (2010). European grapevine moth, *Lobesia botrana*, in Napa Valley vineyards. *Practical Winery & Vineyard Journal, March/April*, 1-5.

Waterworth, R., Redak, R., y Millar, J. G. (2011). Pheromone-baited traps for assessment of seasonal activity and population densities of mealybug species (Hemiptera: Pseudococcidae) in nurseries producing ornamental plants. *Journal of Economic Entomology*, 104(2), 555-565.

Wicker-Thomas, C. (2007). Pheromonal communication involved in courtship behavior in Diptera. *Journal of Insect Physiology*, 53(11), 1089-1100.

Winans, S. C., y Bassler, B. L. (2008). *Chemical Communication among Bacteria.* Washington: ASM Press.

Witzgall, P., Kirsch, P., y Cork, A. (2010). Sex pheromones and their impact on pest management. *Journal of Chemical Ecology*, 36(1), 80-100.

Witzgall, P., Stelinski, L., Gut, L., y Thomson, D. (2008). Codling moth management and chemical ecology. *Annual Review of Entomology*, 53(1), 503-522.

Wyatt, T. D. (2003). *Pheromones and animal behaviour: communication by smell and taste*. Cambridge: Cambridge University Press.

Xu, H., y Turlings, T. C. (2018). Plant volatiles as mate-finding cues for insects. *Trends in Plant Science*, 23(2), 100-111.

Zada, A., Dunkelblum, E., Harel, M., Assael, F., Gross, S., y Mendel, Z. (2004). Sex pheromone of the citrus mealybug *Planococcus citri*: synthesis and optimization of trap parameters. *Journal of Economic Entomology*, 97(2), 361-8.

Zarbin, P., Villar, J., Marchi, I., Bergmann, J., y Oliveira, A. (2009). Synthesis of pheromones: highlights from 2002-2004. *Current Organic Chemistry*, 13(4), 299-338.

Zhang, Q. H., Sheng, M., Chen, G., Aldrich, J. R., y Chauhan, K. R. (2006). Iridodial: a powerful attractant for the green lacewing, *Chrysopa septempunctata* (Neuroptera: Chrysopidae). *Naturwissenschaften*, 93(9), 461-465.

Zou, Y., y Millar, J. G. (2015). Chemistry of the pheromones of mealybug and scale insects. *Natural Product Reports*, 32(7), 1067-1113.

CAPÍTULO 4

DEFENSAS DE PLANTAS CONTRA INSECTOS: CONTRIBUCIONES AL MANEJO INTEGRADO DE PLAGAS

RODRIGO A. CHORBADJIAN[1] Y M. ISABEL AHUMADA[1]

[1] *Departamento de Ciencias Vegetales, Facultad de Agronomía e Ingeniería Forestal, Pontificia Universidad Católica de Chile. Santiago, Chile.*

RESUMEN

La resistencia y la tolerancia a plagas son dos estrategias complementarias en la función defensiva de las plantas contra insectos herbívoros. La resistencia de la planta a insectos es el resultado de mecanismos que afectan negativamente la sobrevivencia, reproducción o conducta de las plagas, tal que la población de insectos es menor en plantas resistentes respecto de aquellas susceptibles. Por otro lado, la tolerancia de la planta resulta de las respuestas de crecimiento que compensan el daño causado por las plagas, pero sin afectar negativamente al insecto. Estos componentes de la defensa vegetal tienen efectos complementarios en estrategias de manejo integrado de plagas (MIP), por ejemplo, al ayudar a reducir el uso de medidas de control o al ser compatibles con controladores biológicos de plagas. Aunque la complejidad de los sistemas agrícolas productivos ha dificultado la valoración de la defensas de las plantas como componentes del MIP, existe creciente interés por identificar sus bases genéticas y caracterizar mecanismos fenotípicos que puedan ser incorporados en variedades de plantas resistentes y/o tolerantes a plagas agrícolas. El presente capítulo trata los conceptos esenciales de la ecología de interacciones insecto-planta asociados a las estrategias defensivas de las plantas, e ilustra posibles efectos e interacciones relacionadas a la producción de cultivos herbáceos y el manejo integrado de sus plagas.

1. INTRODUCCIÓN

El estudio de las defensas de las plantas se remonta a los primeros reportes de resistencia del trigo (*Triticum aestivum* Linneo) a la mosca del trigo (*Mayetiola destructor* (Say)) en 1792 (Velusamy y Hendrichs, 1986). Esta mosca fue introducida accidentalmente a los Estados Unidos de América desde Europa y se convirtió en una amenaza para la producción de trigo. La introducción de variedades de trigo traídas desde Europa a EE.UU. permitió reducir los daños a la producción, despertando el interés por investigar los mecanismos genéticos de las plantas que conferían resistencia a las plagas. En este caso, la identificación de genes de resistencia permitió un rápido avance en la generación de nuevos genotipos de trigo (Hatchett y Gallun, 1970). Desde entonces, se han introducido numerosos cultivares de distintas especies vegetales resistentes a plagas (Stout, 2014) y se ha avanzado tanto en el conocimiento, como en la descripción de las diversas formas en que las plantas se interrelacionan con los insectos que se alimentan de ellas.

Avances en tecnologías instrumentales para el análisis de compuestos químicos desde la década de 1950, revelaron la importancia de diversos compuestos químicos de las plantas que actúan como toxinas, repelentes o atrayentes naturales de plagas. El descubrimiento de que algunos de estos compuestos químicos adicionalmente atraen a enemigos naturales de plagas, extendió el alcance de las defensas de las plantas a un nivel de resistencia indirecta en el que también debieran considerarse otros actores del ecosistema en función del manejo de plagas. Por otra parte, los avances más recientes en técnicas moleculares han permitido identificar proteínas y factores moleculares de reconocimiento mutuo entre plantas e insectos que, en ocasiones, demuestran un sorprendente grado de especificidad y una intrincada conexión entre especies. La diversidad de especies de insectos y plantas, junto con sus estrategias de sobrevivencia, hacen del estudio de las interacciones insecto-planta un terreno fecundo desde miradas tan diversas como la evolución, la ecología, la biología, la química y la agricultura. No obstante, esta pluralidad de condiciones activan la necesidad de trabajar en equipos multidisciplinarios para abordar temáticas complejas como lo es la producción sostenible de alimentos.

Figura 4.1.

Esquema de los posibles efectos de las estrategias defensivas vegetales sobre insectos herbívoros.

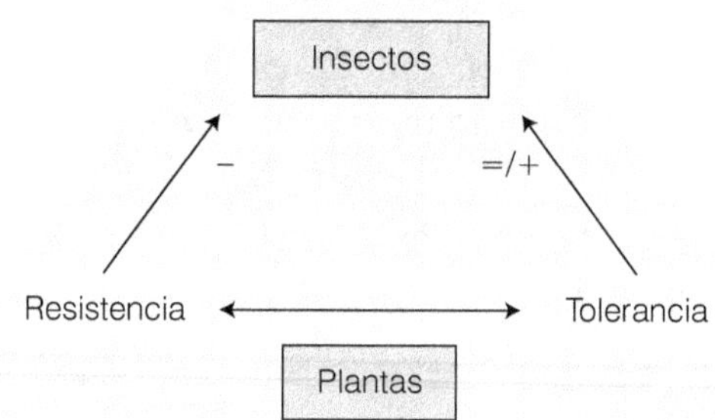

El manejo integrado de plagas (MIP) provee un marco para combatir insectos que afectan a la producción agrícola. En esencia, el MIP es una forma de enfrentar las plagas a través del uso de todas las herramientas de control que sean compatibles y estén disponibles, incluyendo las defensas de las plantas a insectos, prácticas de cultivo, uso de insecticidas y control biológico, entre otras. En una estrategia de MIP se busca mantener tanto a la población de plagas como el consecuente daño a la planta por debajo de un nivel de daño económico (NDE) aceptable (Pedigo, 1986). Las defensas de las plantas contribuyen al MIP afectando el NDE de formas distintas, debido a que estas defensas se asocian a dos estrategias complementarias llamadas resistencia y tolerancia. La resistencia se origina a partir de la expresión de mecanismos para matar o repeler a los insectos, mientras que la tolerancia es producto de respuestas de crecimiento que compensan el daño perdido por la herbivoría, pero sin afectar negativamente al insecto (**Figura 4.1**). Al disminuir la tasa de crecimiento poblacional de la plaga, la resistencia ayuda a que la población de insectos no sobrepase el NDE, o se demore más tiempo en traspasarlo. Por otro lado, la tolerancia contribuye a incrementar el NDE ya que plantas tolerantes se ven menos afectadas con el daño. Gracias a esto, en plantas tolerantes al daño, se puede permitir cierto nivel de insectos y no esperar un daño económico en la producción (Smith, 2005; Peterson *et al.*, 2017).

Existen variados ejemplos de resistencia y tolerancia en casos de interacciones entre una planta y una o unas pocas especies de insectos. Sin embargo, evaluar cómo las defensas naturales de las plantas se insertan en el MIP es un desafío complejo debido a la diversidad de interacciones que se pueden presentar entre una planta, sus insectos herbívoros y los aspectos económicos que gobiernan la decisión de control a nivel productivo. En esta revisión de literatura, se ha puesto el énfasis en sistemas de plantas e insectos cuyas interacciones son aplicables a situaciones de cultivos de relevancia económica en Chile.

2. RESISTENCIA DE PLANTAS A INSECTOS

Las plantas poseen diversos mecanismos para matar, repeler, reducir el crecimiento y afectar el desarrollo de los insectos herbívoros que las atacan. En este sentido, la resistencia de plantas a herbívoros se define como su capacidad de afectar negativamente al insecto que le está causando un daño (Painter, 1951; Kogan, 1994). El fenotipo vegetal que afecta negativamente al insecto se considera resistente en términos comparativos respecto de uno susceptible, por lo tanto, la resistencia es en sí misma un rasgo de valor relativo entre plantas que se comparan. El beneficio de la resistencia en el manejo de plagas se traduce en su aporte al afectar negativamente la biología y/o disminuir la preferencia de plagas hacia plantas resistentes. De esta manera, ayuda a aumentar el tiempo en que la plaga alcanza el umbral de daño económico (Smith, 2005). Por ejemplo, en el extranjero se ha determinado que el uso de cultivares de caña de azúcar con resistencia al taladrador de la caña (*Diatraea saccharalis* (Fabricius)) permitió aumentar el NDE usado para la decisión de aplicación de insecticidas (Posey *et al.*, 2006). Al ser más lento el crecimiento poblacional, es posible reducir el número de aplicaciones de insecticidas en genotipos resistentes (Campbell y Wynne, 1985; Kennedy *et al.*, 1987).

2.1. Antibiosis y antixenosis

Según el efecto que la planta causa sobre el insecto, la resistencia se ha clasificado en dos categorías llamadas antibiosis y antixenosis. La resistencia por antibiosis se refiere al efecto negativo de la planta sobre la biología del insecto, incluyendo efectos de disminución de su sobrevivencia, crecimiento y/o fecundidad (Painter, 1951). Experimentalmente, se pueden medir efectos de resistencia que se correlacionan con la adecuación biológica, como por ejemplo, reducción del tamaño y peso, aumento del tiempo de desarrollo de estados inmaduros, fallas en los procesos de metamorfosis expresados en daños en las pupas y fallas en la emergencia de adultos. Por otra parte, la antixenosis es un tipo de resistencia que afecta la conducta de la plaga tal que se produce una reducción de su preferencia por la planta resistente (Painter, 1951; Kogan y Ortman, 1978). Plantas que presentan este tipo de resistencia son menos colonizadas por insectos, generando que este busque un hospedero alternativo para sobrevivir.

2.2. Mecanismos

La resistencia depende de la calidad de la planta para el herbívoro, la cual es determinada comúnmente por una combinación de factores físicos y químicos antagónicos para el insecto, así como también por la capacidad del insecto para evitar o metabolizar compuestos tóxicos, repelentes y antinutricionales. Debido a su naturaleza multicomponente, en la mayoría de los casos, la resistencia posee una base fenotípica compleja (Stout y Davis, 2009).

2.2.1. Mecanismos físico-químicos de la superficie de la planta

La superficie de la planta es la primera con la cual los herbívoros entran en contacto y muchas veces ejerce una función protectora. En la cutícula se encuentran ceras epicuticulares, que tienen una composición química y estructuras cristalinas propias de ciertas especies de plantas. Adicionalmente, en muchas plantas se encuentran prolongaciones de las células epidérmicas llamadas tricomas. Esta estructura física puede obstaculizar la capacidad de pequeños organismos de aferrarse a ella y les dificulta su desplazamiento, mientras que la composición química de las ceras puede afectar sus conductas de oviposición y alimentación (Eigenbrode y Espelie, 1995). Fenotipos de plantas con reducida cantidad de ceras tienden a ser beneficiosos para el manejo de plagas ya que afectan negativamente a ciertas plagas, como por ejemplo el trips de la cebolla (*Thrips tabaci* Lindeman) en cultivos de cebolla (*Allium cepa* L.) y col (*Brassica oleraceae*); el pulgón de la brásicas (*Brevicoryne brassicae* (L.)) y la polilla de la col (*Plutella xylostella* (L.)) en plantas de col; y el pulgón de la espiga de los cereales (*Sitobion avenae* (Fabricius)) en trigo (*T. aestivum*) (Eigenbrode y Espelie, 1995).

Por otra parte, los tricomas pueden aumentar la resistencia de una planta debido a que dificultan y enlentecen el desplazamiento y establecimiento de alimentación en insectos pequeños con aparato bucal picador-chupador y larvas recién emergidas de sus huevos, o reducir la preferencia de oviposición en hembras adultas (Levin, 1973). Por ejemplo, a una mayor densidad de tricomas en plantas de tomate (*Solanum lycopersicum* L.) se observa la reducción del establecimiento de áfidos (Hem., Aphididae) (Simmons *et al.*, 2003) y mosquitas blancas (Hem., Aleyrodidae) (Rodríguez-López *et al.*, 2011). Adicionalmente, algunos tipos de tricomas son más efectivos contra insectos. Tal es el caso de plantas de tomate que contienen tricomas glandulares que almacenan compuestos químicos (acylazucares), los cuales han sido asociados a mayor resistencia frente a varias especies de plagas (Simmons y Gurr, 2005). Los tricomas también proveen protección a la planta contra virus al reducir la colonización por insectos vectores (Rodríguez-López *et al.*, 2011).

2.2.2. Metabolitos secundarios

El rol de los metabolitos secundarios como fuente de resistencia de plantas a insectos está bien documentado en la literatura. Con más de 100.000 metabolitos secundarios conocidos, existe una tremenda diversidad en estructuras químicas y posibles funciones asociadas a las interacciones planta-insecto (Schoonhoven *et al.*, 2005). Los principales metabolitos secundarios de plantas incluyen terpenoides (mono-, sesqui- y triterpenos, y terpenoides esteroidales), cucurbitacinas, fenoles, taninos, ligninas, glucosidos ciano-génicos, alcaloides, glucosinolatos y amidas (ácidos hidroxámicos, y los ácidos ferúlico, cafeico y p-coumárico). Algunos grupos de compuestos como por ejemplo los terpenos, fenoles, taninos y ligninas están presentes en todas las plantas, mientras que ciertas familias vegetales poseen grupos de metabolitos característicos. Plantas de la familia Poaceae, que incluye a diversos cereales cultivados, se caracterizan por poseer benzoxazinoides (o ácidos hidroxámicos) como el DIMBOA (2,4-dihidroxi-7-metoxi-1,4-benzoxazin-3-ona), en cambio especies de la Familia Brassicaceae se caracterizan por la presencia de glucosinolatos. Un aspecto interesante a destacar es la asociación de ciertos grupos de metabolitos secundarios con el hábito de alimentación de insectos, ya sean estos especialistas o generalistas. Por ejemplo, los glucosinolatos pueden actuar como toxinas o repelentes de insectos generalistas como *Manduca sexta* (L.), *Trichoplusia ni* (Hübner) y *Myzus persicae* (Sulzer), o por el contrario actuar como atrayentes para insectos especialistas como *P. xylostella* y *Pieris rapae* (L.) (Kim *et al.*, 2008; Müller *et al.*, 2010). En cultivos de cereales, DIMBOA tiene efectos de resistencia por antibiosis y antixenosis contra varias especies de áfidos, siendo *Schizaphis graminum* (Rondani) más tolerante que *Rhopalosiphum maidis* (Fitch) (Niemeyer, 1990). El áfido *S. graminum* posee un menor rango de hospederos que *R. maidis*, por lo que también se da este patrón de especialización en este caso. No obstante, las interacciones varían caso a caso, ya que DIMBOA actúa como atrayente para un coleóptero especialista (*Diabrotica virgifera* LeConte) (Robert *et al.*, 2012), pero si DIMBOA-Glc (glucósido precursor de DIMBOA) es transformado en HDMBOA (2-hydroxy-4,7-dimethoxy-1,4-benzoxazin-3-one) en plantas de maíz (*Zea mays* L.) atacadas por larvas de lepidópteros, este compuesto actúa como repelente del generalista *Spodoptera littoralis* (Boisduval) y también repele a *Spodoptera frugiperda* (J.E. Smith) (Glauser *et al.*, 2011).

Algunas formas de resistencia producen efectos anti nutricionales sobre insectos herbívoros al interferir con su metabolismo digestivo y su capacidad de obtener nutrientes. Taninos condensados y proteínas defensivas pueden afectar negativamente el metabolismo de proteínas ingeridas reduciendo su digestibilidad y con ello, el crecimiento de algunos insectos. Por un lado, los taninos condensados pueden formar complejos con proteínas reduciendo su digestibilidad (Feeny, 1969). Comúnmente, la concentración de taninos condensados se ha asociado con antibiosis y antixenosis en algunas especies de insectos mordedores como ortópteros y lepidópteros (Bernays *et al.*, 1980; Muir *et al.*, 1999). Sin embargo, no existe consenso ya que se han reportado efectos menos significativos sobre algunos insectos defoliadores (Ayres *et al.*, 1997). Debido a la diversidad estructural de estos compuestos y a la capacidad de algunos insectos para inhibir el efecto de los taninos condensados mediante surfactantes y el pH intestinal, se ha sugerido que la interacción entre taninos condensados y proteínas en la dieta puede ser más compleja de lo que se sabe hasta el momento (Salminen y Karonen, 2011). En este sentido, la concentración de nutrientes, especialmente proteínas, constituye una fuente de variación importante de considerar al evaluar efectos antinutricionales, ya que al aumentar la concentración de proteína en la dieta, se observa una disminución del efecto negativo de los taninos sobre insectos (Simpson y Raubenheimer, 2001).

Por otra parte, existen varios tipos de proteínas defensivas, incluyendo inhibidores de proteasas y amilasas, deaminasas de aminoácidos y polifenoloxidasas, las cuales interfieren con la capacidad del insecto para asimilar nutrientes (Chen, 2008). Un ejemplo de ello se ha demostrado en plantas de tabaco silvestre (*Nicotiana attenuata* Torrey ex. Watson) que al expresar bajos niveles o no expresar inhibidores de proteasas, son más susceptibles al lepidóptero M. *sexta* L. y al chinche *Tupiocoris notatus* (Distant) (Zavala *et al.*, 2004). Concordantemente, se han detectado efectos negativos sobre la biología y conducta de varias especies de insectos tras inducir un aumento de inhibidores de proteasas y polifenoloxidasas en plantas de tomate (Thaler, 1999). De manera notable, se ha observado que pueden producirse efectos sinérgicos entre inhibidores de proteasas y metabolitos secundarios. Por ejemplo, el efecto del inhibidor de las proteasas se potencia en presencia de nicotina, ya que esta toxina previene que los insectos aumenten la ingesta para compensar la deficiencia nutricional (Steppuhn y Baldwin, 2007).

3. ADAPTACIONES DE INSECTOS EN CONTRA DE LA RESISTENCIA DE LAS PLANTAS

Los insectos herbívoros han desarrollado mecanismos propios que los ayudan a contrarrestar las barreras físicas y químicas que impiden la alimentación, reducen su digestibilidad o que incluso son tóxicas y pueden producirles la muerte. Estrategias de la historia de vida de insectos incluyen la evolución de estructuras especializadas para alimentación, como son las mandíbulas para triturar los tejidos y los estiletes para alcanzar el floema (Bernays, 1991). Existe también sincronización fenológica de sus ciclos de vida, una estrategia que permite a ciertos insectos alimentarse de plantas cuando la calidad del alimento les es más favorable (Mattson *et al.*, 1982; van Ash y Visser, 2007; Chorbadjian *et al.*, 2019).

Además, los insectos han desarrollado diversos mecanismos de pre y post ingestión que les ayudan a disminuir el efecto potencialmente negativo de la resistencia vegetal. Dentro de ellos, destacan las conductas de alimentación y oviposición, el metabolismo de compuestos tóxicos, el almacenamiento de toxinas, la manipulación del hospedero, la simbiosis con microorganismos intestinales y el hábito de alimentación gregaria (Karban y Agrawal, 2002). Un ejemplo de plasticidad conductual se ha observado en áfidos, los que tras una experiencia previa con ácidos hidroxámicos modifican su conducta alimenticia para reducir su exposición a dicha toxina (Ramírez *et al.*, 1999). La experiencia previa con toxinas de la planta puede también inducir un metabolismo exacerbado que beneficia al insecto (Després *et al.*, 2007).

Un caso interesante lo constituyen los insectos que se alimentan de plantas de la familia Brassicaceae, ya que se ha descubierto que ellos usan mecanismos específicos para lidiar con los glucosinolatos. Por ejemplo, se sabe que larvas de lepidópteros generalistas (*Spodoptera exigua* (Hübner), *S. littoralis*, *Mamestra brassicae* L., *T. ni* y *Helicoverpa armigera* (Hübner)) conjugan y excretan los glucosinolatos (Schramm *et al.*, 2012), mientras que larvas del lepidóptero especialista *P. xylostella* los inactivan mediante una sulfatasa (Ratzka *et al.*, 2002). Por otro lado, el áfido generalista M. *persicae* excreta los glucosinolatos (Weber *et al.*, 1986), mientras que el áfido especialista *B. brassicae* los almacena inactivos en su cuerpo y luego usa una mirosinasa para reactivarlos en su propia defensa cuando es atacado por depredadores (Bridges *et al.*, 2002; Francis *et al.*, 2000). Estos ejemplos demuestran que los efectos de los metabolitos secundarios pueden ser especie-específicos.

4. RESISTENCIA INDUCIDA POR INSECTOS

La resistencia inducida se refiere al aumento del nivel de resistencia de la planta después de un ataque de insectos u otros organismos vivos (Karban y Baldwin, 1997). Respuestas vegetales de resistencia inducida pueden expresarse en minutos, días o años después del daño, dependiendo si la especie vegetal es anual o perenne (Green y Ryan, 1972; Karban y Myers, 1989; Haukioja, 1990; Underwood, 1998), y puede tener importantes consecuencias en la dinámica de poblaciones de insectos herbívoros (Underwood, 1999). La expresión de resistencia inducida puede representar una ventaja para la planta ya que disminuye el costo metabólico de mantener un sistema defensivo cuando no hay estrés biótico, evitando desviar recursos que de otra manera pueden ser utilizados en procesos de crecimiento y reproducción (Cipollini *et al.*, 2003; Cipollini y Heil 2010; Cipollini *et al.*, 2014). Respuestas de plantas inducidas por insectos incluyen cambios en la composición química, bioquímica y física de la planta tras sufrir un daño (Karban y Baldwin, 1997; Stout *et al.*, 1998; Walling, 2000; Björkman *et al.*, 2008). Aunque estos efectos se han reportado en muchas especies de plantas, el desafío reside en caracterizar el efecto de la respuesta sobre el insecto que le causó el daño, sobre otros insectos o agentes de estrés posteriores, su interacción con factores abióticos y su utilidad en el manejo de plagas en la agricultura.

La respuesta fenotípica del vegetal al daño por insectos puede tener efectos negativos sobre la misma especie que causó el daño (resistencia directa), e incluso afectar negativamente a otras especies (resistencia cruzada). Por ejemplo, se ha determinado que plantas de tomate previamente dañadas por el lepidóptero *Helicoverpa zea* (Boddie) provocan la inducción de resistencia directa sobre *H. zea*, así como también sobre el áfido *Macrosiphum euphorbiae* (Thomas), el ácaro fitófago *Tetranychus urticae* Koch y el lepidóptero *S. exigua* (Stout *et al.*, 1998). Por otra parte, también se han determinado efectos asimétricos entre especies, ya que la colonización previa del tomate por la mosquita blanca *Bemisia argentifolii* Bellows y Perring tuvo efectos negativos sobre el minador de hojas *Liriomyza trifolii* (Burgess), pero *B. argentifolii* no resultó afectada cuando *L. trifolii* se presentó con anterioridad en la secuencia de infestación (Inbar *et al.*, 1999).

En ciertas situaciones, se ha determinado que insectos de distintos grupos pueden beneficiarse después de un ataque previo; un fenómeno denominado susceptibilidad inducida. Esta susceptibilidad inducida se ha reportado en plantas de tomate previamente colonizadas por el áfido M. *euphorbiae*, lo cual incrementa la preferencia de oviposición de S. *exigua*, y la sobrevivencia de las larvas emergidas de esos huevos aumentando el daño a las plantas (Rodríguez-Saona *et al.*, 2005). Resulta interesante señalar que las plantas pueden expresar primero resistencia y luego susceptibilidad inducida al herbívoro (Underwood, 1998). Los ejemplos descritos reflejan la complejidad de las interacciones entre plantas e insectos, donde el efecto de las respuestas varía según la especie de insecto y el orden en que ocurra la secuencia de infestación.

La activación de la defensa es regulada por un intrincado y sofisticado sistema de reconocimiento y expresión (Erb *et al.*, 2012). Las hormonas de las plantas conocidas como ácido jasmónico, ácido salicílico y etileno son las que regulan mayoritariamente la respuesta inducida en las plantas. La inducción de mecanismos defensivos directos contra los insectos mordedores está mediada principalmente por el ácido jasmónico, mientras que el ácido salicílico desencadena respuestas de las plantas a los insectos picadores-chupadores (Chen, 2008). Estas dos rutas principales están moduladas por otras hormonas vegetales, como el efecto regulador que tiene el ácido abscísico sobre las respuestas mediadas por el ácido jasmónico y las respuestas mediadas por el etileno sobre el ácido salicílico (Schweiger *et al.*, 2014). Adicionalmente, se ha demostrado que existe regulación cruzada entre rutas de señalización mediadas por ácido jasmónico y ácido salicílico (Cipollini *et al.*, 2004; Koornneef y Pieterse, 2008), por lo que las respuestas de las plantas pueden tener resultados funcionales positivos o negativos. Por ejemplo, en plantas de B. *oleracea* se ha reportado que el ataque previo por larvas de lepidópteros o áfidos induce cambios en la planta, resultando en que los lepidópteros preferían plantas previamente afectadas por áfidos, pero evitaban plantas previamente colonizadas por lepidópteros (Stam *et al.*, 2017). Se observa entonces, que el modo de alimentación por el cual el insecto obtiene los nutrientes de su planta hospedera influye en la naturaleza de la señalización de la respuesta de defensa y en las interacciones entre insectos.

Otra forma particular de defensa, denominada resistencia indirecta, se refiere a la atracción de enemigos naturales de plagas hacia plantas que están siendo dañadas por herbívoros. Se ha determinado que el daño a la planta induce la emisión de compuestos químicos volátiles que son detectados y usados por depredadores y parasitoides para encontrar de forma más eficiente a las plagas de las cuales se alimenta. Un ejemplo de esto se observa en plantas de maíz que al ser infestadas con larvas de *Heliothis virescens* (Fabricius) o *H. zea* emiten distintas mezclas de volátiles que el parasitoide especialista *Cardiochiles nigriceps* Viereck usa para distinguir la infestación y encontrar a su hospedante *H. virescens* (De Moraes *et al.*, 1998). Esta forma de resistencia indirecta también se ha identificado en otras situaciones, despertando un creciente interés respecto al estudio de efectos de las respuestas vegetales inducidas en la comunidad de insectos que cohabitan en los sistemas productivos.

5. TOLERANCIA DE PLANTAS AL DAÑO CAUSADO POR INSECTOS

El ataque de herbívoros puede infligir un daño considerable a las plantas, reduciendo así el crecimiento y la producción. Sin embargo, las plantas pueden responder de manera tal que el ataque no tenga ningún efecto sobre el crecimiento de la planta, una respuesta denominada tolerancia (Kogan y Ortman, 1978; Painter, 1951). Muchas especies de plantas cultivadas toleran cierto nivel de daño causado por insectos, incluyendo hortalizas, cereales, forrajeras y plantas leñosas (Velusamy y Hendrichs, 1986; Smith, 2005). En algunas circunstancias, las plantas pueden incluso aumentar su rendimiento en relación con las plantas no dañadas, proceso que se denomina sobrecompensación (Strauss y Agrawal, 1999) (Figura 4.2). Respuestas sobrecompensatorias pueden expresarse en circunstancias particulares, como por ejemplo al ser atacadas por baja densidad de herbívoros (Poveda *et al.*, 2010). En general, la capacidad de la planta de tolerar daño causado por insectos varía según factores geno- y fenotípicos intrínsecos que interactúan con factores extrínsecos como la intensidad, momento y tipo de daño, así como también con factores abióticos (Herms y Mattson, 1992; Maschinski y Whitham, 1989; Strauss y Agrawal 1999; Stowe *et al.*, 2000; Tiffin 2000; Wise y Abrahamson, 2005).

Figura 4.2

Categorías generales de crecimiento compensatorio de plantas según el nivel de daño (Adaptado de Poston *et al.*, 1983).

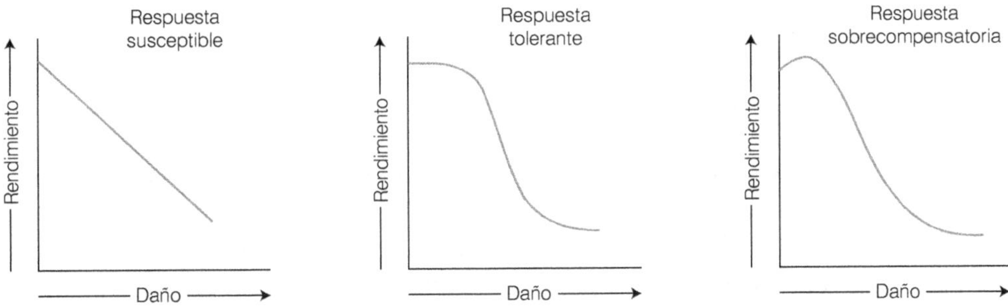

6. MEDICIÓN Y USO EN AGRICULTURA

La medición de la tolerancia al daño es relativa a un fenotipo susceptible, por lo que es necesario estandarizar a nivel de genotipo si se realizan comparaciones de distintos cultivares (Smith, 2005). En agricultura, las respuestas vegetales relevantes pueden ser diversas, ya que el atributo de tolerancia se asocia al rendimiento esperado por el agricultor (Poston *et al.*, 1983). En este contexto, la tolerancia de la planta al daño influye en el nivel de daño que se puede soportar económicamente; un factor que es considerado antes de tomar una medida de control (Smith, 2005; Peterson *et al.*, 2017). Operacionalmente, la tolerancia funciona aumentando el NDE tal que el agricultor podría tener más tiempo antes de que la población de la plaga alcance el umbral de daño, potencialmente reduciendo la frecuencia de uso de insecticidas u otras medidas de control (Smith 2005; Stout y Davis, 2009). Sin embargo, tolerar plagas en los cultivos puede no ser posible en ciertas circunstancias en que el umbral de daño económico es cercano a cero. Tal es el caso de insectos que causan daños cosméticos que reducen la calidad del producto a comercializar o la presencia de insectos cuarentenarios. Esto sucede con algunos insectos, como el trips occidental de las flores (*Frankliniella occidentalis* (Pergande)) que se alimenta de frutos recién cuajados causando una cicatriz superficial o russet que empeora la apariencia y disminuye la calidad comercial de frutos. Bajo esta consideración, aunque el insecto solo cause un daño superficial, la respuesta vegetal debe ser considerada susceptible si el producto es descartable y no puede ser comercializado (Poston *et al.*, 1983). Este aspecto es una de las principales desventajas de la tolerancia, ya que en general los agricultores son reticentes a tolerar plagas y daños en sus cultivos.

El estado fenológico de la planta al momento del daño juega un papel determinante sobre cómo y cuándo una planta asigna recursos para producir un nuevo crecimiento (Boege, 2005; Boege y Marquis, 2006). Si el daño ocurre relativamente temprano durante la etapa vegetativa, la planta puede tener tiempo para recuperarse antes de la producción de frutos (Howell *et al.*, 1998). En consecuencia, las plantas a menudo toleran cierto nivel de daño en estado vegetativo (Strauss y Agrawal, 1999). En cambio, daños a la planta causados cerca de la floración dificultan su capacidad de compensar las pérdidas (Strauss y Agrawal, 1999) y pueden afectar la uniformidad de la producción. La eliminación de los meristemas apicales por los insectos promueve el crecimiento de las yemas laterales que de lo contrario están latentes (Paige, 1999). Como resultado de este rebrote, la floración puede retrasarse (Paige, 1999) y afectar la uniformidad de la maduración de frutos al momento de la cosecha.

El hábito de alimentación del herbívoro puede afectar tanto la adquisición como la asignación de los recursos de que dispone la planta para producir crecimiento compensatorio. Dentro de grupos taxonómicos particulares de insectos, son comunes dos comportamientos de alimentación contrastantes, en que los insectos picadores-chupadores y los mordedores han desarrollado partes bucales especializadas y mecanismos para adquirir recursos y eludir las defensas de las plantas (Tjallingii, 2006; Baldwin y Preston, 1999). Insectos hemípteros picadores-chupadores se alimentan de la savia, reduciendo así los nutrientes y los fotoasimilados disponibles para el transporte dentro de la planta (Fisher, 2000; Girousse *et al.*, 2005). Por otra parte, insectos de hábito mordedor, como larvas de lepidópteros y algunos coleópteros, pueden alimentarse de hojas, tallos, brotes, frutos y semillas, según la especie. Cuando estos insectos mordedores defolian la planta, este daño afecta el área fotosintética disponible para captar carbono atmosférico. De otra manera, el consumo de tallos y brotes puede comprometer la dominancia apical e inducir la ramificación lateral (Rosenthal y Welter, 1995), mientras que el consumo de frutos y semillas compromete directamente el rendimiento y la reproducción de la planta. Con esto en consideración, es preciso señalar que el tipo y momento del daño son potenciales fuentes de variación de la respuesta vegetal a las plagas.

Una ventaja de la tolerancia en el manejo integrado de plagas se relaciona a su compatibilidad con agentes de control biológico. Por definición, la tolerancia no afecta negativamente al insecto por lo que la población de plagas proveería una fuente de alimento para la reproducción de parasitoides y enemigos naturales. Un ejemplo de esto se aprecia en los genotipos de maíz tolerantes al gusano del choclo (*H. zea*) que mantuvieron igual cantidad de larvas respecto de cultivares susceptibles, pero compensaron el daño en rendimiento (Wiseman *et al.*, 1972). Sería esperable, entonces, que una mayor cantidad de plagas beneficie a sus enemigos naturales. Aunque resulta intuitivamente atractivo, este efecto es complejo de demostrar a nivel de campo debido a los numerosos factores que afectan las dinámicas entre los enemigos naturales y sus presas.

7. MECANISMOS

Una serie de mecanismos fisiológicos y morfológicos pueden influir en la expresión de la tolerancia de las plantas al daño causado por insectos herbívoros. Como resumieron Strauss y Agrawal (1999), los mecanismos fisiológicos para la tolerancia en las plantas incluyen su tasa de crecimiento intrínseca, la fotosíntesis compensatoria, la asignación de reservas de carbono y nitrógeno almacenadas, y la mayor adquisición de nutrientes por las raíces. Los mecanismos morfológicos, como la arquitectura de las plantas y el número de meristemas también juegan un papel en la capacidad de las plantas para recuperarse del daño causado por los herbívoros (Rosenthal y Welter, 1995). Como se explica a continuación, existe una considerable interacción entre factores.

La fotosíntesis es un proceso mediante el cual la planta captura carbono y con ello podría ayudar a compensar el carbono perdido por la herbivoría. En este sentido, la defoliación puede permitir mayor paso de luz hacia las hojas que no fueron afectadas por los insectos e incrementar la eficiencia fotosintética en las hojas remanentes (Wareing *et al.*, 1968). Sin embargo, existen casos en que la tasa de fotosíntesis se mantiene o incluso disminuye después del ataque (Tiffin, 2000). También es posible que aunque aumente la fotosíntesis, el carbono se utilice en otros procesos como la síntesis de metabolitos secundarios inducidos por el daño (Herms y Mattson 1992; Karban y Baldwin, 1997). El balance de carbono de la planta y la repartición de su uso entre crecimiento y defensa dependen de la tasa de asimilación neta y el crecimiento de la planta; en este sentido, si la tasa de fotosíntesis no se afecta, el pool de carbono disponible para respuestas de crecimiento compensatorio dependerá de la movilización de recursos desde órganos de almacenamiento (Herms y Mattson, 1992).

Según el tipo de órgano dañado, los herbívoros pueden alterar las fuentes o sumideros de las plantas modificando consigo la relación fuente-sumidero y la translocación de recursos. A partir de esto, se afirma que la interacción entre los procesos fuente y sumidero regula el flujo de carbono de las fuentes fotosintéticamente activas a los sumideros de rápido crecimiento que demandan recursos (órganos de reserva y hojas inmaduras) (Coleman, 1986; Herms y Mattson, 1992). Por ejemplo, se ha determinado que cuando el follaje de plantas de papa (*Solanum tuberosum* L.) se mantiene sin daño, la infestación bajo el suelo con polilla guatemalteca de la papa (*Tecia solanivora* Povolvy) en baja densidad incrementa el rendimiento del cultivo (Poveda *et al.*, 2010, 2018). En este caso, resulta interesante destacar que la inyección artificial de secreciones orales de *T. solanivora* a los tubérculos, fue suficiente y necesaria para estimular el incremento en productividad de la planta (Poveda *et al.*, 2010). Esta observación demuestra la existencia de un mecanismo de reconocimiento temprano del ataque que estimula la acumulación de reservas.

La capacidad de rebrotar después del ataque también se ha señalado como un mecanismo de crecimiento compensatorio. La capacidad de rebrote depende de la especie de planta, de su arquitectura y del número y distribución de meristemas (Stowe *et al.*, 2000). De este modo, la respuesta de crecimiento compensatorio al daño por herbívoros depende del número y distribución de los meristemas que sobreviven al ataque de un insecto, y si estos se activan por pérdida de dominancia apical. La dominancia apical de la planta es afectada especialmente por algunos insectos que se especializan en consumir tejido meristemático, como es el caso de la polilla del frejol (*Epinotia aporema* (Walsingham)), el gorgojo de la ballica (*Listronotus bonariensis* (Kuschel)) y el barrenador del maíz (*Elasmopalpus angustellus* Blanchard). Una consecuencia del daño en brotes apicales es el retraso en la fenología y floración, aspecto que afecta la uniformidad a nivel de campo. Es sabido que este tipo de daño afecta a la arquitectura de la planta, y que este daño es más notorio cuando la planta se encuentra en etapas tempranas de crecimiento vegetativo.

8. POTENCIAL DE INTEGRACIÓN DE LA RESISTENCIA Y TOLERANCIA VEGETAL EN EL MANEJO DE PLAGAS

8.1. Integración con control biológico

Al ser afectada por un herbívoro, la planta puede producir compuestos volátiles que atraen enemigos naturales que afectarán a los insectos herbívoros. Dentro de estos compuestos se incluyen variadas moléculas de bajo peso molecular llamadas colectivamente "volátiles de plantas inducidos por herbívoros" (Herbivore-induced plant volatiles (HIPVs) (Turlings y Erb, 2018). Se ha demostrado que la identidad de estas moléculas y su proporción relativa son diferentes cuando se compara un daño mecánico respecto del daño a la planta que causa un insecto (Turlings *et al.*, 1990). Este perfil característico es utilizado como una señal de reconocimiento por enemigos naturales para detectar la presencia de plagas. Un ejemplo de este tipo de interacción proviene de un estudio realizado en maíz, donde se determinó que las plantas dañadas por larvas de *S. exigua* emitían un perfil característico de compuestos volátiles que el parasitoide *Cotesia marginiventris* (Cresson) usaba como señal para encontrar a su hospedero (Turlings *et al.*, 1990). Este caso permitió demostrar a posteriori que existe un beneficio sobre el rendimiento de maíz (Hoballah y Turlings, 2001). Asimismo hay evidencia de atracción de depredadores como ácaros fitoseidos (*Phytoseiulus persimilis* Athias y Henriot) a los volátiles emitidos por plantas de poroto pallar (*Phaseolus lunatus* L.) infestadas por arañita bimaculada (*T. urticae*) (Dicke y Sabelis, 1988; Dicke *et al.*, 1990).

Hoy en día existe abundante evidencia de que las plantas pueden atraer enemigos naturales de plagas mediante una variedad de señales volátiles (Turlings y Erb, 2018). Además, se sabe que las mezclas de volátiles liberadas desde la planta frecuentemente son específicas dependiendo del tipo de herbívoro, su edad, abundancia y hábito de alimentación (Clavijo *et al.*, 2012). Siendo tan específicas las interacciones, estudios detallados debieran ver cómo esto se traduce a situaciones de campo, ya que múltiples herbívoros afectando la planta pueden afectar la respuesta de enemigos naturales en relación al daño de uno solo (Rodríguez-Saona *et al.*, 2005).

También es posible que algunas formas de resistencia vegetal generen efectos negativos o positivos sobre controladores biológicos. Por ejemplo, en ocasiones se pueden producir efectos indeseados de los tricomas ya que además de afectar negativamente a las plagas, interfieren con el desplazamiento de búsqueda y efectividad de parasitoides (Hua *et al.*, 1987) y depredadores de plagas (Simmons y Gurr, 2004). Similarmente, una variedad de compuestos químicos de la planta pueden reducir la calidad de insectos herbívoros como hospederos de los parasitoides que los atacan (Fuentes-Contreras y Niemeyer 1998; Hunter, 2003). No obstante, el efecto depende del tipo de resistencia, ya que también se ha reportado que los fenotipos con menos ceras (considerados resistentes a ciertas plagas) pueden concentrar más adultos y huevos de Coccinélidos y adultos de *Orius insidiosus* (Say), o mejorar la eficiencia de búsqueda de larvas de *Chrysoperla carnea* (Stephens) (Eigenbrode y Espelie, 1995).

8.2. Mejoramiento genético

En la literatura abundan los ejemplos de rasgos de resistencia vegetal a insectos. Aunque muchos de ellos son de especies de insectos que no están presentes en Chile, existen similitudes en los mecanismos de resistencia asociados a lepidópteros y hemípteros que, tras una verificación local, tendrían el potencial para ser introducidos en genotipos vegetales productivos. En este sentido, el mejoramiento genético convencional podría aportar a la introducción de rasgos de interés desde genotipos en los que exista resistencia en la misma especie o en especies relacionadas que sean sexualmente compatibles, aunque la naturaleza poligénica de la mayoría de los rasgos de resistencia a herbívoros y la mantención de rasgos agronómicos deseados son importantes desafíos a superar (Stout y Davis, 2009). Algunas tecnologías como la selección asistida por marcadores (MAS, "Marker-assisted selection") pueden ayudar a disminuir el tiempo de generación de nuevos genotipos (Smith y Clement, 2012). Si bien existen dificultades para su aplicación en especies de cultivos menos estudiados, se han realizado importantes avances en cereales (Smith 2005; Collard y Mackill, 2008).

Modernas tecnologías desarrolladas para expresión de toxinas (ej., Bt d-endotoxinas), supresión de la expresión de genes específicos mediante interferencia por ARN (RNAi) y edición genómica mediante CRISPR, prometen revolucionar el proceso de mejoramiento genético en el futuro (Douglas, 2018; Giron *et al.*, 2018). Si bien el desarrollo mostrado por el uso comercial de líneas de maíz, algodón y soya Bt-transgénicos ha marcado la pauta, este camino no ha estado exento de dificultades. Depender de una fuente única de resistencia vegetal no afectaría a otras plagas y puede aumentar la presión de selección sobre el insecto de modo que aumenta el riesgo de desarrollo de resistencia. Para prevenir el riesgo de desarrollo de resistencia y conferir resistencia múltiple, en principio, se podría diseñar un genotipo resistente apilando genes apropiados ("gene stacking") de múltiples tipos de toxinas descubiertas (Schwartz *et al.*, 2012; Palma *et al.*, 2014). En este sentido, es posible transformar plantas de arabidopsis, tabaco y arroz para que expresen dominios de neurotoxinas de escorpión (AaIT) activas contra lepidópteros y dominios de lectinas (GNA) activas contra hemípteros (Liu *et al.*, 2016).

Por otra parte, creciente interés ha surgido en torno a la modificación del perfil de volátiles de la planta para repeler plagas y atraer enemigos naturales (Pickett y Khan, 2016). Un ejemplo de esto es la generación de un genotipo experimental de trigo transgénico que expresa la feromona de alarma de áfidos (E)-β-farneseno (Yu *et al.*, 2012). En este caso, se ha logrado resistencia vegetal directa al repeler tres especies de áfidos y resistencia indirecta al incrementar la actividad de búsqueda del parasitoide *Aphidius ervi* Haliday en laboratorio; no obstante, en la práctica no se han obtenido resultados satisfactorios en la disminución de plagas y en el aumento del parasitoide (Bruce *et al.*, 2015). No cabe duda de que aunque ya existe la tecnología base, aún queda camino por recorrer y barreras que superar, especialmente en lo que se refiere a lidiar con múltiples especies de plagas, compatibilidad con rasgos agronómicos de productividad y calidad, y factores socio-económicos asociados a su regulación y adopción de nuevas tecnologías.

8.3. Manipulación del fenotipo de la planta

La idea de potenciar las defensas de la planta en forma artificial y en el momento en que sea requerido, resulta atractiva para ayudar al manejo de plagas. En condiciones controladas, la aplicación exógena de ácido jasmónico (o el metil ester, metil jasmonato) puede provocar distintos efectos, tales como aumentar el metabolismo secundario (Ku *et al.*, 2014), las proteínas de defensa (Thaler *et al.*, 1996), modificar la emisión de compuestos volátiles de la planta (Rodríguez-Saona *et al.*, 2001) y la resistencia a insectos (ej., Avdiushko *et al.*, 1997). En un estudio de tres años en condiciones de campo, se determinó que la aplicación de ácido jasmónico en tomate disminuyó la abundancia de varias especies de insectos de diferente orden taxonómico (*S. exigua*, *Epitrix hirtipennis* (Melsheimer), *M. persicae*, *M. euphorbiae* y *F. occidentalis*), aunque la magnitud del efecto varió según la especie y el año (Thaler *et al.*, 2001). En el mismo estudio también se observó una mayor tasa de parasitismo en la especie de lepidóptero evaluada (*S. exigua*), indicando un posible efecto de resistencia indirecta como consecuencia del tratamiento. Sin embargo, es importante considerar que el activar una ruta defensiva puede adicionar costos para la planta, los que se traducen en reducción de crecimiento y habilidad competitiva con otras plantas (Cipollini *et al.*, 2004); o bien pueden ir en desmedro de resistencia cruzada a ciertos fitopatógenos (Thaler *et al.*, 1999). Estudios prácticos de campo en el uso de elicitores para controlar insectos son escasos en la literatura (Stout *et al.*, 2002).

Algunas prácticas agrícolas, como la fertilización nitrogenada, estimulan el rápido crecimiento vegetal y aumentan el contenido de proteína en las plantas, lo que puede actuar diluyendo algunos compuestos tóxicos (Mattson, 1980). Generalmente, plantas que crecen rápido se asocian a menor resistencia (Price, 1991). Por el contrario, plantas de crecimiento lento tienden a tener una mayor resistencia a herbívoros debido a la mayor concentración de metabolitos secundarios defensivos (Herms y Mattson, 1992). Si bien estos patrones generales descritos en relación al crecimiento vegetal y la producción de metabolitos secundarios se asocian con resistencia a insectos, también se ha observado que la especie de insecto y su conducta son determinantes en el resultado. En este sentido, la conducta de alimentación puede ayudar a los insectos a compensar deficiencias en la calidad del alimento dadas por un bajo contenido nutricional en relación a la concentración de metabolitos secundarios (Slansky y Feeny, 1977; Slansky y Wheeler, 1992), lo que implica un potencial riesgo de mayor daño a las plantas.

9. CONCLUSIONES

Las plantas poseen la capacidad para defenderse de los insectos en forma directa o indirecta al favorecer a enemigos naturales, o bien al compensar el daño causado mediante respuestas de crecimiento compensatorio. Mecanismos de resistencia pueden causar efectos que disminuyen la reproducción y el crecimiento de plagas, así como también disminuir la preferencia de los insectos por establecerse en plantas resistentes. De forma complementaria, la tolerancia vegetal compensa el daño mediante la producción de nuevo crecimiento que se induce después de ser atacada. Potenciar estas formas de defensa vegetal ha sido fuente de investigación y desarrollo por más de un siglo, y aunque no se encuentre reportado, es posible que se haya considerado intuitivamente desde el inicio de la domesticación de los cultivos para la alimentación humana.

Hoy en día se conoce una infinidad de posibles resultados positivos o negativos para el manejo de plagas producto de las interacciones entre las plantas y los insectos que los atacan. En un gran número de casos, se ha demostrado que las respuestas vegetales son especie-específicas y dependen de un sofisticado sistema de reconocimiento y expresión de factores de resistencia y tolerancia que permiten a la planta asignar recursos según el estímulo ambiental al que se enfrente. Asimismo, los insectos poseen diversas formas metabólicas y conductuales para contrarrestar ciertos factores de resistencia vegetal. Esta complejidad de las respuestas y contra respuestas de ambas partes, dificulta la valoración del rol de las defensas en un contexto aplicado a la producción agrícola.

El mejoramiento genético moderno ha contribuido con nuevas formas de resistencia a plagas, incluyendo resistencia directa a insectos, así como también resistencia indirecta mediante la atracción de sus enemigos naturales. No obstante, la diversidad de plagas y su capacidad de adaptación a nuevos factores de resistencia presentan desafíos aún no resueltos. En el futuro, es importante considerar cómo se compatibilizan la resistencia y tolerancia vegetal con rasgos agronómicos de productividad y calidad, así como también con aspectos socio-económicos que inciden en la adopción de medidas de control.

Si bien se han reportado numerosos casos de resistencia y tolerancia a plagas, evaluar cómo las defensas naturales de las plantas se insertan en el MIP es un desafío complejo por la diversidad de interacciones que se pueden presentar entre una planta, sus insectos herbívoros y los aspectos económicos que influyen en la valoración del daño. En la actualidad persiste la necesidad de generar investigación aplicada a nivel local, en la que se observe la problemática de las plagas como un sistema que incluya a todos los actores de la comunidad del agroecosistema.

10. REFERENCIAS

Avdiushko, S. A., Brown, G. C., Dahlman, D. L., y Hildebrand, D. F. (1997). Methyl jasmonate exposure induces insect resistance in cabbage and tobacco. *Environmental Entomology*, 26(3), 642-654.

Ayres, M. P., Clausen, T. P., MacLean, S. F. Jr., Redman, A. M., y Reichardt, P. B. (1997). Diversity of structure and antiherbivore activity in Condensed Tannins. *Ecology*, 78(6), 1696-1712.

Baldwin, I. T., y Preston, C. A. (1999). The eco-physiological complexity of plant responses to insect herbivores. *Planta*, 208(2), 137-145.

Bernays, E. A. (1991). Evolution of insect morphology in relation to plants. *Philosophical Transactions Royal Society of London Series B.* 333(1257), 257-264.

Bernays, E. A., Chamberlain, D., y McCarthy, P. (1980). The differential effects of ingested tannic acid on different species of Acridoidea. *Entomologia Experimentalis et Applicata*, 28(2), 158-166.

Björkman, C., Dalin, P., y Ahrné, K. (2008). Leaf trichome responses to herbivory in willows: induction, relaxation and costs. *New Phytologist*, 179(1), 176-84.

Boege, K., y Marquis, R. J. (2006). Facing herbivory as you grow up: the ontogeny of resistance in plants. *Trends in Ecology and Evolution*, 20(8), 441-448.

Boege, K. (2005). Influence of plant ontogeny on compensation to leaf damage. *American Journal of Botany* 92(10), 1632-1640.

Bridges, M., Jones, A. M., Bones, A. M., Hodgson, C., Cole, R., Bartlet, E. *et al.* (2002). Spatial organization of the glucosinolate-myrosinase system in Brassica specialist aphids is similar to that of the host plant. *Proceedings of the Royal Society of London B: Biological Sciences*, 269(1487), 187-191.

Bruce, T. J., Aradottir, G. I., Smart, L. E., Martin, J. L., Caulfield, J. C., Doherty, A. *et al.* (2015). The first crop plant genetically engineered to release an insect pheromone for defence. *Scientific Reports*, 5, 11183.

Campbell, W. V., y Wynne, J. C. (1985). Influence of the insect-resistant peanut cultivar NC 6 on performance of soil insecticides. *Journal of Economic Entomology*, 78(1), 113-116.

Chen, M. S. (2008). Inducible direct plant defense against insect herbivores: a review. *Insect Science*, 15(2), 101-114.

Chorbadjian, R. A., Phelan, P. L. y Herms, D. A. (2019). Tight insect-host phenological synchrony constrains the life-history strategy of European pine sawfly. *Agricultural and Forest Entomology*, 21(1), 15-27.

Cipollini, D. F., Purrington, C. B., y Bergelson, J. (2003). Costs of induced responses in plants. *Basic and Applied Ecology*, 4(1), 79-89.

Cipollini, D. y Heil, M. (2010). Costs and benefits of induced resistance to herbivores and pathogens in plants. *CAB Reviews: Perspectives in Agriculture, Veterinary Science, Nutrition and Natural Resources*, 5(5), 1-25.

Cipollini, D., Enright, S., Traw, M. B., y Bergelson, J. (2004). Salicylic acid inhibits jasmonic acid-induced resistance of Arabidopsis thaliana to *Spodoptera exigua*. *Molecular Ecology*, 13(6), 1643-1653.

Cipollini, D., Walters, D. y Voelckel, C. (2014). Cost of resistance in plants: from theory to evidence. *Annual Plant Reviews*, 47, 263-307.

Clavijo McCormick A., Unsicker S. B. y Gershenzon J. (2012). The specificity of herbivore-induced plant volatiles in attracting herbivore enemies. *Trends in Plant Science* 17(5), 303-310.

Coleman, J. S. (1986). Leaf development and leaf stress: increased susceptibility associated with sink-source transition. *Tree Physiology*, 2(1-2-3), 289-299.

Collard, B. C., y Mackill, D. J. (2008). Marker-assisted selection: an approach for precision plant breeding in the twenty-first century. *Philosophical Transactions of the Royal Society of London B: Biological Sciences*, 363(1491), 557-572.

De Moraes, C. M., Lewis, W. J., Paré, P. W., Alborn, H. T., y Tumlinson, J. H. (1998). Herbivore-infested plants selectively attract parasitoids. *Nature*, 393(6685), 570-573.

Després L., David, J. P., y Gallet, C. (2007). The evolutionary ecology of insect resistance to plant chemicals. *Trends in Ecology and Evolution*, 22, 298-307.

Dicke, M., Van Beek, T. A., Posthumus, M. V., Dom N. B., Van Bokhoven, H., y De Groot, A. E. (1990). Isolation and identification of volatile kairomone that affects acarine predator prey interactions. Involvement of host plant in its production. *Journal of Chemical Ecology*, 16(2), 381-396.

Dicke, M., y Sabelis, M. W. (1988). How plants obtain predatory mites as bodyguards. *Netherlands Journal of Zoology*, 38, 148-65.

Douglas, A. E. (2018). Strategies for enhanced crop resistance to insect pests. *Annual Review of Plant Biology*, 69, 637-660.

Eigenbrode, S. D. y Espelie, K. E. (1995). Effects of plant epicuticular lipids on insect herbivores. *Annual Review of Entomology*, 40(1), 171-194.

Erb, M., Meldau, S., y Howe, G. A. (2012). Role of phytohormones in insect-specific plant reactions. *Trends in Plant Science*, 17(5), 250-259.

Feeny, P. (1969). Inhibitory effect of oak leaf tannins on the hydrolysis of proteins by trypsin. *Phytochemistry*, 8(11), 2119-2126.

Fisher, D. B. (2000). Long-distance transport. En B. Buchanan, W. Gruissem, y R. Jones (Eds.). *Biochemistry and molecular biology of plants* (pp. 730-784). Rockville: American Society of Plant Physiologists.

Francis, F., Haubruge, E., y Gaspar, C. (2000). Influence of host plants on specialist / generalist aphids and on the development of *Adalia bipunctata* (Coleoptera: Coccinellidae). *European Journal of Entomology*, 97(4), 481-486.

Fuentes-Contreras, E., y Niemeyer, H. M. (1998). DIMBOA-glucoside, a wheat chemical defence, affects *Sitobion avenae* acceptance and suitability to the cereal aphid parasitoid *Aphidius rhopalosiphi*. *Journal of Chemical Ecology*, 24, 371-381.

Giron, D., Dubreuil, G., Bennett, A., Dedeine, F., Dicke, M., Dyer, L. A. *et al*. (2018). Promises and challenges in insect-plant interactions. *Entomologia Experimentalis et Applicata*, 166, 319-343.

Girousse, C., Moulia, B., Silk, W., y Bonnemain, J. L. (2005). Aphid infestation causes different changes in carbon and nitrogen allocation in alfalfa stems as well as different inhibitions of longitudinal and radial expansion. *Plant Physiology*, 137(4), 1474-1484.

Glauser, G., Marti, G., Villard, N., Doyen, G. A., Wolfender, J. L., Turlings, T. C., y Erb, M. (2011). Induction and detoxification of maize 1,4-benzoxazin-3-ones by insect herbivores. *The Plant Journal*, 68(5), 901-911.

Green, T. R., y Ryan, C. A. (1972). Wound-induced proteinase inhibitor in plant leaves: a possible defense mechanism against insects. *Science*, 175(4023), 776-777.

Hatchett, J. H., y Gallun, R. L. (1970). Genetics of the ability of the Hessian fly, *Mayetiola destructor*, to survive on wheat having different genes for resistance. *Annals of the Entomological Society of America*, 63(5), 1400-1407.

Haukioja, E. (1990). Induction of defenses in trees. *Annual Review of Entomology*, 36(1), 25-42.

Herms, D. A. y Mattson, W. J. (1992). The dilemma of plants: to grow or defend. *The Quarterly Review of Biology*, 67(3), 283-335.

Hoballah, M. F., y Turlings, T. J. (2001). Experimental evidence that plants under caterpillar attack may benefit from attracting parasitoids. *Evolutionary Ecology Research*, 3(5), 553-565.

Howell, V. D., Doyen, J. T., y Purcell, A.H. (1998). Pest Management. En *Introduction to insect biology and diversity*. 2nd edition. (pp. 276-289). New York: Oxford University Press.

Hua, L. Z., Lammes, F., Lenteren, J. V., Huisman, P. W. T., Vianen, A. V., y Ponti, O. D. (1987). The parasite host relationship between *Encarsia formosa* Gahan (Hymenoptera, Aphelinidae) and *Trialeurodes vaporariorum* (Westwood) (Homoptera, Aleyrodidae) XXV. Influence of leaf structure on the searching activity of *Encarsia formosa*. *Journal of Applied Entomology*, 104(1-5), 297-304.

Hunter, M. D. (2003). Effects of plant quality on the population ecology of parasitoids. *Agricultural and Forest Entomology*, 5, 1-8.

Inbar, M., Doostdar, H., Leibee, G. L., y Mayer R. T. (1999). The role of plant rapidly induced responses in asymmetric interspecific interactions among insect herbivores. *Journal of Chemical Ecology*, 25(8), 1961-1979.

Karban, R. y Agrawal, A. A. (2002). Herbivore offense. *Annual Review of Ecology and Systematics*, 33(1), 641-664.

Karban, R., y Baldwin, I. T. (1997). *Induced responses to herbivory*. Chicago: Chicago University Press.

Karban, R., y Myers, J. H. (1989). Induced plant responses to herbivory. *Annual Review of Ecology and Systematics*, 20(1), 331-348.

Kennedy, G. G., Gould, F., DePonti, O. M. B., y Stinner, R. E. (1987). Ecological, agricultural, genetic and commercial considerations in the deployment of insect resistant germplasm. *Environmental Entomology*, 16(2), 327-338.

Kim, J. H., Lee, B. W., Schroeder, F. C., y Jander, G. (2008). Identification of indole glucosinolate breakdown products with antifeedant effects on *Myzus persicae* (green peach aphid). *The Plant Journal*, 54(6), 1015-1026.

Kogan, M. (1994). Plant Resistance in pest management. En R. Metcalf, y W. H. Luckmann (Eds.), *Introduction to Insect Pest Management* (pp. 73-128). New York: Wiley.

Kogan, M., y Ortman, E. E. (1978). Antixenosis-a new term proposed to replace Painter's "Nonpreference" modality of resistance. *Bulletin of the Entomological Society of America*, 24(2), 175-176.

Koornneef, A., y Pieterse, C. M. (2008). Cross talk in defense signaling. *Plant Physiology*, 146, 839-844.

Ku, K., Jeffery, E. H., y Juvik J. A. (2014). Exogenous methyl jasmonate treatment increases glucosinolate biosynthesis and quinone reductase activity in kale leaf tissue. *PLOS ONE*, 9(8): e103407.

Levin, D.A. (1973). The role of trichomes in plant defense. *The Quarterly Review of Biology*, 48(1), 3-15.

Liu, S. M., Li, J., Zhu, J. Q., Wang, X. W., Wang, C. S., Liu S. S. *et al.* (2016). Transgenic plants expressing the AaIT/GNA fusion protein show increased resistance and toxicity to both chewing and sucking pests. *Insect Science*, 23(2), 265-276.

Maschinski, J., y Whitham, T. G. (1989). The continuum of plant responses to herbivory: the influence of plant association, nutrient availability, and timing. *American Naturalist*, 134(1), 1-19.

Mattson, W. J. (1980). Herbivory in relation to plant nitrogen content. *Annual Review of Ecology and Systematics*, 11(1), 119-161.

Mattson, W.J., Lorimer, N., y Leary, R.A. (1982). Role of plant variability (trait vector dynamics and diversity) in plant/herbivore interactions. En H.M. Heybroek, B.R. Stephan y K. von Weissenberg (Eds.), *Resistance to Diseases and Pests in Forest Trees* (pp. 295-303). Wageningen: Pudocs.

Muir A. D., Gruber M. Y., Hinks, C. F., Lees, G. L., Onyilagha, J., Soroka, J., y Erlandson, M. (1999). Effect of condensed tannins in the diets of major crop insect. En G.G., Gross, R.W., Heminway, T. Yoshida y S. J. Branham (Eds.), *Plant Polyphenols 2. Basic Life Sciences*, (Vol. 66, pp. 867-881). Boston: Springer.

Müller, R., de Vos, M., Sun, J.Y., Sønderby, I. E., Halkier, B. A., Wittstock, U., y Jander, G. (2010). Differential effects of indole and aliphatic glucosinolates on lepidopteran herbivores. *Journal of Chemical Ecology*, 36(8), 905-913.

Niemeyer, H. M. (1990). The role of secondary plant compounds in aphid-host interactions. En R. K. Campbell y R. D. Eikenbary (Eds.), *Aphid-Plant genotype interactions* (pp. 187-205). Amsterdam: Elsevier Science Publishers B. V.

Paige, K. N. (1999). Regrowth following ungulate herbivory in *Ipomopsis aggregata*: geographic evidence for overcompensation. *Oecologia*, 118(3) 316-323.

Painter, R. (1951). *Insect resistance in crop plants*. New York: The Macmillan Company.

Palma, L., Muñoz, D., Berry, C., Murillo, J., y Caballero, P. (2014). Bacillus thuringiensis toxins: an overview of their biocidal activity. *Toxins*, 6(12), 3296-3325.

Pedigo, L. P., Hutchins, S. H., y Higley, L. G. (1986). Economic injury levels in theory and practice. *Annual Review of Entomology*, 31(1), 341-368.

Peterson, R. K., Varella, A. C., y Higley, L. G. (2017). Tolerance: the forgotten child of plant resistance. *PeerJ*, 5:e3934.

Pickett, J. A., y Khan, Z. R. (2016). Plant volatile-mediated signalling and its application in agriculture: successes and challenges. *New Phytologist*, 212(4), 856-870.

Posey, F. R., White, W. H., Reay-Jones, F. P., Gravois, K., Salassi, M. E., Leonard, B. R., y Reagan, T. E. (2006). Sugarcane borer (Lepidoptera: Crambidae) management threshold assessment on four sugarcane cultivars. *Journal of Economic Entomology*, 99(3), 966-971.

Poston, F. L., Pedigo, L. P., y Welch, S. M. (1983). Economic injury levels: reality and practicality. *Bulletin of the ESA*, 29(1), 49-53.

Poveda K., Jimenez, M. I., y Kessler, A. (2010). The enemy as ally: herbivore-induced increase in crop yield. *Ecological Applications*, 20(7), 1787-1793.

Poveda, K., Díaz, M. F., y Ramírez, A. (2018). Can overcompensation increase crop production? *Ecology*, 99(2), 270-280.

Price, P. W. (1991). The plant vigor hypothesis and herbivore attack. *Oikos*, 62, 244-251.

Ramírez, C. C., Caballero, P. P., y Niemeyer, H. M. (1999). Effect of previous exposure to hydroxamic acids in probing behavior of aphid *Sitobion fragariae* on wheat seedlings. *Journal of chemical Ecology*, 25, 771-779.

Ratzka, A., Vogel, H., Kliebenstein, D. J., Mitchell-Olds, T., y Kroymann, J. (2002). Disarming the mustard oil bomb. *Proceedings of the National Academy of Sciences*, 99(17), 11223-11228.

Robert, C. A., Veyrat, N., Glauser, G., Marti, G., Doyen, G. R., Villard, N., Gaillard, M. D., Köllner, T. G., Giron, D., Body, M. *et al.* (2012). A specialist root herbivore exploits defensive metabolites to locate nutritious tissues. *Ecology Letters*, 15(1), 55-64.

Rodríguez-López, M. J., Garzo, E., Bonani, J. P., Fereres, A., Fernández-Muñoz, R., y Moriones E. (2011). Whitefly resistance traits derived from the wild tomato *Solanum pimpinellifolium* affect the preference and feeding behavior of *Bemisia tabaci* and reduce the spread of tomato yellow leaf curl virus. *Phytopathology*, 101(10), 1191-1201.

Rodríguez-Saona, C., Chalmers, J. A., Raj, S. y Thaler, J. S. (2005). Induced plant responses to multiple damagers: differential effects on an herbivore and its parasitoid. *Oecologia*, 143, 566-577.

Rodríguez-Saona, C., Crafts-Brandner, S. J., Paré, P.W., y Henneberry, T. J. (2001). Exogenous methyll jasmonate induces volatile emissions in cotton plants. *Journal of Chemical Ecology*, 27(4), 679-695.

Rosenthal, J. R., y Welter, S. C. (1995). Tolerance to herbivory by a stem boring Caterpillar in architecturally distinct maizes and wild relatives. *Oecologia*, 102(2), 146-155.

Salminen, J. P., y Karonen, M. (2011). Chemical ecology of tannins and other phenolics: we need a change in approach. *Functional Ecology*, 25(2), 325-338.

Schoonhoven, L. M., van Loon, J. J. A., y Dicke, M. (2005). *Insect-Plant Biology*. 2nd edition. New York: Oxford University Press.

Schramm, K., Vassao, D. G., Reichelt, M., Gershenzon, J., y Wittstock, U. (2012). Metabolism of glucosinolate-derived isothiocyanates to glutathione conjugates in generalist lepidopteran herbivores. *Insect Biochemistry and Molecular Biology*, 42(3), 174-182.

Schwartz, E.F., Mourao, C. B., Moreira, K. G., Camargos, T. S., y Mortari M. R. (2012). Arthropod venoms: a vast arsenal of insecticidal neuropeptides. *Peptide Science*, 98(4), 385-405.

Schweiger, R., Heise, A. M., Persicke, M., y Mueller, C. (2014). Interactions between the jasmonic and salicylic acid pathway modulate the plant metabolome and affect herbivores of different feeding types. *Plant Cell and Environment*, 37(7), 1574-1585.

Simmons, A.T., Gurr, G. M., McGrath, D., Nicol H. I. y Martin, P. M. (2003). Trichomes of *Lycopersicon spp.* and their effect on *Myzus persicae* (Sulzer) (Hemiptera: Aphididae). *Australian Journal of Entomology*, 42(4), 373-378.

Simmons, A. T., y Gurr, G. M. (2004). Trichome-based host plant resistance of Lycopersicon species and the biocontrol agent *Mallada signata*: are they compatible? *Entomologia Experimentalis et Applicata*, 113(2), 95-101.

Simmons, A. T., y Gurr, G. M. (2005). Trichomes of Lycopersicon species and their hybrids: effects on pests and natural enemies. *Agricultural and Forest Entomology*, 7(4), 265-276 1-11.

Simpson, S. J., y Raubenheimer, D. (2001). The geometric analysis of nutrient-allelochemical interactions: a case study using locusts. *Ecology*, 82(2), 422-439.

Slansky, Jr, F. y Feeny, P. (1977). Stabilization of the rate of nitrogen accumulation by the larvae of the cabbage butterfly on wild and cultivated food plants. *Ecological Monographs*, 47(2), 209-228.

Slansky, Jr. F., y Wheeler, G. S. (1992). Caterpillars' compensatory feeding response to diluted nutrients leads to toxic allelochemical dose. *Entomologia Experimentalis et Applicata*, 65(2), 171-186.

Smith, C. (2005). *Plant resistance to arthropods: molecular and conventional approaches*. New York: Springer Science and Bussiness Media.

Smith, C. M., y Clement, S. L. (2012). Molecular bases of plant resistance to arthropods. *Annual Review of Entomology*, 57, 309-332.

Stam, J., Chrétien, L., Dicke, M. y Poelman, E. H. (2017). Response of Brassica oleracea to temporal variation in attack by two herbivores affects preference and performance of a third herbivore. *Ecological Entomology*, 42(6), 803-815.

Steppuhn, A., y Baldwin, I. T. (2007). Resistance management in a native plant: nicotine prevents herbivores from compensating for plant protease inhibitors. *Ecology Letters*, 1(6), 499-511.

Stout M., y Davis J. (2009). Keys to the Increased Use of Host Plant Resistance in Integrated Pest Management. En R., Peshin, y A.K., Dhawan (Eds.), *Integrated pest management: innovation-development process* (pp. 163-181). Dordrecht: Springer Netherlands.

Stout, M. J. (2014). Host-Plant Resistance in Pest Management. En D.P. Abrol (Ed.), *Integrated pest management: current concepts and ecological perspective* (pp. 1-21). San Diego: Elsevier.

Stout, M. J., Workman, K. V., Bostock, R. M., y Duffey, S. S. (1998). Specificity of induced resistance in the tomato, *Lycopersicon esculentum*. *Oecologia*, 113(1), 74-81.

Stout, M. J., Zehnder, G. W., y Baur, M. E. (2002). Potential for the use of elicitors of plant resistance in arthropod management programs. *Archives of the Insect Biochemistry and Physiology*, 51(4), 222-235.

Stowe, K. A., Marquis, R. J., Hochwender, C. G., y Simms. E. L. (2000). The evolutionary ecology of tolerance to consumer damage. *Annual Review of Ecology and Systematics*, 31(1), 565-595.

Strauss, S. Y., y Agrawal, A. A. (1999). The ecology and evolution of plant tolerance to herbivory. *Trends in Ecology and Evolution*, 14(5), 179-185.

Thaler, J. S. (1999). Induced resistance in agricultural crops: effects of jasmonic acid on herbivory and yield in tomato plants. *Environmental Entomology*, 28(1), 30-37.

Thaler, J. S., Fidantsef, A. L., Duffey, S. S. y Bostock, R. M. (1999). Trade-offs in plant defense against pathogens and herbivores: a field demonstration of chemical elicitors of induced resistance. *Journal of Chemical Ecology*, 25(7), 1597-1609.

Thaler, J. S., Stout, M. J., Karban, R., y Duffey, S. S. (1996). Exogenous jasmonates simulate insect wounding in tomato plants, *Lycopersicon esculentum*, in the laboratory and field. *Journal of Chemical Ecology*, 22(10), 1767-1781.

Thaler, J. S., Stout, M. J., Karban, R., y Duffey, S. S. (2001). Jasmonate mediated induced plant resistance affects a community of herbivores. *Ecological Entomology*, 26(3), 312-324.

Tiffin, P. (2000). Mechanisms of tolerance to herbivore damage: what do we know? *Evolutionary Ecology*, 14(4-6), 523-536.

Tjallingii W. F. (2006). Salivary secretions by aphids interacting with proteins of phloem wound responses. *Journal of Experimental Botany*, 57(4), 739-745.

Turlings, T. C. J., Tumlinson, J. H., y Lewis, W. J. (1990). Exploitation of herbivore-induced plant odors by host-seeking parasitic wasps. *Science*, 250(4985), 1251-1253.

Turlings, T. C., y Erb, M. (2018). Induced plant volatiles: mechanisms, ecological relevance, and application potential. *Annual Review of Enthomology*, 63,433-452.

Underwood, N. (1999). The influence of plant and herbivore characteristics on the interaction between induced resistance and herbivore population dynamics. *American Naturalist*, 153(3), 282-294.

Underwood, N. C. (1998). The timing of induced resistance and induced susceptibility in the soybean-Mexican bean beetle system. *Oecologia*, 114(3), 376-381.

van Ash, M., y Visser, M. E. (2007). Phenology of forest caterpillars and their host trees: the importance of synchrony. *Annual Review of Entomology*, 52, 37-55.

Velusamy, R., y Heinrichs, E. (1986). Tolerance in crop plants to insect pests. *Insect Science and its Application*, 7(6), 689-696.

Walling, L. L. (2000). The Myriad Plant Responses to Herbivores. *Journal of Plant Growth Regulation*, 19(2), 195-216.

Wareing, P., Khalifa, M., y Terharne, K. (1968). Rate-limiting processes in photosynthesis at saturating light intensities. *Nature*, 220, 453-457.

Weber, G., Oswald, S., y Zollner, U. (1986). Suitability of rape cultivars with a different glucosinolate content for *Brevicoryne brassicae* (L) and *Myzus persicae* (Sulzer) (Hemiptera, Aphididae). *Zeitschrift Für Pflanzenkrankheiten Und Pflanzenschutz*, 93(2), 113-124.

Wise, M. J., y Abrahamson, W. G. (2005). Beyond the compensatory continuum: environmental resource levels and plant tolerance of herbivory. *Oikos*, 109(3), 417-428.

Wiseman, B. R., McMillian, W. W., y Widstrom, N. W. (1972). Tolerance as a mechanism of resistance in corn to the corn earworm. *Journal of Economic Entomology*, 65(3), 835-837.

Yu, X. D., Pickett, J., Ma, Y. Z., Bruce, T., Napier, J., Jones, H. D., y Xia, L. Q. (2012). Metabolic engineering of plant-derived (E)- -farnesene synthase genes for a novel type of aphid-resistant genetically modified crop plants. *Journal of Integrative Plant Biology, 54*(5), 282-299.

Zavala, J. A., Patankar, A. G., Gase, K., Hui, D., y Baldwin, I. T. (2004). Manipulation of endogenous trypsin proteinase inhibitor production in *Nicotiana attenuata* demonstrates their function as antiherbivore defenses. *Plant Physiology, 134*(3), 1181-1190.

BASES ECOLÓGICAS DEL CONTROL BIOLÓGICO DERIVADAS DEL CONTROL NATURAL: FACTORES DE IMPORTANCIA PARA EL MANEJO DE PLAGAS

BLAS LAVANDERO[1], SEBASTIÁN ORTIZ-MARTÍNEZ[1], AINARA PEÑALVER-CRUZ[1] Y FRANCISCA ZEPEDA-PAULO[1]

[1] *Laboratorio de Control Biológico, Instituto de Ciencias Biológicas, Universidad de Talca. Talca, Chile.*

RESUMEN

El control biológico es una herramienta de manejo de plagas casi tan antigua como la agricultura misma, pero su origen se basa en las interacciones que ocurren comúnmente en los sistemas naturales. Su impacto sobre los sistemas productivos es enorme, siendo considerado como un importante servicio ecosistémico para la regulación de especies plaga. La pérdida de servicios ecosistémicos tiene consecuencias significativas para el manejo de los sistemas productivos, de ahí la importancia de entender los diferentes factores que puedan influir sobre el control de plagas. En este capítulo, se abordarán las bases ecológicas del control biológico derivadas del control natural. Se discutirá sobre las diferentes estrategias de control biológico y sus impactos en los sistemas productivos. Además, se abordarán los factores ecológicos y evolutivos que influyen en la efectividad de este importante servicio ecosistémico. Se discute el rol de la competencia, de la depredación intragremio, las interacciones indirectas y el efecto que la genética puede tener sobre el resultado final en el uso de agentes de control biológico de plagas en sistemas productivos.

1. INTRODUCCIÓN

La historia del control biológico intencional se remonta a más de 3.000 años en China, con el uso de nidos de hormigas depredadoras (Olkowski y Zhang, 1998). Desde entonces y hasta ahora, esta herramienta de manejo de plagas y enfermedades, ha estado basada en las interacciones ecológicas entre los organismos que afectan el desempeño de las plantas y sus antagonistas naturales en los ecosistemas, los enemigos naturales. Durante todo este tiempo, su uso se ha desarrollado mayoritariamente para el control de plagas y enfermedades de los cultivos agrícolas, sin embargo, también ha sido utilizado como una alternativa para la regulación de especies invasivas. Pero, ¿qué es el control biológico? La definición no es simple y ha sufrido muchos cambios a través del tiempo, principalmente debido a la acumulación de conocimientos que han permitido entender mejor cómo funciona, así como su uso. Como en este capítulo buscamos entender las bases ecológicas del control biológico, lo definiremos como el efecto positivo indirecto de los agentes de control biológico sobre las actividades humanas, mediada por efectos negativos directos o indirectos de estos agentes sobre las poblaciones de una o más especies objetivo (normalmente plagas y enfermedades de plantas) (modificado de Heimpel y Mills, 2017). Las diferentes etapas por las que ha pasado el control biológico, han dejado como resultado diferentes formas del uso de antagonistas para el control de herbívoros y enfermedades. Se reconocen tres modelos de control biológico basado en cómo los humanos manipulamos a los antagonistas: el control natural, el control biológico de facilitación directa (control biológico de importación o clásico y el control biológico aumentativo) y el control biológico de facilitación indirecta (control biológico de conservación) (Heimpel y Mills, 2017; **Figura 5.1**).

El control biológico de artrópodos se ha planteado como una herramienta ambientalmente amigable para el manejo de plagas en sistemas tanto agrícolas como forestales. Sin embargo, solo un 10% de los programas de introducción ha generado un impacto contra 172 plagas diferentes (Cock *et al.*, 2010; Gurr y Wratten, 2000). Existen varias razones por las cuales algunos de estos programas pioneros fallaron; sin embargo, un elemento recurrente era la no consideración de todos los aspectos ecológicos de los organismos involucrados. La comprensión de los diferentes factores que intervienen en el establecimiento y control de las plagas por parte de agentes de control biológico, fue un proceso largo que comenzó con la descripción de especies naturales y sus ciclos biológicos complejos, hasta posteriormente entender los mecanismos detrás del control poblacional de especies herbívoras que utilizan a las plantas. Un punto de partida fue tratar de comprender, por qué existen las plagas. Es así como, en 1960, Nelson Hairston, Frederick Smith y Lawrence Slobodkin, postularon que el mundo era verde gracias al efecto regulador por parte de los antagonistas en las redes tróficas, naciendo así la "hipótesis del mundo verde", la cual explica la sobrevivencia de las plantas del mundo natural basada en las interacciones tróficas, contrastando con los sistemas manejados, donde las poblaciones de herbívoros podrían incluso generar la muerte masiva de plantas. La solución a este problema parecía simple, si restituimos los llamados "enemigos naturales" en los sistemas manejados, se regularán las poblaciones de plagas. Sin embargo, el efecto regulatorio que ejercen las mismas plantas o regulación "bottom-up" (de abajo hacia arriba en la cadena trófica), también era una explicación válida (Murdoch, 1966). Así,

Figura 5.1

Modelos de control biológico.

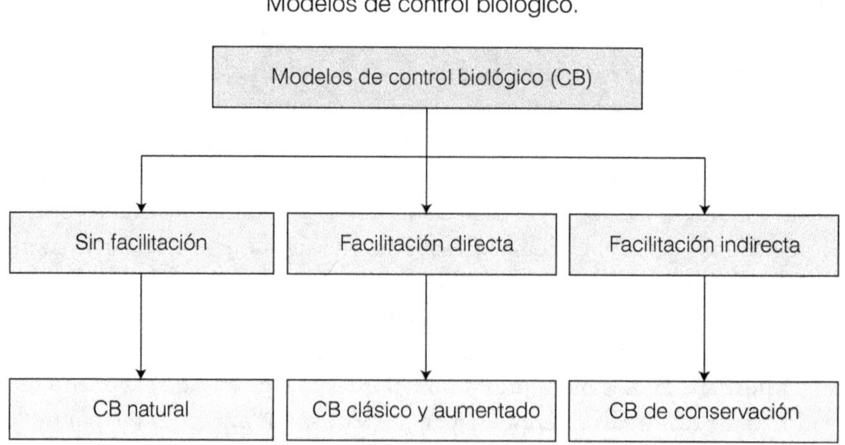

se postula la hipótesis de que el mundo era "amargo y picante", es decir, que las plantas tienen métodos de defensa química y física. En 1973, en su famoso trabajo publicado en *Ecological Monographs*, Richard Root mostró cómo los herbívoros en monocultivos eran dominantes debido a la concentración de recursos. Basado en esta observación, propuso que una mayor diversificación vegetal lograría diluir el "recurso cultivo" disponible para las plagas agrícolas, reduciendo así las poblaciones de herbívoros plaga. Se plantean dos visiones sobre la regulación de plagas, la "top-down" (de arriba hacia abajo en la cadena trófica) y la "bottom-up". Aspectos tanto teóricos como metodológicos, han impedido saber cuál de las dos es más importante, ya que existen evidencias del impacto de ambas en la regulación de plagas; sin embargo, Terborgh (2001) argumenta en favor de la importancia de la mantención de depredadores. Lo importante de destacar es que, un problema aparentemente sencillo, no lo era tal y hasta hoy, el contexto de los sistemas bajo estudio tiene mucha relevancia en cuanto a los resultados esperados. Debido a esto, a la hora de diseñar programas de control de plagas sustentables en el tiempo, es de gran importancia conocer todos los factores que afectan a los organismos involucrados. En el presente capítulo no nos proponemos revisar todos los factores que influyen sobre la regulación de plagas, sino más bien, nos enfocaremos en aquellos factores que afectan directa o indirectamente a la regulación "top-down" en el control biológico. El desarrollo de nuevas herramientas en ecología, sistemas de información geográfica y en conjugación con el avance de la biología molecular, han mejorado nuestro entendimiento sobre las interacciones entre las plagas, sus hospederos vegetales y sus enemigos naturales a la escala del paisaje, de las comunidades, de las poblaciones y del individuo. Nuevos factores que puedan influir sobre el efecto final del control biológico deben entonces ser considerados, si lo que buscamos es la recuperación de este servicio ecosistémico y así, una producción más sustentable. En este capítulo, se abordarán las bases ecológicas del control biológico derivadas del control natural. Se discutirá sobre las diferentes estrategias de control biológico (clásico, aumentativo y de conservación) y sus impactos sobre los sistemas productivos. Finalmente, se exponen los factores que influyen en la efectividad de este importante servicio ecosistémico, explorando el rol de las diferentes interacciones ecológicas (directas e indirectas) sobre el resultado final en el uso de controladores en sistemas productivos y también, entendiendo cuál es el rol de la evolución y adaptación para el éxito del control biológico.

2. IMPACTOS DEL CONTROL BIOLÓGICO EN LA PRODUCCIÓN

El control biológico natural, es un importante servicio ecosistémico de regulación sin la intervención del humano. De hecho, la mayoría de los artrópodos que podrían constituirse potencialmente en plagas, debido a su biología fitófaga (aproximadamente 100.000 especies), están bajo control natural. Las restantes 5.000 especies de plagas son controladas a través de acciones humanas directas (van Lenteren, 2006). Un ecosistema heterogéneo, donde se conservan los hábitats naturales, no solo aumenta la biodiversidad del lugar sino que también, ayuda a mejorar los diferentes servicios ecosistémicos como el control biológico (Bianchi *et al.*, 2006; Karp *et al.*, 2013; Milligan *et al.*, 2016; Shackelford *et al.*, 2013). Esto se debe a que, la heterogeneidad del paisaje proporciona los recursos necesarios para mejorar la fecundidad, longevidad y supervivencia de los enemigos naturales (Gurr *et al.*, 2017; Veres *et al.*, 2013). Un estudio reciente usando datos de 132 estudios, considerando 6.789 sitios de muestreo en 31 países, demostró que el rol de la vegetación circundante y el efecto del paisaje sobre el control de plagas dependía del contexto específico de cada sistema, con un importante efecto de la vegetación circundante sobre múltiples aspectos del control de plagas (Karp *et al.*, 2018).

El control biológico con intervención humana (ej., control biológico clásico) tuvo gran repercusión como una herramienta de control de plagas, liberando agentes de control por todos los continentes. Más de 6.000 introducciones de agentes de control biológico se han llevado a cabo, gran parte durante la década de los setenta, con el objeto de controlar plagas agrícolas y forestales. Se estima que el impacto económico global del control biológico es de más de 400 mil millones de dólares por año (Costanza *et al.*, 1997). Con una relación beneficio: costo, para el control biológico clásico de 250:1 (Bale *et al.*, 2008). Se calcula que 3,5 millones km², es la superficie donde el control biológico es practicado (que corresponde a un 8% de la superficie mundial bajo cultivo). La práctica del control biológico, también se ha llevado a cabo como estrategia para el control de especies invasoras, que amenazan la conservación de especies nativas y de especies de importancia para la salud humana, así como también plagas urbanas. De estas introducciones cerca del 80% han tenido como objetivo el control de insectos plaga (Cock *et al.*, 2010), siendo los grupos taxonómicos principales Hymenoptera, Acari, Coleoptera y Hemiptera (van Lenteren, 2012). A pesar de la historia de éxito en el control biológico, existen también bastantes críticas. De todas las introducciones para el control biológico, existen más casos de establecimiento y persistencia de las poblaciones de organismos en los nuevos ambientes (pero que no generan un nivel de control sustancial), que de éxitos en cuanto al control de las plagas objetivo (Cock *et al.*, 2016). Usando la teoría de refugio, Hawkins *et al.* (1993) estudiaron casos de éxito y fracaso en control biológico, con el objetivo de buscar maneras de mejorar el éxito de los programas de control biológico. La idea es que el espacio libre de la presión por enemigos naturales (el refugio), predecía los patrones de riqueza comunitaria. Mientras más individuos de una población escapan a la presión de sus enemigos, menos exitoso será como agente de control (Hawkins *et al.*, 1993). Este estudio sugiere que, aquellas especies de parasitoides que en su lugar de origen no generaban una tasa de parasitismo sobre el 40%, no serían buenos candidatos para programas de importación de enemigos naturales. Eventualmente, este como otros elementos, comenzaron a ser considerados en programas de introducción para encontrar mejores agentes para el control biológico. Sin embargo, el número de introducciones de controladores en la década del 1990 y 2000 se redujo drásticamente (Cock *et al.*, 2016), por lo que es difícil saber qué repercusión han tenido sobre el éxito en el control de una especie plaga. Mucha de esta reducción puede estar relacionada a la percepción negativa del control biológico al considerarse una actividad riesgosa (Ehler, 2000). Los riesgos ambientales asociados a la introducción de organismos exóticos en general, siguen siendo el "talón de Aquiles" del control biológico de importación o control biológico clásico (Simberloff, 2012). Aunque existe controversia al respecto, algunos autores postulan que al menos un 10% de las introducciones han generado efectos no deseados sobre especies nativas no-objetivo de los ecosistemas (Lynch *et al.*, 2001). Otros autores son más conservadores sugiriendo que tan solo el 1% de los problemas del control biológico han generado efectos a nivel de las poblaciones de organismos no-objetivo y solo entre el 3% y el 5% de los casos, otros problemas menores (Van Lenteren, 2006). Más aún, no existe claridad sobre algunos argumentos que indicarían que los controladores biológicos podrían haber sido responsables de la extinción de algunas especies (Strong, 1997). En el trabajo de Dunn (2005), se argumenta que no es fácil encontrar evidencia de ello, ya que, en los casos estudiados, es muy difícil asignar la responsabilidad a este único factor. Sin embargo, la manipulación intencional de organismos vivos conlleva riesgos y de hecho, los agentes de control biológico son clasificados como especies invasoras. Es importante aclarar que mucho de esta discusión, está fundada en la forma en que se practicaba el control biológico clásico en el pasado, en el que las regulaciones y protocolos para la selección de individuos eran escasos, sin periodos de cuarentena y con problemas en la identificación taxonómica de individuos, entre otros (Heimpel y Mills, 2017). Simberloff (2012) plantea cuatro tipos de riesgos asociados al control biológico clásico: (1) ataque directo sobre especies no objetivo, (2) efectos indirectos sobre especies no objetivo, (3) dispersión del agente de control hacia una nueva área, y (4) cambios en las relaciones entre el agente de control y una especie nativa.

A pesar de la larga historia del control biológico, este no fue utilizado comercialmente hasta fines del siglo XIX (van Lenteren y Godfray, 2005). Este nuevo modelo de control biológico se basaba en realizar crianzas masivas de enemigos naturales en biofábricas, para posteriormente ser liberados en grandes cantidades para un control inmediato de la plaga objetivo (Bale *et al.*, 2008; van Lenteren, 2012). Estas liberaciones pueden tener el objetivo de suprimir la plaga objetivo y persistir durante la temporada (liberación inoculativa) o suprimir la plaga objetivo, pero no persistir (liberación inundativa) (MacQuarrie *et al.*, 2016; van Driesche *et al.*, 2008). A pesar del éxito económico y ambiental del control biológico aumentativo, y representar una alternativa a la aplicación de productos químicos (van Lenteren y Bueno, 2003), este solo constituye un 0,4% del área cultivada del mundo (16 millones de hectáreas aprox.) (van Lenteren, 2012). Comparado con otros mercados de insumos agrícolas, como los pesticidas, producción de semillas y farmacéuticas, el beneficio comercial del control biológico es más moderado, de tan solo 10 millones de euros por año (0,04% del mercado) (Cock *et al.*, 2010). En este escenario, Chile tiene aproximadamente 50.000 ha bajo control aumentativo (van Lenteren y Bueno, 2003).

Existen en el mundo alrededor de 219 especies de artrópodos como enemigos naturales de venta comercial, siendo los himenópteros el grupo más utilizado, dada la gran especificidad hacia sus hospederos (van Lenteren, 2012). Debido a los posibles efectos negativos del control biológico sobre la fauna y flora local, aspecto discutido anteriormente, y las complicaciones legislativas del proceso de registro de las especies exóticas como agentes de control biológico, actualmente existe una tendencia a utilizar las especies ya establecidas (nativas o anteriormente introducidas) (Cock *et al.*, 2010; van Lenteren, 2012). En las últimas décadas, el control biológico aumentativo ha evolucionado de ser industrial a un punto de vista más profesional, buscando mejorar la eficiencia y la calidad del enemigo natural, pero también, utilizando diferentes técnicas de liberación, transporte y difusión hacia los agricultores (Cock *et al.*, 2010; van Lenteren y Bueno, 2003). En la actualidad, el mercado principal de enemigos naturales está dirigido a plagas de invernadero, siendo poca la demanda para ser aplicado a nivel de campo, dado el alto costo de la masificación de los enemigos naturales. Esto sumado a la poca información e investigación sobre la apropiada implementación de las técnicas para las liberaciones en terreno (Van Driesche *et al.*, 2008). A pesar de lo anterior, se ha estimado una alta relación de beneficio: costo del control biológico de inundación, comparado con el control químico (Pimentel, 2009). Además, la utilización de pesticidas en la agricultura no solo tiene menos beneficios que el control biológico, sino que también, al provocar la pérdida de enemigos naturales, genera costos sociales y ambientales.

Ya hemos discutido sobre el modelo de control biológico de acción humana directa sobre los agentes de control biológico, sin embargo en los últimos años ha surgido como una "nueva" forma de hacer control biológico, el control biológico de conservación (*sensu* Ehler, 2000) o de facilitación indirecta (*sensu* Heimpel y Mills, 2017). Este modelo de control biológico, que incluye la manipulación ambiental, busca favorecer las condiciones ambientales de enemigos naturales presentes en los ecosistemas manejados, así como disminuir la mortalidad de estos asociada al uso de pesticidas (Gurr y Wratten, 2000). En este modelo se argumenta en favor de la intensificación ecológica para mejorar la sustentabilidad de los cultivos en general (Gurr *et al.*, 2017). A diferencia del modelo sin facilitación humana, aquí se busca incrementar la biodiversidad dentro de las explotaciones agrícolas o forestales para que se traduzca en un aumento del control biológico en el campo. Sin embargo, como se ha discutido anteriormente (ver Cardinale *et al.*, 2012 y Letourneau *et al.*, 2009), es necesario que el incremento de diversidad sea funcional, esto es, que las plantas y presas subsidiarias a las explotaciones sirvan como hábitat y alimento alternativo (néctar, polen y presas) al cultivo para los enemigos naturales (Cortesero *et al.*, 2000). Además, los enemigos naturales deben poder migrar hacia el cultivo desde los refugios y al revés, cuando existen perturbaciones (Lavandero *et al.*, 2004).

En las últimas décadas, el control biológico de conservación ha sido extensamente estudiado, siendo el estudio de artrópodos, al que más atención se le ha dado, en comparación con patógenos o malezas (Brodeur *et al.*, 2018). Este modelo de control biológico se ha implementado en diferentes sistemas agrícolas de cultivos anuales como hortalizas (Smith *et al.*, 2008) y en cultivos perennes, como huertos de frutales y viñedos (English-Loeb *et al.*, 2003; Simon *et al.*, 2010), pero también, es una práctica que está en auge para cultivos bajo invernadero (Messelink *et al.*, 2014).

Para una correcta implementación deben conocerse muy bien los factores que influencian el control biológico. Tscharntke *et al.* (2016) postularon diferentes hipótesis indicando en qué casos podría fracasar la implementación de hábitats naturales: i) la falta de enemigos naturales en la zona de implementación; ii) la posibilidad de que el hábitat adyacente al cultivo sea una fuente de plagas; iii) que el hábitat adyacente al cultivo provea de menos recursos que el propio cultivo; iv) que la cantidad, proximidad, configuración y composición del hábitat sea insuficiente; y v) que el manejo del cultivo sea una perturbación para las poblaciones de los enemigos naturales. A pesar de esto, existen muchos casos de éxito de este método de control biológico (ej., en huertos frutales en Europa y programas tendientes a la selección de insecticidas que se utilizaban para controlar las plagas, entre otros (ver más ejemplos en Gurr *et al.*, 2017).

Este tipo de control biológico generalmente se lleva a cabo mediante financiamientos públicos, como subvenciones para el manejo sustentable de los cultivos (van Lenteren, 2012). A pesar de eso, en Latinoamérica existen muy pocas evidencias de que esta sea la situación. Sin embargo, se ha observado una tendencia de los agricultores hacia una agricultura más sustentable, habiendo en ocasiones contratado expertos para la implementación del control biológico de conservación (Trujillo Arriaga, 1992). Esto junto con la continua actividad de investigadores en proporcionar más conocimientos sobre las interacciones entre organismos y entregar soluciones de implementación, podría ayudar a preservar la biodiversidad en los agroecosistemas al mismo tiempo en que se logra el control de plagas.

3. PRINCIPALES FACTORES QUE AFECTAN AL ÉXITO/ EFECTIVIDAD DEL CONTROL BIOLÓGICO

3.1. Interacciones directas en el control biológico

La introducción de enemigos naturales puede alterar significativamente las interacciones ecológicas y tróficas de un sistema, pudiendo generar un impacto negativo sobre las especies y comunidades nativas. De este modo, la consideración y estudio de estas interacciones, para establecer planes de control biológico, es importante. En el control biológico, las interacciones directas y sus efectos no deseados son bien conocidas. Como se discutió anteriormente, las especies nativas pueden ser presas potenciales de especies de enemigos naturales introducidos para el control biológico. Un concepto común e importante en la ecología de paisajes agrícolas es el efecto *Spillover*, el cual se refiere a un "desbordamiento" de las poblaciones de enemigos naturales de cultivos agrícolas hacia hábitats adyacentes, posterior a la caída poblacional de la especie plaga objetivo, promoviendo el ataque de especies no objetivo. Un prerrequisito para este fenómeno es que el enemigo natural sea un generalista de hábitat. Sin embargo, otras características que podrían promover el desbordamiento estarían dadas por: las altas densidades de las especies objetivo de control, las altas tasas de ataque de enemigos naturales, capacidad de dispersión y tasas de movimiento de enemigos naturales, así como también características del paisaje agrícola y cambios temporales en la disponibilidad de presas (Rand *et al.*, 2006).

La competencia entre enemigos naturales dentro de una nueva área es también una interacción común en el control biológico. Un posible resultado de esta interacción es el desplazamiento competitivo de un enemigo natural nativo por un competidor exótico superior (Tena *et al.*, 2018). La especificidad de un agente de control podría ser considerada inversamente proporcional a su potencial efecto sobre otras especies de una comunidad, es así como, por ejemplo, un depredador artrópodo altamente polífago podría afectar a miles de especies de parasitoides nativos (especialistas) en un agroecosistema donde ha sido introducido (Raymond *et al.*, 2016).

Mientras que las interacciones directas podrían ser fácilmente identificadas, las interacciones indirectas ocurriendo dentro de las comunidades podrían ser menos evidentes y más difíciles de asignar (Heimpel y Mills, 2017). A pesar de ello, el avance metodológico durante los últimos años ha facilitado el estudio de este tipo de interacciones, en las cuales posibles redundancias funcionales o interferencias entre grupos de enemigos naturales podrían ser observadas. Las herramientas moleculares, principalmente basadas en la detección de fragmentos de ADN en el contenido intestinal de depredadores y/o al interior de plagas hospederas, han entregado una gran cantidad de información invisible ante las técnicas de taxonomía clásica y con la ventaja de poder hacerlo a un bajo costo y mayor rapidez (Traugott *et al.*, 2013). Específicamente en ecología trófica, estas han demostrado ser poderosas herramientas a nivel de campo permitiendo detectar y estimar la ocurrencia de interacciones entre organismos de distintos niveles tróficos (Symondson y Harwood, 2014). En el caso específico de organismos parasitoides, las interacciones que ocurren dentro de este grupo y que afectan su abundancia y dinámica poblacional, pueden alterar la estructura trófica impactando finalmente en la población de sus hospederos, en este caso el organismo objetivo (plaga). Entre organismos parasitoides, dos interacciones son importantes. Por un lado, el multiparasitismo, es una interacción interespecífica donde un insecto hospedero es simultáneamente parasitado por diferentes especies de parasitoides, y donde la competencia por el recurso es asimétrica, ya que las diferentes condiciones biológicas de cada especie competidora podrían permitir que una especie posea una ventaja considerable sobre otra (Fisher, 1961a; van Baaren *et al.*,1994). Por otro lado está el superparasitismo, donde la competencia es una interacción intraespecífica simétrica, en la que las oviposturas en un mismo hospedero son realizadas por hembras parasitoides de una misma especie (Mackauer y Chau, 2001; Outreman *et al.*, 2001a). Ya sea multiparasitismo o superparasitismo, estas interacciones serían una desventaja comparada a un evento sin competencia, en que un parasitoide ovipone por primera vez en o sobre su hospedero, ya que en ambos casos, superparasitismo y multiparasitismo, las larvas secundarias son generalmente eliminadas por la primera en desarrollarse (Fisher, 1961b; Godfray, 1994). Como una forma de aumentar el éxito reproductivo de la especie, muchas especies de parasitoides han desarrollado mecanismos para evitar estas interacciones y no oviponer en hospederos que ya han sido parasitados con anterioridad (Outreman *et al.*, 2001b; van Baaren *et al.*, 1994). Esta estrategia de discriminación de hospedero es menos frecuente en las interacciones de multiparasitismo que en las de superparasitismo (Brodeur y Boivin, 2004). Sin embargo, las especies que lo presentan poseen una ventaja selectiva, como se ha estudiado en Chow y Mackauer (1986) y van Baaren *et al.* (1994, 2009) lo que demuestra que es un mecanismo que promovería la partición de recursos y la coexistencia entre competidores (Godfray, 1994; van Baaren *et al.*, 2009). Para el caso del multiparasitismo, esta ha evolucionado generalmente: 1) en casos en que el hospedero se encuentra parasitado por una especie competitivamente inferior o 2) cuando son especies filogenéticamente muy cercanas. La discriminación de hospederos por parte de enemigos naturales está asociada al reconocimiento de señales químicas generadas por el propio hospedero. Por ejemplo, en el caso de parasitoides de áfidos, estos han desarrollado la habilidad de reconocer y localizar las colonias de áfidos mediante secreciones corniculares producidas como una señal para alertar a sus conespecíficos de una amenaza (Callow *et al.*,1973; Hatano *et al.*, 2008). Además, mediante el reconocimiento de la mielecilla (sustancia excretada por los áfidos como producto de la alimentación en las plantas hospederas), los parasitoides pueden localizar parches infestados con áfidos (Budenberg, 1990). De este modo, los parasitoides que discriminan tienen una ventaja, cuando son competidores inferiores, al evitar la ovipostura sobre áfidos ya parasitados por otra especie de parasitoide, evitando la competencia. A pesar de esto, no todas las especies de parasitoides presentan la habilidad de discriminar hospederos y en casos de multiparasitismo, el competidor superior podría oviponer en hospederos ya parasitados. Sin embargo, estos mecanismos están condicionados a cada especie competidora y la capacidad de reconocer señales. Si las especies competidoras no discriminan el estado de parasitización de sus hospederos, esto podría promover un aumento en las interacciones negativas, incrementando la posibilidad de una superposición de nicho entre parasitoides competidores e impactando de forma negativa al control biológico de plagas (Outreman *et al.*, 2018; van Baaren *et al.*, 2004). Un ejemplo de esto es el sistema parasitoide-áfido asociado a cultivos de cereales en Chile, en donde el parasitoide *Aphidius ervi* (Hymenoptera: Aphidiidae) es considerado una especie generalista en cuanto al hábitat y a los hospederos en que forrajea. En este caso, atacando diferentes especies de áfidos en cultivos principalmente de cereales y leguminosas. Mientras que, el parasitoide *Aphidius rhopalosiphi* solo forrajea sobre especies de áfidos de cereales. A través de la aplicación de análisis moleculares en combinación con técnicas taxonómicas clásicas, se observó que en presencia de ambos competidores, la especie generalista presenta una ventaja competitiva sobre el parasitoide especialista durante el desarrollo dentro del hospedero, ya que *A. ervi* dejaría fuera de competencia a *A. rhopalosiphi* posiblemente por un crecimiento más acelerado en los primeros estadíos larvales (Le Lann *et al.*, 2008; Ortiz-Martínez, 2018).

3.2. Interacciones indirectas en el control biológico

Mientras que las interacciones directas (ej., competencia) podrían ser fácilmente identificadas, las interacciones indirectas ocurriendo dentro de las comunidades podrían ser menos evidentes y más difíciles de asignar (Heimpel y Mills, 2017). Las interacciones indirectas pueden involucrar a más de dos especies, donde el efecto de la interacción entre dos especies afecta a una tercera especie (Menge, 1995). Cada vez cobra mayor relevancia el impacto de las interacciones indirectas asociadas a la introducción de organismos sobre las especies, comunidades y ecosistemas presentes en una región (Simberloff, 2012). Entre las interacciones multi-especies, asociadas al control biológico, que pueden representar un riesgo de extinción para especies no objetivo, está la depredación compartida. En este caso, una especie nativa podría ser consumida por un enemigo natural introducido para el control biológico, debido a la alta abundancia de enemigos naturales, sostenida por las poblaciones de una plaga. La plaga objetivo así, promovería una mayor tasa de ataque sobre presas no objetivo. Como resultado de una depredación compartida, cambios en los tamaños poblacionales de las especies presa podrían ser observados, similar a los cambios observados cuando existe competencia interespecífica, por lo que, este fenómeno es llamado "competencia aparente" (Holt y Lawton, 1993). Esta interacción podría terminar en la exclusión de una de las dos especies presa, representando un alto riesgo asociado al control biológico cuando involucra una especie presa nativa (ver ejemplos en Holt y Bonsall, 2017).

A diferencia de la competencia aparente que favorece las tasas de ataque por parte de un depredador, en el "mutualismo aparente", múltiples especies presa pueden reducir el riesgo de depredación por parte de un enemigo natural en común. En un sistema de dos especies presa, el depredador podría disminuir el consumo por cada especie, en comparación a un sistema con una sola presa, debido a que divide su tiempo de forrajeo entre dos presas diferentes (Long *et al.*, 2012). Un aumento de las densidades poblacionales de enemigos naturales como resultado de un mutualismo o competencia aparente, podría favorecer el control biológico, pero solo en el caso de que ambas especies presa representen plagas en el agroecosistema (Messelink *et al.*, 2008).

Un efecto indirecto de las interacciones multi-especies es la competencia por explotación, la cual podría ocurrir entre un consumidor especialista de presas no objetivo (ej., nativas) y un controlador biológico que comienza a explotar ese mismo recurso en un nuevo ambiente. Lo cual de forma inesperada podría dejar vulnerables a las poblaciones de enemigos naturales nativos de depredadores o parasitoides, sin advertir el potencial daño. Un ejemplo de esto es el daño de *Harmonia axyridis*, un coccinélido introducido recientemente en Chile, a especies de coccinélidos nativos. *H. axyridis* se caracteriza por ser un coccinélido de gran tamaño, con un comportamiento agresivo y gran voracidad (caracteres deseados en enemigos naturales) y que ha aumentado su abundancia y distribución de forma notable en Chile en los últimos años (Grez *et al.*, 2016). Sin embargo, es también un depredador generalista de gran movilidad, una característica común de las especies invasivas, pero poco deseada para los programas de control biológico con facilitación humana directa. En un estudio comparando las interacciones tróficas de cuatro especies de coccinélidos comunes en campos de trigo de la zona central de Chile, se observó una menor abundancia del coccinélido nativo, *Eriopis chilensis*, en paisajes estructuralmente simples con una alta intensificación agrícola en comparación a campos insertos en paisajes con una baja intensificación agrícola y alta complejidad estructural (complejos) (Grez *et al.*, 2016). Además (ver más abajo depredación intragremio) se detectó una alta frecuencia de restos de ADN de *E. chilensis* en el contenido estomacal de *H. axyridis* (Ortiz-Martínez *et al.*, datos no publicados) (**Figura 5.2**).

Figura 5.2

Detección molecular de la depredación intragremio directa por el coccinélido *H. axyridis* en campos de trigo insertos en paisajes agrícolas estructuralmente complejos y simples. Se muestra la proporción (media ± error estándar) de muestras que contienen ADN de *Eriopis chilensis, Hippodamia convergens* e *Hippodamia variegata* en el contenido intestinal de *H. axyridis.*

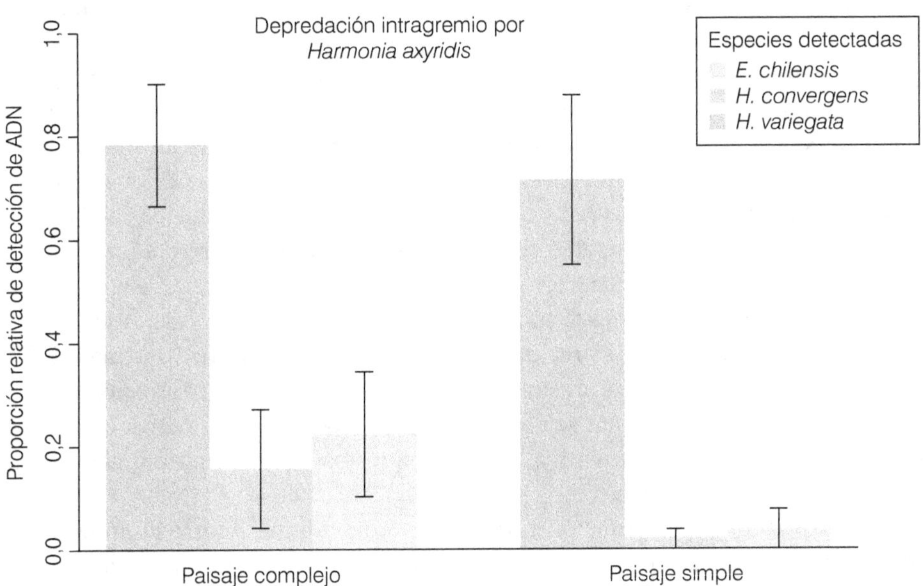

Otra interacción indirecta que puede afectar comúnmente a enemigos naturales y entonces también el control de una especie plaga, es la depredación intragremio, la cual puede ser directa, cuando la depredación es sobre otra especie del mismo nivel trófico; o coincidente (indirecta), cuando dos enemigos naturales comparten una misma presa. En esta última, la depredación ocurre sobre una especie de un nivel trófico inferior (especie presa), pero que también está siendo explotada por otra especie del mismo nivel trófico del depredador (Letourneau *et al.*, 2009).

A pesar de que se ha sugerido que la depredación intragremio *per se* sería una interacción que genera una disminución de la eficiencia del control biológico, trabajos que han estudiado el efecto de esta sobre el control biológico de insectos, no evidencian un impacto negativo sobre el control de la plaga. Por ejemplo, estudios de semicampo en agroecosistemas del sur de Suecia mostraron que la depredación intragremio (directa) entre tres taxa de depredadores (*Coccinella septempunctata, Chrysoperla cornea* y *Pterostichus melanarius*) de áfidos de cereales, estaría ocurriendo en baja frecuencia (detección molecular de ADN de presa en el contenido intestinal de los depredadores), sugiriendo que el impacto sobre el control de los áfidos en un ensamble de tres especies de depredadores es similar al impacto de una sola especie depredadora (Roubinet *et al.*, 2018). Por otro lado, en Chile se ha estudiado la depredación intragremio entre importantes coccinélidos depredadores de áfidos, en donde se ha observado que la depredación intragremio entre especies de coccinélidos sería una interacción comúnmente diagnosticada, ya sea por experimentos conductuales o análisis moleculares (Grez *et al.*, 2012; Ortiz-Martínez, 2018; Yang *et al.*, 2017). Sin embargo, algunos estudios apuntan a que las tasas de depredación intragremio no serían altas (Rondoni *et al.*, 2015; Thomas *et al.*, 2013), mientras que otros evidencian lo contrario (Yang *et al.*, 2017). En esta línea, se ha tratado de explicar el éxito de algunas especies depredadoras exóticas en Chile, como *Hippodamia variegata*, por sobre especies nativas (*E. chilensis*). Estudios conductuales han sugerido que la depredación intragremio entre ambas especies es relativamente simétrica (Grez *et al.*, 2012). Por lo general, las especies de tamaño más pequeño o con características de agresividad y movilidad más reducida, como *E. chilensis*, ven reducida su abundancia cuando son enfrentados a competidores de mayor tamaño (Gagnon *et al.*, 2011; Lucas y Rosenheim, 2011). En estudios recientes de análisis de la dieta de coccinélidos en Chile, se ha documentado que la especie nativa *E. chilensis* sería una especie muy depredada por *H. axyridis* (especie invasiva recientemente introducida) (Ortiz-Martínez, 2018), a pesar de tener una prevalencia considerable en cultivos de cereales (Raymond ., 2015). Esto se hace relevante si además se observa una declinación de esta especie en paisajes que favorecen a las especies invasivas (como son los paisajes estructuralmente simples con gran intervención humana).

Por otro lado, la depredación intragremio coincidente ocurre comúnmente en sistemas depredador-parasitoide-presa, cuando dos enemigos naturales comparten una misma presa/hospedero. Por ejemplo, especies parasitoides ponen sus huevos dentro de áfidos plagas, estos áfidos parasitados pueden ser consumidos por diferentes especies de depredadores en el agroecosistema, afectando significativamente las dinámicas poblacionales de los parasitoides (Colfer y Rosenheim, 2001; Traugott *et al.*, 2012) y posiblemente afectando también directa o indirectamente a las poblaciones de organismos en el nivel trófico inferior (ej., herbívoros plaga). Por ejemplo, Snyder *et al.* (2004), en experimentos de microcosmos, notaron que la presencia del coccinélido *H. axyridis* junto con el parasitoide *Aphelinus asychis* provocaría una disminución del control biológico sobre el áfido *Macrosiphum euphorbiae*, lo cual sería una consecuencia de la depredación de áfidos parasitados por parte de *H. axyridis*. Sin embargo, a nivel de campo o del paisaje, este efecto podría no llegar a ser importante para el control final de plagas. Por ejemplo, la misma relación estudiada en el laboratorio no fue observada cuando se repitió a una escala mayor (a nivel de invernadero), donde la densidad poblacional de áfidos fue afectada por la presencia de ambas especies controladoras, en comparación al parasitoide por sí solo. Estudios recientemente realizados en Chile, mediante análisis moleculares de la dieta de coccinélidos como depredadores de áfidos de cereales, mostraron que la depredación intragremio hacia parasitoides Aphidiinae estaría ocurriendo pero de forma limitada, no habiendo evidencia poblacional negativa en cuanto al control de áfidos en campo (Ortiz-Martínez, 2018; Ortiz-Martínez *et al.*, datos no publicados). Existen de todos modos estudios moleculares en Europa de dietas de carábidos, que sugieren que el consumo de parasitoides sería frecuente, incluso consumiendo parasitoides adultos (Traugott *et al.*, 2012).

La mayoría de las especies viven en redes tróficas complejas, y sistemas con una alta intervención antropogénica, no siendo los agroecosistemas la excepción. Cuando enemigos naturales son introducidos dentro de nuevas áreas, nuevas interacciones podrían establecerse entre especies presas y competidores dentro de los cultivos y en los hábitats naturales adyacentes a estos. En este sentido, los cambios que existen en la nueva estructura trófica y la prevalencia que tienen ciertas especies por sobre otras, son importantes de estudiar, con el fin de conocer redundancias funcionales y/o complementariedades entre enemigos naturales. Sin embargo, la complejidad y dificultades para predecir las respuestas de un sistema al introducir un nuevo organismo, sigue siendo un problema para la seguridad y eficiencia del control biológico.

El actual desafío para los programas de control biológico es poder determinar la magnitud del efecto de las diferentes interacciones que podrían establecerse asociadas al uso de organismos para el control biológico, con el fin de evitar efectos no deseados sobre especies y ecosistemas nativos y tomar las mejores decisiones de manejo a nivel de campo con el fin de mejorar la eficiencia del control biológico de plagas.

4. ECOLOGÍA EVOLUTIVA Y CONTROL BIOLÓGICO

La alta intervención antropogénica en los agroecosistemas, puede tener un importante impacto sobre los procesos ecológicos y evolutivos de las poblaciones de organismos dentro de un sistema (Thrall *et al.*, 2011). En el control biológico con facilitación humana, la introducción de nuevos genes dentro de cultivos puede alterar significativamente las interacciones bióticas y los procesos evolutivos dentro de agroecosistemas y hábitats naturales adyacentes, demandando una mayor capacidad para manejar sus consecuencias (Roderick y Navajas, 2003). Aunque en los últimos 30 años los programas de control biológico han incorporado la ecología de los enemigos naturales, solo recientemente ha recibido una mayor atención el rol de la evolución y adaptación en el control biológico. Los enemigos naturales utilizados para la supresión de las poblaciones de un organismo plaga, son afectados por las mismas fuerzas evolutivas que otros organismos (Fauvergue *et al.*, 2012). Debido a su alto grado de especialización, los insectos parasitoides son uno de los grupos de enemigos naturales más utilizados en el control biológico de insectos plaga. El importante impacto que tienen los parasitoides sobre la mortalidad de sus insectos hospederos y la resistencia de los hospederos al ataque y desarrollo de parasitoides, representan fuertes presiones selectivas (Kraaijeveld *et al.*,1998; Kraaijeveld y Godfray, 2009). La selección natural recíproca ejercida por las interacciones antagonistas entre la virulencia de parasitoides para sobrellevar las defensas fisiológicas y conductuales de sus hospederos, son el mecanismo principal que mantiene las dinámicas coevolutivas entre parasitoides y hospederos (Thompson, 2005). Como resultado de este proceso, la adaptación a hospederos podría evolucionar entre las poblaciones de parasitoides por medio de la evolución de rasgos relacionados al uso de hospederos. Se ha planteado que parasitoides adaptados a su hospedero podrían ser más eficientes en su búsqueda y aumentar su potencial reproductivo sobre este. Sin embargo, la especialización sobre un determinado recurso podría no ser beneficiosa en presencia de una alta variabilidad ambiental. Por ejemplo, variación en la abundancia de un hospedero puede afectar negativamente la persistencia de las poblaciones de parasitoides, provocando un impacto negativo sobre el control biológico de la plaga objetivo. En este caso, la evolución de la plasticidad fenotípica puede presentarse como una respuesta adaptativa cuando le permite a un organismo ampliar su tolerancia a las condiciones ambientales y así incrementar su desempeño sobre múltiples ambientes (Chevin *et al.*, 2010; Ghalambor *et al.*, 2007; Pigliucci y Hayden, 2001). En agentes de control biológico, como los parasitoides, fenotipos con una mayor plasticidad en el uso de hospederos podrían ser favorecidos en los nuevos ambientes. Esto debido a que un desempeño óptimo sobre hospederos alternativos puede incrementar el éxito de establecimiento y persistencia de las poblaciones de enemigos en presencia de cambios poblacionales de sus hospederos en los nuevos ambientes. La población de origen y variación genética existentes en las poblaciones naturales de enemigos utilizados en el control biológico son factores claves para las posibles respuestas de enemigos naturales introducidos en nuevos ambientes, así como su crianza para posterior liberación para el caso de la venta comercial de estos. Estudios post liberación han sido importantes para conocer las consecuencias genéticas en las poblaciones introducidas de enemigos naturales y su efecto sobre el éxito del control biológico. Algunos de estos estudios han mostrado que los agentes de control biológico pueden seguir diversas trayectorias evolutivas luego que estos son introducidos en una nueva área. Por ejemplo, el parasitoide A. *ervi* ha sido introducido en varias regiones desde su rango nativo (Europa) para controlar importantes pulgones plagas en cultivos de cereales y leguminosas. En el caso de su introducción en Estados Unidos, la pérdida de diversidad genética en las poblaciones de A. *ervi* estuvo asociada a una reducción de su desempeño sobre su principal hospedero, el pulgón de leguminosas, A. *pisum* (Hufbauer *et al.*, 2004). Mientras que en otras regiones geográficas, a pesar de la evidencia de un cuello de botella genético y una fuerte diferenciación genética con las poblaciones de origen, las poblaciones introducidas de A. *ervi* en Chile son altamente efectivas controlando áfidos plagas en diferentes agroecosistemas. En estas poblaciones de A. *ervi*, experimentos de trasplante recíproco han evidenciado una alta plasticidad en rasgos relacionados al uso de hospederos, permitiéndoles mantener un alto desempeño sobre diferentes especies de áfidos. En este caso, hospederos alternativos pueden actuar como reservorios de enemigos naturales, favoreciendo la movilidad y ocurrencia de parasitoides en períodos cuando hay una baja abundancia de la plaga objetivo, y así aumentando el control biológico en agroecosistemas.

Similarmente a las invasiones biológicas, la introducción intencional de agentes de control a menudo resulta en una pérdida de la diversidad genética en las poblaciones fundadoras (Fauvergue *et al.*, 2012). Durante el proceso de introducción, las poblaciones de organismos pueden sufrir una reducción drástica de sus tamaños poblacionales (cuello de botella demográfico) que puede aumentar las tasas de endogamia y deriva génica, favoreciendo así la pérdida de diversidad genética y la fijación de alelos deletéreos en las poblaciones. Esta pérdida de la diversidad genética durante una introducción, frecuentemente ha sido atribuida a una reducción del potencial evolutivo de las poblaciones fundadoras de una especie, limitando su capacidad de respuesta y resiliencia a las condiciones existentes en el nuevo ambiente (Dlugosch y Parker, 2008).

Sin embargo, a diferencia de lo que ocurre con las especies invasoras, los organismos introducidos para el control biológico además pasan por un proceso de selección, establecimiento y crianza ("cuarentena") antes de su liberación para el control de plagas. Respecto a la selección e introducción en el control biológico, el número de eventos de introducción, así como el número total de individuos introducidos pueden ser determinantes para el éxito de establecimiento de pequeñas poblaciones en nuevos ambientes (Fauvergue *et al.*, 2012). Por otra parte, durante la crianza en laboratorio previo a la liberación de un agente de control biológico, pueden pasar varias generaciones con una población inicial pequeña, lo cual podría aumentar la pérdida de diferentes alelos y/o fijación de alelos deletéreos relacionados al desarrollo, debido a la depresión endogámica (reducción del desempeño en descendientes de individuos relacionados genéticamente) y deriva génica en pequeñas poblaciones (Frankham *et al.*, 2002; Unruh *et al.*,1983).

La fecundidad, longevidad, preferencia hacia su hospedero, así como su capacidad de búsqueda y tolerancia ambiental de enemigos naturales, en especial de parasitoides, son importantes para su eficiencia en el control de una plaga objetivo (Smith, 1996). De ahí que todos estos aspectos deben ser considerados en el control de calidad de los agentes de control biológico, usados tanto para una introducción, como para venta comercial. En el caso de parasitoides del género *Trichogramma* se ha demostrado que la diversidad genética de las poblaciones en cría puede tener importantes efectos sobre la fecundidad y control de plagas en el campo (Guzmán-Larralde *et al.*, 2014). En este caso la crianza en laboratorio por varias generaciones pudo repercutir en el aumento de la consanguinidad y en el desarrollo del parasitoide sobre su hospedero evidenciado por una baja proporción de huevos hospederos parasitados y un aumento de la proporción de machos parasitoides de *Trichogramma pretiosum*, lo cual fue asociado al estado genético-poblacional de este parasitoide. De esta forma, la habilidad de un agente de control para adaptarse en un nuevo ambiente o a una nueva población de hospederos, así como su capacidad de criarse de forma masiva en un laboratorio, podrían ser factores clave para el éxito del control biológico.

Sin embargo, los procesos de selección, introducción, crianza masiva y posterior liberación de un agente de control, representan una fuerte intervención humana que puede afectar significativamente las trayectorias evolutivas de los controladores biológicos en un nuevo ambiente.

La optimización de las estrategias usadas en el control biológico deberían tomar en cuenta el número de eventos de introducción y el número de individuos introducidos, así como el control de los tamaños poblacionales y el número de generaciones en las crianzas. Todo esto para evitar la pérdida de diversidad genética y sus efectos negativos sobre el potencial evolutivo de enemigos naturales usados en el control biológico.

5. CONCLUSIÓN

El control biológico es una herramienta de manejo de plagas, con origen en las interacciones que ocurren comúnmente en los sistemas naturales. Es considerado como un importante servicio ecosistémico para la regulación de las especies plaga. La pérdida y degradación que afectan a los servicios ecosistémicos por actividades humanas, no tiene precedentes y la recuperación de estos ha sido destacado como una prioridad (Millennium Ecosystem Assessment (Program), 2005). Por esto y otros factores, se ha observado un creciente interés en el uso de controladores biológicos, así como la implementación de estrategias de control biológico de conservación. Para esto, debemos conocer los factores más importantes que interfieren en el éxito del control biológico. De ahí que el conocimiento de las interacciones directas e indirectas que afectan el control, es esencial, así como la historia y consecuencias evolutivas de los organismos en juego (plaga, enemigos naturales y cultivos).

Para el modelo con facilitación humana y en especial el control biológico aumentativo, es importante tener en consideración que podrían existir variaciones fuertes en el comportamiento de los enemigos naturales, lo que ocasionaría problemas de eficiencia frente a su presa/hospedero. Esto podría, a nivel de campo, generar resultados no deseables en el control final de la plaga como los ataques a organismos no objetivo (ej., organismos nativos en los agroecosistemas). Además, al tener conocimiento de los factores que promueven en algún grado una mejoría en el desempeño de estos enemigos naturales, se podrían generar estrategias de modificación de ambiente combinadas con la liberación de enemigos naturales. En especial lo que corresponde a la mortalidad asociada a pesticidas, ya que además de asegurar la entrega de agentes de control biológico en el momento adecuado, de forma adecuada y con una alta calidad, deben existir condiciones para que puedan actuar. En este punto en particular se hace necesario que cambien las regulaciones de registro de productos químicos para incorporar la mortalidad de enemigos naturales, así como estudiar los efectos subletales de los productos agrícolas.

La diversificación vegetal se presenta como una alternativa al manejo de los cultivos actual y complementaria, tanto al control natural como al control biológico con facilitación humana. En general se recomienda incrementar la diversidad de especies vegetales tanto dentro, como alrededor de los cultivos. La literatura muestra que el incremento de la diversidad vegetal promueve los servicios ecosistémicos. Sin embargo, el efecto sobre la capacidad de control como función de la complejidad de paisajes rodeando a los sistemas de cultivos, no es claro. En cuanto al control de plagas, existen muchos sistemas que se ven favorecidos por un aumento de la diversidad y complejidad del paisaje circundante a los cultivos. Pero es importante mencionar que existen ejemplos con efectos negativos al control, debido al incremento de interacciones negativas entre enemigos naturales. Por lo tanto hay que tomar en cuenta el contexto específico donde se llevará a cabo el control biológico. Recientemente, esto se ha validado usando un modelo que consideraba las abundancias de las plagas, los enemigos naturales, y las tasas de depredación (incluyendo parasitismo) contra el daño de los cultivos (Karp *et al.*, 2018).

Es entonces clave entender todas las interacciones tanto directas como indirectas de las comunidades en los agroecosistemas (plagas, enemigos naturales, los hospederos vegetales) para predecir el resultado final sobre el control. Entonces se puede concluir, que es necesario conocer en detalle los factores anteriormente mencionados, si se pretende diseñar programas de manejos de plaga que sean ambientalmente sustentables. Un mayor conocimiento de la ecología de los organismos involucrados será necesario para conseguir el objetivo propuesto. De esta forma, la incorporación de técnicas para conocer los vínculos tróficos que ocurren en el agroecosistema, como los métodos moleculares, deben masificarse. Los métodos moleculares permiten estudiar interacciones crípticas como el multiparasitismo, superparasitismo y las dietas de depredadores, para identificar las redundancias funcionales y/o complementariedades de los diferentes agentes de control (tanto natural, como facilitados), lo que finalmente repercute en la eficiencia del control biológico.

A pesar de que el control biológico de conservación pueda ser el futuro del control de plagas, la introducción de enemigos naturales en los sistemas agrícolas es actualmente una práctica eficiente, cuando esta es realizada tomando en cuenta los factores antes discutidos (ver Figura 5.3). Es importante continuar regulando su uso, con la implementación de estudios de selectividad, considerando la amplitud en el uso de presas y hospederos, así como los factores tanto fisiológicos, ecológicos y de la historia evolutiva de los organismos en cuestión. Futuros programas de control biológico deberían incluir la genética poblacional de los organismos involucrados, así como controlar la pérdida de diversidad de los enemigos naturales que se crían de forma masiva. Asimismo los

Figura 5.3

Factores que afectan el éxito del control biológico.

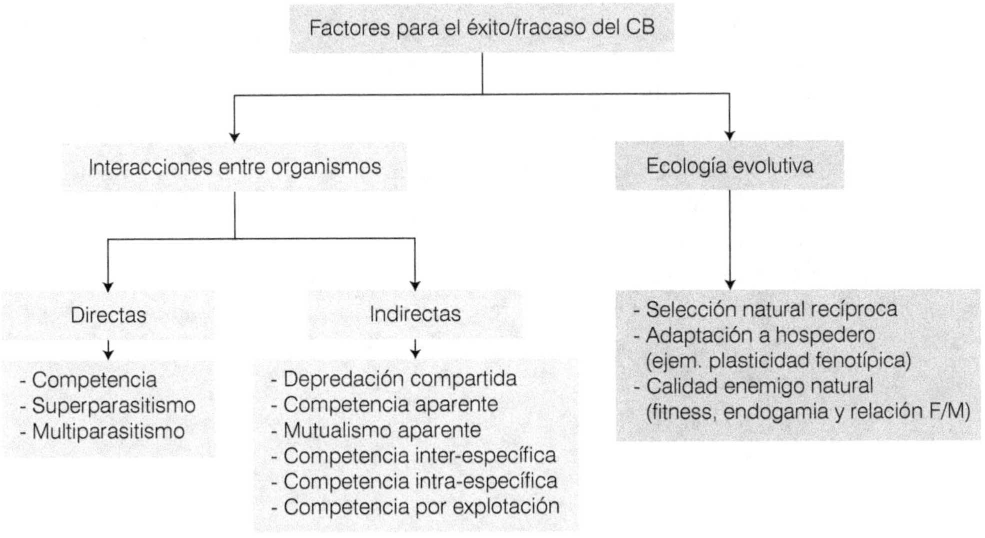

estudios post liberación que incluyan estudios genéticos, son cruciales tanto para tener herramientas de mitigación de posibles interacciones inesperadas (interacciones indirectas no estudiadas), como para comprender cómo aumentar el éxito de los programas de control biológico.

6. GLOSARIO DE TÉRMINOS UTILIZADOS EN EL CAPÍTULO

- **Interacciones intraespecíficas e interespecíficas:** Las interacciones entre organismos se categorizan en estos dos tipos: interacción intraespecífica es la interacción que ocurre entre organismos de la misma especie; interacción interespecífica es la interacción entre organismos de diferentes especies.
- **Parasitoides:** Son organismos que oviponen en el exterior o en el interior del hospedero y que pueden interrumpir o no el desarrollo del hospedero, provocándoles la muerte inmediata o por ataque prolongado.
- **Especies generalistas y especialistas:** Las especies especialistas tiene un rango de hospederos más estrecho que las especies generalistas.
- **Deriva génica:** Cambios azarosos en las frecuencias alélicas de una población en el tiempo, debido al muestreo azaroso de los gametos disponibles en cada generación.
- **Endogamia:** Es el apareamiento de organismos que están estrechamente relacionados genéticamente.
- **Diversidad genética:** Cantidad de variación genética presente en una población, a menudo cuantificada por la proporción de heterocigotos (heterocigosidad) o riqueza alélica o haplotípica.
- **Plasticidad fenotípica:** Capacidad de un genotipo de producir diferentes fenotipos en respuesta a diferentes condiciones ambientales.
- **Desempeño:** En la teoría evolutiva este concepto se puede resumir como la habilidad o propensión de sobrevivir y reproducirse.
- **Experimentos de trasplante recíproco:** Son experimentos usados para estudiar patrones adaptativos, donde se compara el desempeño de diferentes poblaciones de organismos sobre diferentes ambientes (nativo y no nativos) (ej., hábitats u hospederos).
- **Generalista de hábitat y especialista de hábitat:** Asumiendo que el ambiente es heterogéneo, entonces encontramos gradientes de condiciones. Las especies que forrajean en estos ambientes y muestran gran tolerancia ambiental, se denominarán generalistas de hábitat, mientras que otras especies que muestran tolerancias ambientales estrechas, las denominaremos especialistas de hábitat.

7. REFERENCIAS

Bale, J. S., van Lenteren, J. C., y Bigler, F. (2008). Biological control and sustainable food production. *Philosophical Transactions of the Royal Society B: Biological Sciences, 363*(1492), 761-776.

Bianchi, F. J., Booij, C. J., y Tscharntke, T. (2006). Sustainable pest regulation in agricultural landscapes: a review on landscape composition, biodiversity and natural pest control. *Proceedings of the Royal Society B-Biological Sciences, 273*(1595), 1715-1727.

Brodeur, J., Abram, P. K., Heimpel, G. E., y Messing, R. H. (2018). Trends in biological control: public interest, international networking and research direction. *BioControl, 63*(1), 11-26.

Brodeur, J., y Boivin, G. (2004). Functional ecology of immature parasitoids. *Annual Review of Entomology, 49*(1), 27-49.

Budenberg, W. J. (1990). Honeydew as a contact kairomone for aphid parasitoids. *Entomologia Experimentalis et Applicata, 55*(2), 139-148.

Callow, R. K., Greenway, A. R., y Griffiths, D. C. (1973). Chemistry of the secretion from the cornicles of various species of aphids. *Journal of Insect Physiology, 19*(4), 737-748.

Cardinale, B. J., Duffy, J. E., Gonzalez, A., Hooper, D. U., Perrings, C., Venail, P.,y Naeem, S. (2012). Biodiversity loss and its impact on humanity. *Nature, 486* (7401), 59-67.

Chevin, L. M., Lande, R., y Mace, G. M. (2010). Adaptation, plasticity, and extinction in a changing environment: towards a predictive theory. *PLoS Biology, 8*(4), e1000357.

Chow, F. J., y Mackauer, M. (1986). Host discrimination and larval competition in the aphid parasite *Ephedrus californicus. Entomologia Experimentalis et Applicata, 41*(3), 243-254.

Cock, M. J., Murphy, S. T., Kairo, M. T., Thompson, E., Murphy, R. J., y Francis, A. W. (2016). Trends in the classical biological control of insect pests by insects: an update of the BIOCAT database. *BioControl, 61*(4), 349-363.

Cock, M. J., van Lenteren, J. C., Brodeur, J., Barratt, B. I., Bigler, F., Bolckmans, K., y Parra, J. R. (2010). Do new access and aenefit sharing procedures under the convention on biological diversity threaten the future of biological control? *BioControl, 55*(2), 199-218.

Colfer, R. G., y Rosenheim, J. A. (2001). Predation on immature parasitoids and its impact on aphid suppression. *Oecologia, 126*(2), 292-304.

Cortesero, A. M., Stapel, J. O., y Lewis, W. J. (2000). Understanding and manipulating plant attributes to enhance biological control. *Biological Control, 17*(1), 35-49.

Costanza, R., D'Arge, R., de Groot, R., Farber, S., Grasso, M., Hannon, B., van den Belt, M. (1997). The value of the world's ecosystem services and natural capital. *Nature, 387*(6630), 253-260.

Dlugosch, K. M., y Parker, I. M. (2008). Founding events in species invasions: genetic variation, adaptive evolution, and the role of multiple introductions. *Molecular Ecology, 17*(1), 431-449.

Dunn, R. R. (2005). Modern Insect Extinctions, the Neglected Majority. *Conservation Biology, 19*(4), 1030-1036.

Ehler, L. E. (2000). Critical Issues Related to Nontarget Effects in Classical Biological Control of Insects. En *Nontarget Effects of Biological Control* (pp. 3-13). Boston: Springer US.

English-Loeb, G., Rhainds, M., Martinson, T., y Ugine, T. (2003). Influence of flowering cover crops on *Anagrus* parasitoids (Hymenoptera: Mymaridae) and *Erythroneura* leafhoppers (Homoptera: Cicadellidae) in New York vineyards. *Agricultural and Forest Entomology, 5*(2), 173-181.

Fauvergue, X., Vercken, E., Malausa, T., y Hufbauer, R. A. (2012). The biology of small, introduced populations, with special reference to biological control. *Evolutionary Applications*, 5(5), 424-443.

Fisher, R. C. (1961a). A study in insect multiparasitism: I. Host selection and oviposition. *Journal of Experimental Biology*, 38(2), 267-275.

Fisher, R. C. (1961b). A Study in insect multiparasitism: II. The mechanism and control of competition for possession of the host. *Journal of Experimental Biology*, 38(3), 605-629.

Frankham, R., Ballou, J. D., y Briscoe, D. A. (2002). *Introduction to conservation genetics*. Cambridge: Cambridge University Press.

Gagnon, A. È., Heimpel, G. E., y Brodeur, J. (2011). The ubiquity of intraguild predation among predatory arthropods. *PLOS ONE*, 6(11), e28061.

Ghalambor, C. K., McKay, J. K., Carroll, S. P., y Reznick, D. N. (2007). Adaptive versus non-adaptive phenotypic plasticity and the potential for contemporary adaptation in new environments. *Functional Ecology*, 21(3), 394-407.

Godfray, H. C. (1994). *Parasitoids: behavioral and evolutionary ecology*. Princeton: Princeton University Press.

Grez, A. A., Viera, B., y Soares, A. O. (2012). Biotic interactions between *Eriopis connexa* and *Hippodamia variegata*, a native and an exotic coccinellid species associated with alfalfa fields in Chile. *Entomologia Experimentalis et Applicata*, 142(1), 36-44.

Grez, A. A., Zaviezo, T., Roy, H. E., Brown, P. M., y Bizama, G. (2016). Rapid spread of *Harmonia axyridis* in Chile and its effects on local coccinellid biodiversity. *Diversity and Distributions*, 22 (9),1-13.

Gurr, G. M., y Wratten, S. D. (2000). *Biological Control: Measures of Success*. Dordrecht: Kluwer Academic Publishers.

Gurr, G. M., Wratten, S. D., Landis, D. A., y You, M. (2017). Habitat management to suppress pest populations: progress and prospects. *Annual Review of Entomology*, 62(1), 91-109.

Guzmán-Larralde, A., Cerna-Chávez, E., Rodríguez-Campos, E., Loyola-Licea, J. C., y Stouthamer, R. (2014). Genetic variation and the performance of a mass-reared parasitoid, *Trichogramma pretiosum* (Hymenoptera: Trichogrammatidae), in laboratory trials. *Journal of Applied Entomology*, 138(5), 346-354.

Hairston, N. G., Smith, F. E. y Slobodkin, L. B. (1960). Community structure, population control, and competition. *The American Naturalist*, 94, 421-425.

Hatano, E., Kunert, G., Michaud, J. P., y Weisser, W. W. (2008). Chemical cues mediating aphid location by natural enemies. *European Journal of Entomology*, 105(5), 797-806.

Hawkins, B. A., Thomas, M. B., y Hochberg, M. E. (1993). Refuge theory and biological control. *Science*, 262(5138), 1429-1432.

Heimpel, G. E., y Mills, N. J. (2017). *Biological Control: ecology and applications*. Cambridge: Cambridge University Press.

Holt, R. D., y Bonsall, M. B. (2017). Apparent competition. *Annual Review of Ecology, Evolution, and Systematics*, 48(1), 447-471.

Holt, R. D., y Lawton, J. H. (1993). Apparent competition and enemy-free space in insect host-parasitoid communities. *The American Naturalist*, 142(4), 623-645.

Hufbauer, R. A., Bogdanowicz, S. M., y Harrison, R. G. (2004). The population genetics of a biological control introduction: mitochondrial DNA and microsatellie variation in native and introduced populations of *Aphidus ervi*, a parisitoid wasp. *Molecular Ecology*, 13(2), 337-348.

Karp, D. S., Chaplin-Kramer, R., Meehan, T., Martin, E., DeClerck, F., Grab, H. *et al.* (2018). Crop pests and predators exhibit inconsistent responses to surrounding landscape composition. *Proceedings of the National Academy of Sciences of the United States of America*, 115(33) E7863-E7870.

Karp, D. S., Mendenhall, C. D., Sandí, R. F., Chaumont, N., Ehrlich, P. R., Hadly, E. A., y Daily, G. C. (2013). Forest bolsters bird abundance, pest control and coffee yield. *Ecology Letters*, 16(11), 1339-1347.

Kraaijeveld, A. R., y Godfray, H. C. (2009). *Chapter 10 Evolution of Host Resistance and Parasitoid Counter-Resistance. Advances in Parasitology* (1ª ed., Vol. 70). Elsevier Ltd.

Kraaijeveld, A. R., Van Alphen, J. J., y Godfray, H. C. (1998). The coevolution of host resistance and parasitoid virulence. *Parasitology*, 116(S1), S29-S45.

Lavandero, B., Wratten, S. D., Hagler, J. R., y Jervis, M. A. (2004). The need for effective marking and tracking techniques for monitoring the movements of insect predators and parasitoids. *International Journal of Pest Management*, 50(3), 147-151.

Le Lann, C., Outreman, Y., Van Alphen, J. J., Krespi, L., Pierre, J.-S., y Van Baaren, J. (2008). Do past experience and competitive ability influence foraging strategies of parasitoids under interspecific competition? *Ecological Entomology*, 33(6), 691-700.

Letourneau, D. K., Jedlicka, J. A., Bothwell, S. G., y Moreno, C. R. (2009). Effects of natural enemy biodiversity on the suppression of arthropod herbivores in terrestrial ecosystems. *Annual Review of Ecology, Evolution, and Systematics*, 40(1), 573-592.

Long, W., Gamelin, E., Johnson, E., y Hines, A. (2012). Density-dependent indirect effects: apparent mutualism and apparent competition coexist in a two-prey system. *Marine Ecology Progress Series*, 456, 139-148.

Lucas, É., y Rosenheim, J. A. (2011). Influence of extraguild prey density on intraguild predation by heteropteran predators: a review of the evidence and a case study. *Biological Control*, 59(1), 61-67.

Lynch, L. D., Hokkanen, H. M. T., Babendreier, D., Bigler, F., Burgio, G., Gao, Z. H., y Zeng, Q. Q. (2001). Insect biological control and non-target effects: a european perspective. En E. Wajnberg, J. K. Scott, y P. C. Quimby (Eds.), *Evaluating indirect ecological effects of biological control* (pp. 99-125). CABI Publishing.

Mackauer, M., y Chau, A. (2001). Adaptive self superparasitism in a solitary parasitoid wasp: the influence of clutch size on offspring size. *Functional Ecology*, 15(3), 335-343.

MacQuarrie, C. J., Lyons, D. B., Lukas Seehausen, M., y Smith, S. M. (2016). A history of biological control in Canadian forests, 1882-2014. *The Canadian Entomologist*, 148(S1), S239-S269.

Menge, B. A. (1995). Indirect effects in marine rocky intertidal interaction webs: patterns and importance. *Ecological Monographs*, 65(1), 21-74.

Messelink, G. J., Bennison, J., Alomar, O., Ingegno, B. L., Tavella, L., Shipp, L., Wäckers, F. L. (2014). Approaches to conserving natural enemy populations in greenhouse crops: current methods and future prospects. *BioControl*, 59(4), 377-393.

Messelink, G. J., Maanen, R. van, van Steenpaal, S. E., y Janssen, A. (2008). Biological control of thrips and whiteflies by a shared predator: two pests are better than one. *Biological Control*, 44(3), 372-379.

Millennium Ecosystem Assessment (Program). (2005). *Ecosystems and human well-being: synthesis*. Island Press.

Milligan, M. C., Johnson, M. D., Garfinkel, M., Smith, C. J., y Njoroge, P. (2016). Quantifying pest control services by birds and ants in Kenyan coffee farms. *Biological Conservation*, 194, 58-65.

Murdoch, W.W. (1966). Community structure, population control, and competition. *The American Naturalist*, 100:219-226.

Olkowski, W., y Zhang, A. (1998). Habitat management for biological control, examples from China. En C. H. Pickett y R. L. Bugg (Eds.), *Enhancing biological control: habitat management to promote natural enemies of agricultural pests* (pp. 255-270). Berkeley: University of California Press.

Ortiz-Martínez, S. (2018). Efecto de la diversidad del ensamble de enemigos naturales e interacciones tróficas involucradas en el control del áfido *Sitobion avenae* en contextos contrastantes de complejidad del paisaje e intensificación agrícola. Universidad de Talca.

Outreman, Y., Andrade, T. O., Louâpre, P., Krespi, L., Violle, C., y van Baaren, J. (2018). Multi-scale and antagonist selection on life-history traits in parasitoids: a community ecology perspective. *Functional Ecology*, 32(3), 736-751.

Outreman, Y., Le Ralec, A., Plantegenest, M., Chaubet, B., y Pierre, J.-S. (2001a). Superparasitism limitation in an aphid parasitoid: cornicle secretion avoidance and host discrimination ability. *Journal of Insect Physiology*, 47(4-5), 339-348.

Outreman, Y., Le Ralec, A., Wajnberg, E., y Pierre, J.-S. (2001b). Can imperfect host discrimination explain partial patch exploitation in parasitoids? *Ecological Entomology*, 26(3), 271-280.

Pigliucci, M., y Hayden, K. (2001). Phenotypic plasticity is the major determinant of changes in phenotypic integration in Arabidopsis. *New Phytologist*, 152(3), 419-430.

Pimentel, D. (2009). Pesticides and pest control. En *Integrated pest management: innovation-development process* (pp. 83-87). Dordrecht: Springer Netherlands.

Rand, T. A., Tylianakis, J. M., y Tscharntke, T. (2006). Spillover edge effects: the dispersal of agriculturally subsidized insect natural enemies into adjacent natural habitats. *Ecology Letters*, 9(5), 603-614.

Raymond, L., Ortiz-Martínez, S. A., y Lavandero, B. (2015). Temporal variability of aphid biological control in contrasting landscape contexts. *Biological Control*, 90, 148-156.

Raymond, L., Plantegenest, M., Gagic, V., Navasse, Y., y Lavandero, B. (2016). Aphid parasitoid generalism: development, assessment, and implications for biocontrol. *Journal of Pest Science*, 89(1), 7-20.

Roderick, G. K., y Navajas, M. (2003). Genes in new environments: genetics and evolution in biological control. *Nature Reviews Genetics*, 4(11), 889-899.

Rondoni, G., Athey, K. J., Harwood, J. D., Conti, E., Ricci, C., y Obrycki, J. J. (2015). Development and application of molecular gut-content analysis to detect aphid and coccinellid predation by *Harmonia axyridis* (Coleoptera: Coccinellidae) in Italy. *Insect Science*, 22(6), 719-730.

Roubinet, E., Jonsson, T., Malsher, G., Staudacher, K., Traugott, M., Ekbom, B., y Jonsson, M. (2018). High redundancy as well as complementary prey choice characterize generalist predator food webs in agroecosystems. *Scientific Reports*, 8(1), 8054.

Shackelford, G., Steward, P. P., Benton, T. G., Kunin, W. E., Potts, S. G., Biesmeijer, J. C., y Sait, S. S. (2013). Comparison of pollinators and natural enemies: a meta-analysis of landscape and local effects on abundance and richness in crops. *Biological Reviews*, 88(4), 1002-1021.

Simberloff, D. (2012). Risks of biological control for conservation purposes. *BioControl*, 57(2), 263-276.

Simon, S., Bouvier, J.-C., Debras, J.-F., y Sauphanor, B. (2010). Biodiversity and pest management in orchard systems. A review. *Agronomy for Sustainable Development*, 30(1), 139-152.

Smith, H. A., Chaney, W. E., y Bensen, T. A. (2008). Role of syrphid larvae and other predators in suppressing aphid infestations in organic lettuce on California's central coast. *Journal of Economic Entomology*, 101(5), 1526-1532.

Smith, S. M. (1996). Biological control with Trichogramma: advances, successes, and potential of their use. *Annual Review of Entomology*, 41(1), 375-406.

Snyder, W. E., Ballard, S. N., Yang, S., Clevenger, G. M., Miller, T. D., Ahn, J. J., Berryman, A. A. (2004). Complementary biocontrol of aphids by the ladybird beetle Harmonia axyridis and the parasitoid Aphelinus asychis on greenhouse roses. *Biological Control*, 30(2), 229-235.

Strong, D. R. (1997). Fear no weevil? *Science*, 277(5329), 1058-1059.

Symondson, W. O., y Harwood, J. D. (2014). Special issue on molecular detection of trophic interactions: unpicking the tangled bank. *Molecular Ecology*, 23(15), 3601-3604.

Tena, A., Senft, M., Desneux, N., Dregni, J., y Heimpel, G. E. (2018). The influence of aphid-produced honeydew on parasitoid fitness and nutritional state: a comparative study. *Basic and Applied Ecology*, 29, 55-68.

Terborgh, J. (2001). Ecological Meltdown in Predator-Free Forest Fragments. *Science*, 294(5548), 1923-1926.

Thomas, A. P., Trotman, J., Wheatley, A., Aebi, A., Zindel, R., y Brown, P. M. (2013). Predation of native coccinellids by the invasive alien *Harmonia axyridis* (Coleoptera: Coccinellidae): detection in Britain by PCR-based gut analysis. *Insect Conservation and Diversity*, 6(1), 20-27.

Thompson, J. N. (2005). Coevolution: the geographic mosaic of coevolutionary arms races. *Current Biology*, 15(24), R992-R994.

Thrall, P. H., Oakeshott, J. G., Fitt, G., Southerton, S., Burdon, J. J., Sheppard, A., Ford y Denison, R. (2011). Evolution in agriculture: the application of evolutionary approaches to the management of biotic interactions in agro-ecosystems. *Evolutionary Applications*, 4(2), 200-215.

Traugott, M., Bell, J. R., Raso, L., Sint, D., y Symondson, W. O. (2012). Generalist predators disrupt parasitoid aphid control by direct and coincidental intraguild predation. *Bulletin of Entomological Research*, 102(2), 239-247.

Traugott, M., Kamenova, S., Ruess, L., Seeber, J., y Plantegenest, M. (2013). Empirically Characterising Trophic Networks. En G. Woodward y D. A. Bohan (Eds.), *Advances in Ecological Research* (1ª ed., pp. 177-224). Amsterdam: Elsevier.

Trujillo Arriaga, J. (1992). Control biológico por conservación: enfoque relegado. Perspectiva de su desarrollo en Latinoamérica. *Ceiba*, 33(1), 18-25.

Tscharntke, T., Karp, D. S., Chaplin-Kramer, R., Batáry, P., Declerck, F., Gratton, C., Zhang, W. (2016). When natural habitat fails to enhance biological pest control - Five hypotheses. *Biological Conservation*, 204, 449-458.

Unruh, T. R., White, W., Gonzalez, D., Gordh, G., y Luck, R. F. (1983). Heterozygosity and effective size in laboratory populations of *Aphidius ervi* [Hym.: Aphidiidae]. *Entomophaga*, 28(3), 245-258.

van Baaren, J., Boivin, G., y Nénon, J.-P. (1994). Intra- and interspecific host discrimination in two closely related egg parasitoids. *Oecologia*, 100(3), 325-330.

van Baaren, J., Héterier, V., Hance, T., Krespi, L., Cortesero, A. M., Poinsot, D., Outreman, Y. (2004). Playing the hare or the tortoise in parasitoids: could different oviposition strategies have an influence in host partitioning in two *Aphidius* species? *Ethology Ecology & Evolution*, 16(3), 231-242.

van Baaren, J., Le Lann, C., Pichenot, J., Pierre, J.-S., Krespi, L., y Outreman, Y. (2009). How could host discrimination abilities influence the structure of a parasitoid community? *Bulletin of Entomological Research*, 99(03), 299.

van Driesche, R., Hoddle, M., y Center, T. D. (2008). *Control of pests and weeds by natural enemies: an introduction to biological control*. Willey-Blackwell.

van Lenteren, J. C. (2012). The state of commercial augmentative biological control: plenty of natural enemies, but a frustrating lack of uptake. *BioControl*, 57(1), 1-20.

van Lenteren, J. C. (2006). How not to evaluate augmentative biological control. *Biological Control*, 39(2), 115-118.

van Lenteren, J. C., y Bueno, V. H. (2003). Augmentative biological control of arthropods in Latin America. *BioControl*, 48(2), 123-139.

van Lenteren, J. C., y Godfray, H. C. (2005). European science in the Enlightenment and the discovery of the insect parasitoid life cycle in The Netherlands and Great Britain. *Biological Control*, 32(1), 12-24.

Veres, A., Petit, S., Conord, C., y Lavigne, C. (2013). Does landscape composition affect pest abundance and their control by natural enemies? A review. *Agriculture, Ecosystems and Environment*, 166, 35-45.

Yang, F., Wang, Q., Wang, D., Xu, B., Xu, J., Lu, Y., y Harwood, J. D. (2017). Intraguild predation among three common coccinellids (Coleoptera: Coccinellidae) in China: Detection using DNA-based gut-content analysis. *Environmental Entomology*, 46(1), 1-10.

CAPÍTULO 6
BIODIVERSIDAD Y CONTROL BIOLÓGICO

TANIA ZAVIEZO[1] Y AUDREY A. GREZ[2]

[1] *Facultad de Agronomía e Ingeniería Forestal,*
Pontificia Universidad Católica de Chile. Santiago, Chile.
[2] *Facultad de Ciencias Veterinarias y Pecuarias,*
Universidad de Chile. Santiago, Chile.

RESUMEN

Los servicios ecosistémicos proporcionados por la biodiversidad, como el control biológico de plagas, son fundamentales para el bienestar humano, la sustentabilidad de la agricultura y la seguridad alimentaria. A pesar de que la teoría propone una relación positiva entre biodiversidad y los servicios ecosistémicos, incluido el proporcionado por enemigos naturales de plagas, en muchos estudios esto no se ha detectado o incluso se ha encontrado una relación contraria. Esto ha obligado a investigar con más detalle la relación entre biodiversidad y control biológico, así como los mecanismos subyacentes que pueden explicar estas variaciones. Algunas de las bases ecológicas que explicarían una relación positiva entre la biodiversidad y el control biológico incluyen el efecto muestreo y la complementariedad de nicho, incluida la hipótesis de aseguramiento del servicio. En este capítulo se presenta cómo la biodiversidad, a diferentes escalas, se relaciona con el control biológico, y los mecanismos que pueden explicar las variaciones observadas. Las escalas incluidas abordan el paisaje (heterogeneidad de la vegetación), comunidades (gremios de enemigos naturales) y poblaciones (diversidad genética). Para cada una de las escalas se presenta el marco teórico, ejemplos clásicos y resultados de investigaciones locales.

1. INTRODUCCIÓN

El control biológico de plagas, en términos generales es el uso de organismos vivos, llamados enemigos naturales o agentes de control biológico, para disminuir las poblaciones de organismos dañinos (plagas) a niveles donde no causen daño económico (van Driesche y Hoddle, 2009; van Lenteren, 2012). Desde el punto de vista de interacciones ecológicas, el control biológico puede ser definido como "el efecto indirecto positivo de los agentes de control biológico en los humanos, que está mediado por los efectos negativos directos o indirectos de los agentes de control biológico en las poblaciones de una o más especies blanco" (Heimpel y Mills, 2017). Así, el control biológico representa un servicio ecosistémico que proveen los enemigos naturales en el control de plagas (Bengtsson, 2015).

El control biológico como método de control de plagas promovido por el ser humano tiene una historia de más de cien años, e incluye tres enfoques principales (Heimpel y Mills, 2017; van Driesche y Hoddle, 2009): (a) clásico o de importación, donde enemigos naturales del área de origen de la plaga son traídos a una nueva zona geográfica; (b) aumentativo (inoculativo o inundativo), donde los enemigos son criados en masa y luego liberados de una manera programada, y (c) de conservación, donde el cultivo y el ambiente son manejados de manera de aumentar la sobrevivencia de los enemigos naturales, su permanencia e inmigración, y así aumentar su impacto en el control de la plaga.

El control biológico representa una alternativa sustentable a un manejo basado en plaguicidas, y corresponde a uno de los principales componentes del Manejo Integrado de Plagas (MIP). Además, es una herramienta clave para la agricultura orgánica y también para la convencional, dado el escenario de crecientes restricciones al uso de plaguicidas, debido a los efectos nocivos que estos tienen en la salud de las personas y otros organismos. Sin embargo, en la actualidad la aplicación de control biológico es reducida, y para aumentarla es necesario, entre otros aspectos, entender de mejor forma cuáles son los factores que aumentan su efectividad, siendo la biodiversidad a diferentes escalas uno de los factores clave.

2. MARCO TEÓRICO: BIODIVERSIDAD Y FUNCIONAMIENTO ECOSISTÉMICO

En 1958, Elton, resumiendo varios estudios, propuso que una mayor diversidad resultaría en ecosistemas más estables, con mayor resistencia a invasiones y una menor incidencia de enfermedades (Elton, 1958). Estudios teóricos posteriores contradijeron la relación entre diversidad y estabilidad (Goodman, 1975; May, 1972), y llevó más de 20 años de estudios empíricos y teóricos restablecer la importancia de la diversidad en el funcionamiento ecosistémico (revisado por Tilman *et al.*, 2014; Cardinale *et al.*, 2011).

En general, se ha sostenido una relación positiva entre diversidad y funcionamiento ecosistémico. Entre los mecanismos que explicarían la relación positiva entre la diversidad y el funcionamiento ecosistémico, están el efecto de muestreo y la complementariedad de nicho. El efecto de muestreo resulta cuando al aumentar el número de especies en un sistema también aumenta la probabilidad de incluir a las especies que tengan una mayor contribución al funcionamiento ecosistémico, mientras que la complementariedad de nicho se refiere a cuando las especies usan los recursos de manera diferente en el tiempo o espacio (partición de recursos) pueden mejorar el funcionamiento ecosistémico (Tscharntke *et al.*, 2005; Straub *et al.*, 2008; Cardinale *et al.*, 2011; Tilman *et al.*, 2014; Wood *et al.*, 2015). Adicionalmente, la complementariedad de nicho puede actuar como un "seguro" ante cambios espaciales y temporales si cada especie responde de manera diferente a fluctuaciones ambientales o espaciales, con algunas especies, manteniendo el funcionamiento cuando otras fallan (hipótesis del aseguramiento del servicio) (Loreau *et al.*, 2003; Shanafelt *et al.*, 2015; Yachi y Loreau, 1999).

Sin embargo, en muchos casos la relación positiva entre biodiversidad y funcionamiento no se observa. Esto podría explicarse en sistemas donde solo unas pocas especies son responsables por un servicio ecosistémico, y el agregar nuevas especies no resulta en una contribución significativa al servicio (especies redundantes), o cuando hay roles fuertes especiales de especies particulares (idiosincráticas) afectando de manera única el funcionamiento del ecosistema (Loreau *et al.*, 2002; Straub y Snyder, 2006b). Adicionalmente, es posible observar una relación negativa entre diversidad y funcionamiento ecosistémico cuando las especies interactúan antagónicamente (Straub y Snyder,

2006a). Lamentablemente, en la mayoría de los estudios, los mecanismos que explican la relación de la diversidad con el funcionamiento ecosistémico no se han investigado (Cardinale *et al.*, 2011; Duncan *et al.*, 2015; Tscharntke *et al.*, 2005a). Adicionalmente, por mucho tiempo los trabajos de biodiversidad y funcionamiento ecosistémico se enfocaron en estudiar un solo proceso ecosistémico en un tiempo y espacio limitado, pero estudios más recientes resaltan que el valor de la biodiversidad es mantener múltiples procesos ecosistémicos, integrando varios niveles tróficos, en escenarios cambiantes y ambientes heterogéneos (Brose y Hillebrand, 2016).

En sistemas naturales, forestales, agrícolas e incluso urbanos, el control biológico es un importante servicio ecosistémico (Heimpel y Mills, 2017), por lo que entender cómo la biodiversidad a diferentes escalas se relaciona con la provisión de este servicio, y los mecanismos subyacentes, es importante para diseñar estrategias de manejo efectivas. A continuación, presentaremos cómo la biodiversidad, a tres diferentes escalas, se relaciona con el control biológico en sistemas agrícolas, y los posibles mecanismos que explican los patrones observados.

3. BIODIVERSIDAD DE COMUNIDADES O GREMIOS DE ENEMIGOS NATURALES Y CONTROL BIOLÓGICO

El rol de la diversidad de especies de enemigos naturales (diversidad taxonómica) ha sido ampliamente estudiado en agroecosistemas, resultando en distintos tipos de relaciones observadas. Por ejemplo, en un estudio experimental con áfidos en alfalfa, Cardinale *et al.* (2003) demostraron que al aumentar la diversidad del gremio de enemigos naturales (0, 1 ó 3) se reducía la abundancia de los áfidos e incrementaba el rendimiento del cultivo. Sin embargo, otros estudios encontraron que no existía una relación, o incluso que esta era negativa (Finke y Denno, 2003; Finke y Snyder, 2010; Rosenheim *et al.*, 1993; Straub y Snyder, 2006b). Estos resultados variables podían explicarse cuando se analiza el tipo de relaciones entre las especies de enemigos naturales y sus roles funcionales. Straub y Snyder (2006a) extendieron los mecanismos usados para explicar la relación entre biodiversidad y funcionamiento ecosistémico a la relación entre la diversidad de enemigos naturales y el control biológico, explicando en gran medida la variabilidad de los resultados experimentales observados en la literatura. De este modo, hay cinco tipos de posibles resultados en estas relaciones (Straub y Snyder, 2006a): (1) la biodiversidad de enemigos naturales tiene un efecto positivo en el control biológico, lo que implicaría que las especies son funcionalmente únicas en su rol como controladoras de la plaga; (2) la biodiversidad de enemigos naturales tiene un efecto positivo en el control biológico hasta cierto nivel, donde luego las especies son funcionalmente redundantes y el agregar más especies no mejora el control; (3) al aumentar la biodiversidad de enemigos naturales, el control puede aumentar, empeorar o no cambiar, y en este caso las especies serían idiosincráticas; (4) la biodiversidad no afecta el control biológico, en este caso las especies son redundantes, y (5) al incrementar la biodiversidad el control biológico disminuye, y en este caso existirían relaciones antagónicas entre los enemigos naturales, como la depredación intragremio o competencia. Independiente de la variabilidad en los estudios observados, la evidencia empírica de acuerdo a un metaanálisis del año 2009, muestra que la riqueza de especies de enemigos naturales en general produce efectos considerables en el control de plagas (Letourneau *et al.*, 2009). Entre los mecanismos más probables que pueden explicar la relación positiva entre la biodiversidad y el control biológico en agroecosistemas (situaciones 1 y 2) estarían la complementariedad de nicho, facilitación funcional y el efecto de muestreo, y cuando se consideran escalas espaciotemporales mayores, la hipótesis del aseguramiento del servicio también sería relevante (Finke y Snyder, 2010). Tylianakis y Romo (2010) revisaron seis situaciones en donde la diversidad de enemigos naturales sería más efectiva para el control de plagas, encontrando suficiente evidencia solo para dos de ellas: cuando las presas tienen ciclos de vida complejos y cuando las presas se distribuyen heterogéneamente en el espacio o tiempo, lo que apunta a la complementariedad de nicho como un mecanismo importante.

Más recientemente se ha explorado el uso de otras medidas de biodiversidad como mejores predictores de su efecto en el control biológico. Crowder *et al.* (2010; 2012), revisaron y demostraron empíricamente en cultivos de papa que al aumentar la equitatividad de enemigos naturales (es decir, cuando las abundancias relativas de las especies en una comunidad son más similares) hubo una menor abundancia de un crisomélido plaga y un mayor rendimiento del cultivo. Estos estudios resaltan que la distribución relativa de la abundancia de enemigos naturales puede ser un mejor predictor del control biológico que la diversidad o riqueza de especies. Por otra parte, el estudio de la diversidad funcional en el funcionamiento ecosistémico ha empezado a ser valorado, lo que tiene sentido si se consideran los mecanismos mencionados arriba. La diversidad funcional se refiere a la variabilidad en rasgos fenotípicos o de comportamiento en una comunidad, y representa la variabilidad entre especies en rasgos morfológicos, fisiológicos y de comportamiento relevantes para una función específica, es decir, la diversidad de nichos y funciones de las especies que conforman la comunidad (Cadotte *et al.*, 2011; Gagic *et al.*, 2015; Garibaldi *et al.*, 2015). De hecho, se ha visto que la diversidad funcional podría explicar variaciones en el funcionamiento ecosistémico aun en casos donde la diversidad (riqueza de especies) no lo hace (Cadotte *et al.*, 2011; Crowder y Jabbour, 2014; Duncan *et al.*, 2015; Gagic *et al.*, 2015). Por esta razón, los estudios ecológicos se han movido recientemente a enfoques basados en rasgos funcionales (Díaz *et al.*, 2006; Duncan *et al.*, 2015; Gagic *et al.*, 2015; Perovi *et al.*, 2018). Sin embargo, el rol de la diversidad funcional ha sido pobremente abordado en agroecosistemas (Crowder y Jabbour, 2014; Gagic *et al.*, 2015; Wood *et al.*, 2015), y en la mayoría de estos la diversidad funcional se ha usado como un sustituto de funcionamiento ecosistémico, pero sin medir la función (Gagic *et al.*, 2015). En el caso del servicio de control biológico, estudios de ecología funcional son escasos (Perovi *et al.*, 2018a).

4. DIVERSIDAD DE LA VEGETACIÓN A ESCALA DE PREDIO Y DE PAISAJE Y CONTROL BIOLÓGICO

Numerosos estudios han demostrado que los enemigos naturales pueden estar influenciados por la diversidad de la vegetación a escalas de predio (campo o potrero) y de paisaje (Thies y Tscharntke 1999; Denno *et al.*, 2005; Gardiner *et al.*, 2009a; Gardiner *et al.*, 2009b; Tscharntke *et al.*, 2005a; Tscharntke *et al.*, 2005b). A la escala de predio, la diversidad de la vegetación (ej., monocultivos versus policultivos, cultivos entre-hileras de plantaciones frutales, o cultivos con y sin malezas) y su arquitectura pueden alterar el comportamiento de búsqueda de enemigos naturales, su abundancia o diversidad. Por ejemplo, existen estudios que han demostrado que depredadores alcanzan mayores abundancias en policultivos que en monocultivos, y en aquellos que tienen malezas versus sin malezas (ej., Balfour y Rypstra, 1998; Mensah, 1999). Por otra parte, un metaanálisis del efecto de la complejidad estructural del hábitat en la densidad de enemigos naturales mostró una relación positiva significativa, lo que se explicaría por el acceso a recursos alternativos, como presas, polen y néctar, existencia de refugios de la depredación intra-gremio y la captura más efectiva de las presas (Langellotto y Denno, 2004).

A nivel de paisaje, la composición y estructura del paisaje agrícola en el cual están incluidos los cultivos, pueden ser tanto o más importantes en determinar la supresión de plagas que la diversidad intra-predial (Elliott *et al.*, 1999; Schmidt y Tscharntke, 2005; Thomson y Hoffmann, 2009; Tscharntke y Brandl, 2004; Tscharntke, 2005a; Tscharntke *et al.*, 2005b). Esto es porque la heterogeneidad composicional (diversidad de coberturas) y configuracional (tamaño, forma y distribución espacial de las coberturas) del paisaje y la cantidad de coberturas naturales o seminaturales promueven la biodiversidad animal en paisajes agrícolas (Fahrig *et al.*, 2011). Por ejemplo, se ha encontrado que paisajes con campos de cultivo más pequeños y más heterogéneos sostienen una mayor biodiversidad de animales y plantas al interior de los campos (Fahrig *et al.*, 2015), y lo contrario ocurre en paisajes con agricultura más intensiva, donde dominan campos más grandes y homogéneos (monocultivos) (Landis, 2017; Lichtenberg *et al.*, 2017). Estos efectos se pueden explicar porque la colonización de enemigos naturales a los cultivos por lo general es realizada por individuos que vienen desde los hábitats que los rodean, siendo esto particularmente importante en cultivos con perturbaciones frecuentes, como aplicación de plaguicidas, siega o cosecha (Holland *et al.*, 2005; Wissinger, 1997). Por lo tanto, para promover enemigos naturales es importante considerar el tamaño de las áreas cultivadas, así como la presencia de áreas no cultivadas rodeando los cultivos (Ryszkowski y Edwards, 2002). Las coberturas que rodean a cultivos pueden ser variables, incluyendo bosques, setos arbóreos, praderas o barbechos, que proporcionan a los enemigos naturales ambientes más estables y heterogéneos que los cultivos anuales (Tscharntke *et al.*, 2007). Adicionalmente, estas coberturas generalmente proveen de varios recursos importantes para los enemigos naturales, como presas alternativas, refugio a perturbaciones o sitios de hibernación (Sutherland *et al.*, 2001). Todas estas características pueden aumentar la sobrevivencia, fecundidad y longevidad de los enemigos naturales, favoreciendo su rápida colonización a cultivos adyacentes y aumentando su potencial de controlar efectivamente las plagas (Duelli y Obrist, 2003; Schmidt y Tscharntke, 2005). Por ejemplo, se ha visto que la abundancia de arañas en cultivos de trigo en Alemania fue favorecida al existir una mayor proporción de hábitats no cultivados en el paisaje (Schmidt y Tscharntke, 2005). Sin embargo, no todas las coberturas en un paisaje agrícola, es decir su composición, tienen la misma influencia en la abundancia y diversidad de enemigos naturales (Thomson y Hoffmann, 2009). En un estudio en campos de soya en Estados Unidos, se demostró que la abundancia de coccinélidos en el cultivo fue mayor cuando estaban en paisajes dominados por bosques que cuando estaban en paisajes dominados por cultivos agrícolas, lo que resultó en un control de áfidos más eficiente en los primeros (Gardiner *et al.*, 2009a). Probablemente, una vegetación alta y leñosa provee recursos de manera más permanente a muchos enemigos naturales que plantas anuales o senescentes (Tscharntke *et al.*, 2007), favoreciendo su inmigración a los cultivos temprano en la temporada. En el caso de coccinélidos, importantes depredadores de áfidos, se ha descrito que la proximidad a sitios de hibernación, sean estos bosques o setos arbóreos, tiene un efecto positivo en su ocurrencia al interior de los cultivos (Hodeek y Hon k, 1996). Esto es porque los adultos de varias especies pasan el invierno en grupos en sitios protegidos y permanentes, como bajo la corteza o grietas en los árboles, y en primavera renuevan su actividad dispersándose a sitos donde oviponer (Dixon, 2000; Hon k *et al.*, 2007). En nuestros estudios con coccinélidos en alfalfales en Chile central, hemos encontrado evidencia de que los bosquetes adyacentes a los cultivos favorecen la presencia de algunas especies de coccinélidos en los campos de alfalfa (Grez *et al.*, 2010). También hemos encontrado que coccinélidos nativos y exóticos (introducidos) no siempre responden de manera similar al paisaje, pero en términos generales su diversidad y abundancia en alfalfa aumenta al incrementar la heterogeneidad composicional y configuracional del paisaje, y que su abundancia disminuye a medida que en el paisaje aumentan las áreas cultivadas, como cultivos anuales y frutales (Grez *et al.*, 2014a). Por su parte, Raymond *et al.* (2015) encontraron que la colonización de cultivos de trigo por carábidos y coccinélidos ocurre antes, cuando los cultivos están inmersos en un paisaje estructuralmente más complejo, lo que podría facilitar el control biológico de áfidos.

Variaciones en el efecto de la diversidad del paisaje en especies de enemigos naturales pueden estar determinadas por sus características biológicas, particularmente en relación a su capacidad de dispersión y amplitud de dieta. Especies más móviles y generalistas son menos afectadas por el paisaje, o bien, el efecto del paisaje se da a una escala espacial mayor, que para especies menos móviles y/o especialistas (Chaplin-Kramer *et al.*, 2011; Gonthier *et al.*, 2014; Rand y Tscharntke, 2007). Adicionalmente, se ha propuesto que los efectos del paisaje en la diversidad local no son lineales, con pocos efectos cuando la heterogeneidad es muy baja o muy alta (Concepción *et al.*, 2008; pero véase a Fahrig *et al.*, 2011).

Es importante hacer notar que la mayoría de los estudios de paisaje y control biológico solo han abordado el efecto de la composición, diversidad o heterogeneidad del paisaje en la abundancia y diversidad taxonómica de enemigos naturales (Jonsson *et al.*, 2008; Tscharntke *et al.*, 2005, 2012), pero muy pocos lo han hecho de manera directa sobre su efecto en el servicio, es decir, en el control biológico de las plagas. Los pocos estudios existentes han encontrado efectos no consistentes (Veres *et al.*, 2013). Por ejemplo, Gardiner *et al.* (2009a) estudiando el control de áfidos en soya, en cuatro estados en Estados Unidos, encontraron que los coccinélidos eran los depredadores más abundantes y que el servicio de control biológico aumentó con la diversidad composicional del paisaje (medido por el índice de Simpson), particularmente en la escala de 1,5 km desde el cultivo. Por otra parte, Woltz *et al.* (2012), estudiando la misma plaga y cultivo en Michigan, pero agregando un manejo local que consistió en establecer bandas de alforfón (*Fagopyrum esculentum* Moench) en las orillas del cultivo, encontró que la presencia de alforfón aumentó la abundancia de coccinélidos y que el servicio de control biológico fue muy alto, pero sin variación en relación al paisaje. En nuestros estudios con áfidos en alfalfa en dos zonas en el sur de Santiago, Pirque y Calera de Tango, encontramos que los depredadores redujeron significativamente los áfidos en alfalfa, pero la importancia relativa del paisaje difirió entre zonas (Grez *et al.*, 2014b). En Pirque los depredadores fueron más abundantes y dominados por coccinélidos, y el control biológico de áfidos fue mayor, asociándose a la abundancia de coccinélidos nativos, pero no a variables de paisaje. En cambio, en Calera de Tango los depredadores fueron menos abundantes y dominando las arañas, el control biológico fue menor y se asoció a la composición del paisaje a las tres escalas estudiadas (250, 500 y 1.000 m de radio desde el alfalfal), pero no a su diversidad. En estudios con parasitoides en Europa y usando el porcentaje de tierra cultivada en el paisaje como un indicador de su complejidad (>65% simple, <65% complejo), se encontró que el parasitismo de áfidos en cereales fue mayor en paisajes complejos, aunque la abundancia de áfidos también lo fue (Roschewitz *et al.*, 2005). De manera similar Marino y Landis (1996) encontraron que el parasitismo del gusano defoliador del maíz (*Pseudaletia unipuncta* (Haworth)) fue mayor en paisajes complejos (campos pequeños en paisajes con abundantes setos y bosquetes) que en simples (campos grandes en paisajes con escasos setos y bosquetes), aunque la diversidad de parasitoides fue similar. Esta variedad de relaciones encontradas sugiere que es necesario estudiarlas en más detalle, posiblemente considerando otro tipo de indicadores, como las características y sensibilidad de las distintas especies de enemigos naturales al paisaje y las escalas espaciales a las cuales responden (Jackson y Fahrig, 2015).

5. DIVERSIDAD GENÉTICA DE POBLACIONES DE ENEMIGOS NATURALES Y CONTROL BIOLÓGICO

Existen algunos pocos estudios que han explorado el efecto de la diversidad genética de las poblaciones en el funcionamiento ecosistémico en sistemas naturales (Roger *et al.*, 2012; Salo y Gustafsson, 2016). En particular, el estudio de la relación entre la diversidad genética de poblaciones de enemigos naturales y el control biológico ha sido también muy pobre, a pesar de que la composición genética de las poblaciones de enemigos naturales puede ser determinante en el éxito de programas de control biológico clásico y aumentativo.

En el caso del control biológico clásico, para que un programa sea exitoso hay dos procesos que deben serlo: el establecimiento de los enemigos naturales en un nuevo ambiente y la reducción de las poblaciones de la plaga objetivo, todo esto con mínimos impactos sobre la biodiversidad nativa (Mills, 2000; Heimpel y Mills, 2017). Para asegurar este éxito, muchos factores deben tenerse en cuenta, pero uno que ha sido poco evaluado es la composición genética de las poblaciones introducidas, lo que en parte puede deberse a que las herramientas necesarias son de desarrollo relativamente reciente.

Entre las etapas que incluyen los programas de control biológico clásico están la búsqueda y colecta de enemigos naturales en el área de origen, su crianza en condiciones de cuarentena y laboratorio, transporte y finalmente su liberación en la nueva zona geográfica (Heimpel y Mills, 2017; van Driesche y Hoddle, 2009). Estas en su conjunto corresponden a una invasión biológica intencional, sufriendo procesos similares a los que experimentan poblaciones durante invasiones naturales. Así, a lo largo del desarrollo de un programa de control biológico clásico, la diversidad genética de las poblaciones puede disminuir de manera importante, debido a que solo una parte de la población y su rango de distribución es muestreada, y además suelen ocurrir cuellos de botella en una o más de las etapas del proceso de introducción (Fauvergue *et al.*, 2012). Por otra parte, los genomas y rasgos fenotípicos en la población pueden evolucionar como consecuencia de procesos genéticos y demográficos, como son la deriva génica, endogamia (*inbreeding*), selección y adaptación (revisado por Fauvergue *et al.*, 2012). Por ejemplo, en un trabajo reciente, usando marcadores microsatélites en *Mastrus ridens* Hortsmann, un parasitoide de la polilla de la manzana (*Cydia pomonella* (L.)), se encontró que la diversidad fue mayor en poblaciones de campo colectadas en la zona de origen, y menor en poblaciones con mayor tiempo en crianza y más transferencias entre laboratorios (Retamal *et al.*, 2016). Adicionalmente, se encontró una relación negativa entre la diversidad genética y la proporción de machos diploides en la población (Retamal *et al.*, 2016), una manifestación severa de endogamia en parasitoides con haplodiplodía y determinación complementaria del sexo, que potencialmente tiene efectos negativos en el crecimiento y persistencia de las poblaciones (De Boer *et al.*, 2007; De Boer *et al.*, 2012; Fauvergue *et al.*, 2012; Zaviezo *et al.*, 2018).

Una de las etapas más críticas de los programas de control biológico clásico que puede estar mediada por la diversidad genética, es el éxito de establecimiento de la población en la nueva zona geográfica donde se libera, la que potencialmente difiere en condiciones ambientales de la zona de origen (Roderick y Navajas, 2003). En un nuevo hábitat, la capacidad de una población de adaptarse es clave para su éxito de establecimiento y colonización, y esto puede estar mediado por la diversidad genética de la población (Agashe *et al.*, 2011; Hufbauer *et al.*, 2013; Reed *et al.*, 2003). Adicionalmente, las condiciones ambientales también pueden influir en la expresión de la endogamia, la que típicamente se expresa más en condiciones extremas, cambiantes y desafiantes (Cheptou y Donohue, 2011; Hufbauer *et al.*, 2013; Pray *et al.*, 1994).

A pesar de toda la base teórica que sugiere potenciales efectos genéticos en los procesos de introducción de enemigos naturales de plaga (deriva génica, endogamia, selección y adaptación), se desconoce y debate la importancia relativa que estos procesos demo-genéticos tienen en el éxito de programas de control biológico clásico (Fauvergue *et al.*, 2012; Hopper *et al.*, 1993; Hufbauer y Roderick, 2005). Existen observaciones que sugieren que la falta de éxito de algunos programas de control biológico podría deberse a la pérdida de diversidad genética (Fauvergue *et al.*, 2012; Fowler *et al.*, 2015; Homchan *et al.*, 2014; Stiling, 1993; Stouthamer *et al.*, 1992; Taylor *et al.*, 2011). Sin embargo, no es posible hacer generalizaciones, porque hasta la fecha muy pocos programas de control biológico a nivel mundial han colectado datos sobre la genética de las poblaciones. Un patrón que ha emergido del análisis de introducciones accidentales e intencionales, incluidos programas de control biológico clásico, es que la presión de propágulos o esfuerzo de introducción (número de individuos, o número de eventos fundadores por número de individuos en cada evento) es uno de los predictores más consistentes de colonizaciones exitosas (Fauvergue *et al.*, 2012; Hufbauer *et al.*, 2013; Koontz *et al.*, 2018; Lockwood *et al.*, 2005; Simberloff, 2009). Por otra parte, y contrario a lo que se ha encontrado con la presión de propágulos, el rol que la diversidad genética (neutral o aditiva) tiene en el éxito de invasión ha sido debatido por más de 50 años (Dlugosh *et al.*, 2015). En el contexto de la "biología de invasiones" muchos estudios apuntan a un efecto débil de la diversidad genética en el éxito de una invasión (Bock *et al.*, 2015; Dlugosch *et al.*, 2015). Pero se debe ser cauteloso en aplicar estas conclusiones directamente a casos de control biológico. Primero, porque estas observaciones vienen de análisis retrospectivos de invasiones exitosas, donde se han reportado casos de establecimiento exitoso de poblaciones con baja diversidad genética (Bock *et al.*, 2015; Dlugosch *et al.*, 2015), pero poco se sabe de introducciones no exitosas, ya que la mayoría pasan desapercibidas. Segundo, muchos de los casos de invasión exitosa con baja diversidad genética provienen de plantas, las que dadas las condiciones adecuadas pueden incrementar sus poblaciones rápidamente y restaurar, en parte, la diversidad perdida (Nei *et al.*, 1975). Este no sería el caso de enemigos naturales específicos exitosos, los que rápidamente sufren limitación de recursos producto de su acción, y deben perdurar a bajas poblaciones de la plaga.

En el caso del control biológico aumentativo, el que se basa en criar enemigos naturales en grandes cantidades a bajos costos y luego liberarlos en una base programada (van Driesche y Hoddle, 2009), la diversidad genética de las poblaciones en crianza también puede verse reducida por deriva génica, endogamia, selección y adaptación. Esto puede llevar a que estas poblaciones presenten depresión por endogamia (menor adecuación de individuos provenientes de padres genéticamente relacionados), o pérdida de variabilidad genética que les permitan atacar a poblaciones variables de organismos plagas en ambientes o condiciones heterogéneas. Esto puede ser particularmente importante en el caso en que los enemigos naturales son endoparasitoides específicos o entomopatógenos (hongos, bacterias o virus), debido a que si el proceso de parasitismo se asocia a genes específicos, y la variabilidad de la plaga es mayor a la del enemigo natural, parte de la población de la plaga puede escapar a su acción y eventualmente desarrollar resistencia (Cory, 2017; Desneux *et al.*, 2018).

6. CONCLUSIONES Y DIRECCIONES FUTURAS

Entender los efectos que la diversidad, en sus diferentes niveles de organización biológica, tiene en el servicio de control biológico en agroecosistemas, así como los mecanismos subyacentes permitirá tomar medidas más efectivas. De los tres niveles presentados (poblacional, comunitario o de paisajes), el que presenta más desarrollo es el nivel de comunidades de enemigos naturales, lo que permitiría en la actualidad guiar recomendaciones de cómo combinar especies de enemigos naturales para lograr un mayor impacto sobre las poblaciones de plagas. En este sentido, favorecer un aumento en la diversidad funcional en las comunidades de enemigos naturales emerge como un aspecto clave, y futuros estudios deberían incluir medir este efecto sobre el servicio de control biológico. Adicionalmente, si la diversidad funcional es un aspecto clave en otros niveles de organización biológica, entonces también es importante estudiar cómo la diversidad funcional de la vegetación en el paisaje y de genes en poblaciones de enemigos naturales afectan el control biológico. En el caso de la vegetación, algunos rasgos funcionales relevantes para los enemigos naturales serían la provisión de presas alternativas, refugio, y recursos complementarios como polen y néctar. En el caso de polen y néctar, la época de floración, forma de las flores y tipo de azúcares, también serían relevantes, así como la presencia de nectarios extraflorales. No conocemos estudios que hayan caracterizado la diversidad funcional del paisaje considerando el control biológico. Aun menos desarrollo existe a nivel de la diversidad de poblaciones de enemigos naturales, y si bien hay estudios que han medido la variación de rasgos biológicos funcionales en poblaciones de enemigos naturales (Wajnberg, 2003), no hay estudios que midan el efecto de su diversidad en el éxito de programas de control biológico. Por otra parte, el acceso a nuevas técnicas moleculares permitirá el estudio de genes funcionales en poblaciones de enemigos naturales, y cómo su diversidad influye en el impacto sobre las poblaciones de plagas.

Otra área de desarrollo futuro interesante es entender cómo la diversidad vegetal a un nivel de organización puede afectar los otros niveles. Se ha visto que la "simplificación" de agroecosistemas (cultivos poco diversos) actuaría como un filtro ambiental de rasgos de los organismos (ej., actividad, especialización, tamaño, movilidad), creando diferencias en la expresión de rasgos que se relacionan a los servicios ecosistémicos (Perovi *et al.*, 2018b; Wood *et al.*, 2015). Sin embargo, esto podría revertirse al aumentar la heterogeneidad a escala de paisaje (Gámez-Virués *et al.*, 2015).

Dado que la integración del estudio de la diversidad a múltiples niveles puede ser experimentalmente muy complejo o costoso, es interesante identificar qué tipo de diversidad es más relevante para los diferentes enfoques de control biológico. Así, en el caso del control biológico clásico, la diversidad a nivel de poblaciones es la más relevante de abordar, sobre todo dado los pocos estudios al respecto. Para el control biológico aumentativo, en los procesos de crianza la diversidad genética también emerge como muy relevante. Pero si el control adecuado de una plaga se logra importando o liberando varias especies de enemigos naturales, entonces es necesaria aquella combinación que produzca el mayor impacto sobre la plaga, posiblemente aumentando la diversidad funcional, con los menores efectos negativos en la biodiversidad local (Evans, 2016).

Finalmente, para el control biológico de conservación, la diversidad a nivel de paisaje es la más relevante, aunque esto debe considerar el efecto sobre múltiples especies de enemigos naturales y la escala espacial del paisaje a la cual responden.

7. AGRADECIMIENTOS

Las autoras agradecen a los proyectos FONDECYT 1011042, 1070412, 1100159, 1140662, 1131145, 1180533, 1181256, los cuales les han permitido a través del tiempo explorar experimentalmente las ideas expuestas en este capítulo.

8. REFERENCIAS

Agashe, D., Falk, J. J., y Bolnick, D. I. (2011). Effects of founding genetic variation on adaptation to a novel resource. *Evolution*, 65(9), 2481-2491.

Balfour, R. A., y Rypstra, A. L. (1998). The influence of habitat structure on spider density in a no-till soybean agroecosystem. *Journal of Arachnology*, 26(2), 221-226.

Bengtsson, J. (2015). Biological control as an ecosystem service: Partitioning contributions of nature and human inputs to yield. *Ecological Entomology*, 40(S1), 45-55.

Bock, D. G., Caseys, C., Cousens, R. D., Hahn, M. A., Heredia, S. M., Hübner, S. *et al.* (2015). What we still don't know about invasion genetics. *Molecular Ecology*, 24(9), 2277-2297.

Brose, U., y Hillebrand, H. (2016). Biodiversity and ecosystem functioning in dynamic landscapes. *Philosophical Transactions of the Royal Society B: Biological Sciences*, 371(1694), 20150267.

Cadotte, M. W., Carscadden, K., y Mirotchnick, N. (2011). Beyond species: functional diversity and the maintenance of ecological processes and services. *Journal of Applied Ecology*, 48(5), 1079-1087.

Cardinale, B. J., Harvey, C. T., Gross, K., y Ives, A. R. (2003). Biodiversity and biocontrol: Emergent impacts of a multi-enemy assemblage on pest suppression and crop yield in an agroecosystem. *Ecology Letters*, 6(9), 857-865.

Cardinale, B. J., Matulich, K. L., Hooper, D. U., Byrnes, J. E., Duffy, E., Gamfeldt, L. *et al.* (2011). The functional role of producer diversity in ecosystems. *American Journal of Botany*, 98(3), 572-592.

Chaplin-Kramer, R., O'Rourke, M. E., Blitzer, E. J., y Kremen, C. (2011). A meta-analysis of crop pest and natural enemy response to landscape complexity. *Ecology Letters*, 14(9), 922-932.

Cheptou, P. O., y Donohue, K. (2011). Environment-dependent inbreeding depression: its ecological and evolutionary significance. *New Phytologist*, 189(2), 395-407.

Concepción, E. D., Díaz, M., y Baquero, R. A. (2008). Effects of landscape complexity on the ecological effectiveness of agri-environment schemes. *Landscape Ecology*, 23(2), 135-148.

Cory, J. S. (2017). Evolution of host resistance to insect pathogens. *Current Opinion in Insect Science*, 21, 54-59.

Crowder, D.W., y Jabbour, R. (2014). Relationships between biodiversity and biological control in agroecosystems: Current status and future challenges. *Biological Control*, 75, 8-17.

Crowder, D. W., Northfield, T. D., Gomulkiewicz, R., y Snyder, W. E. (2012). Conserving and promoting evenness: organic farming and fire-based wildland management as case studies. *Ecology*, 93(9), 2001-2007.

Crowder, D. W., Northfield, T. D., Strand, M. R., y Snyder, W. E. (2010). Organic agriculture promotes evenness and natural pest control. *Nature*, 466(7302), 109-112.

De Boer, J. G., Kuijper, B., Heimpel, G. E., y Beukeboom, L. W. (2012). Sex determination meltdown upon biological control introduction of the parasitoid Cotesia rubecula? *Evolutionary Applications*, 5(5), 444-454.

De Boer, J. G., Ode, P. J., Vet, L. E., Whitfield, J. B., y Heimpel, G. E. (2007). Diploid males sire triploid daughters and sons in the parasitoid wasp *Cotesia vestalis*. *Heredity*, 99(3), 288-294.

Denno, R. F., Finke, D. L., y Langellotto, G. A. (2005). Direct and indirect effects of vegetation structure and habitat complexity on predator-prey and predator-predator interactions. En P. Barbosa y I. Castellanos (Eds.), *Ecology of Predator-Prey Interactions*. London: Oxford University Press.

Desneux, N., Asplen, M. K., Brady, C. M., Heimpel, G. E., Hopper, K. R., Luo, C. *et al.* (2018). Intraspecific variation in facultative symbiont infection among native and exotic pest populations: potential implications for biological control. *Biological Control*, 116, 27-35.

Díaz, S., Fargione, J., Chapin, F. S., y Tilman, D. (2006). Biodiversity loss threatens human wellbeing. *PLoS Biology*, 4(8), 1300-1305.

Dixon, A. F., Anthony, F. G. (2000). *Insect predator-prey dynamics: ladybird beetles and biological control*. Cambridge: Cambridge University Press.

Dlugosch, K. M., Anderson, S. R., Braasch, J., Cang, F. A., y Gillette, H. D. (2015). The devil is in the details: Genetic variation in introduced populations and its contributions to invasion. *Molecular Ecology*, 24(9), 2095-2111.

Duelli, P., y Obrist, M. K. (2003). Regional biodiversity in an agricultural landscape: The contribution of seminatural habitat islands. *Basic and Applied Ecology*, 4(2), 129-138.

Duncan, C., Thompson, J. R., y Pettorelli, N. (2015). The quest for a mechanistic understanding of biodiversity-Ecosystem services relationships. *Proceedings of the Royal Society B: Biological Sciences*, 282, 20151348.

Elliott, N. C., Kieckhefer, R. W., Lee, J. H., y French, B. W. (1999). Influence of within-field and landscape factors on aphid predator populations in wheat. *Landscape Ecology*, 14(3), 239-252.

Elton, C. S. (1958). *The Ecology of Invasions by Animals and Plants*. Dordrecht, Netherlands: Springer Netherlands.

Evans, E. W. (2016). Biodiversity, ecosystem functioning, and classical biological control. *Applied Entomology and Zoology*, 51(2), 173-184.

Fahrig, L., Baudry, J., Brotons, L., Burel, F. G., Crist, T. O., Fuller, R. J. *et al.* (2011). Functional landscape heterogeneity and animal biodiversity in agricultural landscapes. *Ecology Letters*, 14(2), 101-112.

Fahrig, L., Girard, J., Duro, D., Pasher, J., Smith, A., Javorek, S. *et al.* (2015). Farmlands with smaller crop fields have higher within-field biodiversity. *Agriculture, Ecosystems and Environment*, 200, 219-234.

Fauvergue, X., Vercken, E., Malausa, T., y Hufbauer, R. (2012). The biology of small, introduced populations, with special reference to biological control. *Evolutionary Applications*, 5(5), 424-443.

Finke, D. L., y Denno, R. F. (2003). Intra-guild predation relaxes natural enemy impacts on herbivore populations. *Ecological Entomology*, 28(1), 67-73.

Finke, D. L., y Snyder, W. E. (2010). Conserving the benefits of predator biodiversity. *Biological Conservation*, 143(10), 2260-2269.

Fowler, S. V., Peterson, P., Barrett, D. P., Forgie, S., Gleeson, D. M., Harman, H. *et al.* (2015). Investigating the poor performance of heather beetle, *Lochmaea suturalis* (Thompson) (Coleoptera: Chrysomelidae), as a weed biocontrol agent in New Zealand: Has genetic bottlenecking resulted in small body size and poor winter survival? *Biological Control*, 87, 32-38.

Gagic, V., Bartomeus, I., Jonsson, T., Taylor, A., Winqvist, C., Fischer, C. *et al.* (2015). Functional identity and diversity of animals predict ecosystem functioning better than species-based indices. *Proceedings of the Royal Society B: Biological Sciences*, 282(1801), 20142620.

Gámez-Virués, S., Perovi, D. J., Gossner, M. M., Börschig, C., Blüthgen, N., de Jong, H. *et al.* (2015). Landscape simplification filters species traits and drives biotic homogenization. *Nature Communications*, 6(1), 8568.

Gardiner, M. M., Landis, D. A., Gratton, C., DiFonzo, C. D., O'Neal, M., Chacon, J. M. *et al.* (2009a). Landscape diversity enhances biological control of an introduced crop pest in the north-central USA. *Ecological Applications*, 19(1), 143-154.

Gardiner, M. M., Landis, D. A., Gratton, C., Schmidt, N., O'Neal, M., Mueller, E. *et al.* (2009b). Landscape composition influences patterns of native and exotic lady beetle abundance. *Diversity and Distributions*, 15(4), 554-564.

Garibaldi, L. A., Bartomeus, I., Bommarco, R., Klein, A. M., Cunningham, S. A., Aizen, M. A. *et al.* (2015). Trait matching of flower visitors and crops predicts fruit set better than trait diversity. *Journal of Applied Ecology*, 52(6), 1436-1444.

Gonthier, D. J., Ennis, K. K., Farinas, S., Hsieh, H.-Y., Iverson, A. L., Batary, P. *et al.* (2014). Biodiversity conservation in agriculture requires a multi-scale approach. *Proceedings of the Royal Society B: Biological Sciences*, 281(1791), 20141358-20141358.

Goodman, D. (1975). The theory of diversity-stability relationships in ecology. *The Quarterly Review of Biology*, 50(3), 237-266.

Grez, A. A., Torres, C., Zaviezo, T., Lavandero, B., y Ramírez, M. (2010a). Migration of coccinellids to alfalfa fields with varying adjacent vegetation in Central Chile. *Ciencia e Investigación Agraria*, 37(2), 111-121.

Grez, A. A., Zaviezo, T., y Gardiner, M. M. (2014b). Local predator composition and landscape affects biological control of aphids in alfalfa fields. *Biological Control*, 76, 1-9.

Grez, A. A., Zaviezo, T., Hernández, J., Rodríguez-San Pedro, A., y Acuña, P. (2014). The heterogeneity and composition of agricultural landscapes influence native and exotic coccinellids in alfalfa fields. *Agricultural and Forest Entomology*, 16(4), 382-390.

Heimpel, G. E., y Mills, N. J. (2017). *Biological Control: ecology and applications*. Cambridge: Cambridge University Press.

Hodek, I., y Hon k, A. (1996). *Ecology of Coccinellidae*. Dordrecht: Springer Netherlands.

Holland, J. M., Thomas, C. F., Birkett, T., Southway, S., y Oaten, H. (2005). Farm-scale spatio-temporal dynamics of predatory beetles in arable crops. *Journal of Applied Ecology*, 42(6), 1140-1152.

Homchan, S., Haymer, D. S., y Kitthawee, S. (2014). Microsatellite marker variation in populations of the melon fly parasitoid, *Psyttalia fletcheri*. *ScienceAsia*, 40(5), 348-354.

Hon k, A., Martinková, Z., y Pekár, S. (2007). Aggregation characteristics of three species of Coccinellidae (Coleoptera) at hibernation sites. *European Journal of Entomology*, 104(1), 51-56.

Hopper, K. R., Roush, R., y Powell, W. (1993). Management of Genetics of Biological-Control Introductions. *Annual Review of Entomology*, 38(1), 27-51.

Hufbauer, R. A., y Roderick, G. K. (2005). Microevolution in biological control: Mechanisms, patterns, and processes. *Biological Control*, 35(3), 227-239.

Hufbauer, R. A., Rutschmann, A., Serrate, B., Vermeil de Conchard, H., y Facon, B. (2013). Role of propagule pressure in colonization success: Disentangling the relative importance of demographic, genetic and habitat effects. *Journal of Evolutionary Biology*, 26(8), 1691-1699.

Jackson, H.B., y Fahrig, L. (2015). Are ecologists conducting research at the optimal scale? *Global Ecology and Biogeography*, 24(1), 52-63.

Jonsson, M., Wratten, S. D., Landis, D. A., y Gurr, G. M. (2008). Recent advances in conservation biological control of arthropods by arthropods. *Biological Control*, 45(2), 172-175.

Koontz, M. J., Oldfather, M. F., Melbourne, B. A., y Hufbauer, R. A. (2018). Parsing propagule pressure: Number, not size, of introductions drives colonization success in a novel environment. *Ecology and Evolution*, 8(16), 8043-8054.

Landis, D. A. (2017). Designing agricultural landscapes for biodiversity-based ecosystem services. *Basic and Applied Ecology*, 18, 1-12.

Langellotto, G. A., y Denno, R. F. (2004). Responses of invertebrate natural enemies to complex-structured habitats: A meta-analytical synthesis. *Oecologia*, 139(1), 1-10.

Letourneau, D. K., Jedlicka, J. A., Bothwell, S. G., y Moreno, C. R. (2009). Effects of natural enemy biodiversity on the suppression of arthropod herbivores in terrestrial ecosystems. *Annual Review of Ecology, Evolution, and Systematics*, 40(1), 573-592.

Lichtenberg, E. M., Kennedy, C. M., Kremen, C., Batáry, P., Berendse, F., Bommarco, R. *et al.* (2017). A global synthesis of the effects of diversified farming systems on arthropod diversity within fields and across agricultural landscapes. *Global Change Biology*, 23(11), 4946-4957.

Lockwood, J. L., Cassey, P., y Blackburn, T. (2005). The role of propagule pressure in explaining species invasions. *Trends in Ecology and Evolution*, 20(5), 223-228.

Loreau, M., Mouquet, N., y González, A. (2003). Biodiversity as spatial insurance in heterogeneous landscapes. *Proceedings of the National Academy of Sciences of the United States of America*, 100(22), 12765-12770.

Loreau, M., Naeem, S., y Inchausti, P. (2002). Perspectives and challenges. En *Biodiversity and Ecosystem functioning. Synthesis and Perspectives* (pp. 237-242). Oxford: Oxford University Press.

Marino, P. C., y Landis, D. A. (1996). Effect of landscape structure on parasitoid diversity and parasitism in agroecosystems. *Ecological Applications*, 6(1), 276-284.

May, R. (1972). *Stability and complexity in model ecosystems*. Princeton, US: Princeton University Press.

Mensah, R. K. (1999). Habitat diversity: Implications for the conservation and use of predatory insects of *Helicoverpa spp.* in cotton systems in Australia. *International Journal of Pest Management*, 45(2), 91-100.

Mills, N. J. (2000). Biological control: the need for realistic models and experimental approaches to parasitoid introductions. En M.E, Hochberg y A.R., Ives (Eds.), *Parasitoid Population Biology* (pp. 217-34). Princeton: Princeton University Press.

Nei, M., Maruyama, T., y Ranajit, C. (1975). The bottleneck effect and genetic variability in populations. *Evolution*, 29(1), 1-10.

Perovi, D. J., Gámez-Virués, S., Landis, D. A., Wäckers, F., Gurr, G.M., Wratten, S. D. *et al.* (2018a). Managing biological control services through multi-trophic trait interactions: review and guidelines for implementation at local and landscape scales. *Biological Reviews*, 93(1), 306-321. 6

Perovi, D. J., Gámez-Virués, S., Landis, D. A., Wäckers, F., Gurr, G. M., Wratten, S. D. *et al.* (2018b). Managing biological control services through multi-trophic trait interactions: review and guidelines for implementation at local and landscape scales. *Biological Reviews*, 93(1), 306-321.

Pray, L. A., Schwartz, J. M., Goodnight, C., y Stevens, L. (1994). Environmental Dependency of Inbreeding Depression: Implications for Conservation Biology. *Conservation Biology*, 8(2), 562-568.

Rand, T. A., y Tscharntke, T. (2007). Contrasting effects of natural habitat loss on generalist and specialist aphid natural enemies. *Oikos*, 116(8), 1353-1362.

Raymond, L., Ortiz-Martínez, S. A., y Lavandero, B. (2015). Temporal variability of aphid biological control in contrasting landscape contexts. *Biological Control*, 90, 148-156.

Reed, D. H., Lowe, E. H., Briscoe, D. A., y Frankham, R. (2003). Fitness and adaptation in a novel environment: Effect of inbreeding, prior environment, and lineage. *Evolution*, 57(8), 1822-1828.

Retamal, R., Zaviezo, T., Malausa, T., Fauvergue, X., Le Goff, I., y Toleubayev, K. (2016). Genetic analyses and occurrence of diploid males in field and laboratory populations of *Mastrus ridens* (Hymenoptera: Ichneumonidae), a parasitoid of the codling moth. *Biological Control*, 101, 69-77.

Roderick, G. K., y Navajas, M. (2003). Genes in new environments: genetics and evolution in biological control. *Nature Reviews. Genetics*, 4(11), 889-899.

Roger, F., Godhe, A., y Gamfeldt, L. (2012). Genetic Diversity and Ecosystem Functioning in the Face of Multiple Stressors. *PLOS ONE*, 7(9), e45007.

Roschewitz, I., Hücker, M., Tscharntke, T., y Thies, C. (2005). The influence of landscape context and farming practices on parasitism of cereal aphids. *Agriculture, Ecosystems & Environment*, 108(3), 218-227.

Rosenheim, J. A., Wilhoit, L. R., y Armer, C. A. (1993). Influence of intraguild predation among generalist insect predators on the suppression of an herbivore population. *Oecologia*, 96(3), 439-449.

Ryszkowski, L., y Edwards, C. A. (2002). *Landscape ecology in agroecosystems management*. Boca Ratón: CRC Press.

Salo, T., y Gustafsson, C. (2016). The effect of genetic diversity on ecosystem functioning in vegetated coastal ecosystems. *Ecosystems*, 19(8), 1429-1444.

Schmidt, M. H., y Tscharntke, T. (2005). Landscape context of sheetweb spider (Araneae: Linyphiidae) abundance in cereal fields. *Journal of Biogeography*, 32(3), 467-473.

Shanafelt, D. W., Dieckmann, U., Jonas, M., Franklin, O., Loreau, M., y Perrings, C. (2015). Biodiversity, productivity, and the spatial insurance hypothesis revisited. *Journal of Theoretical Biology*, 380, 426-435.

Simberloff, D. (2009). The role of propagule pressure in biological invasions. *Annual Review of Ecology, Evolution and Sytematics*, 40, 81-102.

Stiling, P. (1993). Why do natural enemies fail in classical biological control programs? *American Entomologist*, 39(1), 31-37.

Stouthamer, R., Luck, R. F., y Werren, J. H. (1992). Genetics of sex determination and the improvement of biological control using parasitoids. *Environmental Entomology*, 21(3), 427-435.

Straub, C. S., Finke, D. L., y Snyder, W. E. (2008). Are the conservation of natural enemy biodiversity and biological control compatible goals? *Biological Control*, 45(2), 225-237.

Straub, C. S., y Snyder, W. E. (2006a). Experimental approaches to understanding the relationship between predator biodiversity and biological control. En *Trophic and guild in biological interactions control* (pp. 221-239). Dordrecht: Springer Netherlands.

Straub, C. S., y Snyder, W. E. (2006b). Species identity dominates the relationship between predator biodiversity and herbivore suppression. *Ecology*, 87(2), 277-282.

Sutherland, J. P., Sullivan, M. S., y Poppy, G. M. (2001). Distribution and abundance of aphidophagous hover flies (Diptera: Syrphidae) in wildflower patches and field margin habitats. *Agricultural and Forest Entomology*, 3, 57-64.

Taylor, S. J., Downie, D. A., y Paterson, I. D. (2011). Genetic diversity of introduced populations of the water hyacinth biological control agent Eccritotarsus catarinensis (Hemiptera: Miridae). *Biological Control*, 58(3), 330-336.

Thomson, L. J., y Hoffmann, A. A. (2009). Vegetation increases the abundance of natural enemies in vineyards. *Biological Control*, 49(3), 259-269.

Tilman, D., Isbell, F., y Cowles, J. M. (2014). Biodiversity and ecosystem functioning. *Annual Review of Ecology, Evolution, and Systematics*, 45(1), 471-493.

Tscharntke, T., Bommarco, R., Clough, Y., Crist, T. O., Kleijn, D., Rand, T. A. *et al.* (2007). Conservation biological control and enemy diversity on a landscape scale. *Biological Control*, 43(3), 294-309.

Tscharntke, T., y Brandl, R. (2004). Plant-insect interactions in fragmented landscapes. *Annual Review of Entomology*, 49(1), 405-430.

Tscharntke, T., Klein, A. M., Kruess, A., Steffan-Dewenter, I., y Thies, C. (2005a). Landscape perspectives on agricultural intensification and biodiversity - Ecosystem service management. *Ecology Letters*, 8(8), 857-874.

Tscharntke, T., Rand, T. A., y Bianchi, F. J. (2005b). The landscape context of trophic interactions: insect spillover across the crop-noncrop interface. *Annales Zoologici Fennici*, 42(4), 421-432.

Tscharntke, T., Tylianakis, J. M., Rand, T. A., Didham, R. K., Fahrig, L., Batáry, P. *et al.* (2012). Landscape moderation of biodiversity patterns and processes - eight hypotheses. *Biological Reviews, 87*(3), 661-685.

Tylianakis, J. M., y Romo, C. M. (2010). Natural enemy diversity and biological control: Making sense of the context-dependency. *Basic and Applied Ecology, 11*(8), 657-668.

Van Driesche, R., y Hoddle, M. (2009). *Control of pests and weeds by natural enemies: an introduction to biological control.* Oxford: Blackwell Publishers.

van Lenteren, J. C. (2012). The state of commercial augmentative biological control: Plenty of natural enemies, but a frustrating lack of uptake. *BioControl, 57*(1), 1-20.

Veres, A., Petit, S., Conord, C., y Lavigne, C. (2013). Does landscape composition affect pest abundance and their control by natural enemies? A review. *Agriculture, Ecosystems and Environment, 166,* 110-117.

Wajnberg, E. (2003). Measuring genetic variation in natural enemies used for biological control: why and how? En *Genetics, Evolution and Biological Control* (pp. 19-37). Wallingford: CABI.

Wissinger, S. A. (1997). Cyclic colonization in predictably ephemeral habitats: A template for biological control in annual crop systems. *Biological Control, 10*(1), 4-15.

Woltz, J. M., Isaacs, R., y Landis, D. A. (2012). Landscape structure and habitat management differentially influence insect natural enemies in an agricultural landscape. *Agriculture, Ecosystems and Environment, 152,* 40-49.

Wood, S. A., Karp, D. S., DeClerck, F., Kremen, C., Naeem, S., y Palm, C. A. (2015). Functional traits in agriculture: Agrobiodiversity and ecosystem services. *Trends in Ecology and Evolution, 30*(9), 531-539.

Yachi, S., y Loreau, M. (1999). Biodiversity and ecosystem productivity in a fluctuating environment: The insurance hypothesis. *Proceedings of the National Academy of Sciences, 96*(4), 1463-1468.

Zaviezo, T., Retamal, R., Urvois, T., Fauvergue, X., Blin, A., y Malausa, T. (2018). Effects of inbreeding on a gregarious parasitoid wasp with complementary sex determination. *Evolutionary Applications, 11*(2), 243-253.

CAPÍTULO 7
¿QUÉ HACE EXITOSO A UN PROGRAMA DE CONTROL BIOLÓGICO DE ARTRÓPODOS?

Sergio A. Estay

Instituto de Ciencias Ambientales y Evolutivas,
Universidad Austral de Chile. Valdivia, Chile.
Center of Applied Ecology and Sustainability (CAPES),
Pontificia Universidad Católica de Chile. Santiago, Chile.

RESUMEN

Los programas de control biológico están entre las técnicas más usadas para el manejo de plagas, especialmente debido a su capacidad de evitar o limitar el uso de agroquímicos. En este capítulo abordamos el tema desde una perspectiva que incluye al agente de control, la plaga a controlar y el ambiente donde este control se realiza, para revisar las distintas propuestas y resultados que tratan de responder a la pregunta que sirve como título al capítulo. Los resultados muestran que, si bien existen ciertas generalidades, el éxito de un programa depende de una serie de detalles de la tríada agente-plaga-ambiente que deben incluirse en las evaluaciones previas a la implementación de este. De la misma forma, existen múltiples aspectos de la forma en cómo se implementa un programa que inciden significativamente en su éxito.

1. INTRODUCCIÓN

El debate histórico sobre lo que caracteriza a un exitoso programa de control biológico de artrópodos (Sheppard y Raghu, 2005) ha sido una constante histórica, particularmente en relación con los enfoques teóricos y prácticos (Dyer y Gentry, 1999). Hoy en día no existe un marco teórico único en esta disciplina, y los enfoques teóricos no han proporcionado pautas claras a seguir (Murdoch y Briggs 1996; Ehler, 1998; McEvoy, 2018). Afortunadamente, los profesionales no han esperado las ideas de la teoría porque necesitan resolver problemas urgentes (Murdoch *et al.*, 1985). Sin embargo, esta falta de apoyo teórico tiene un precio: solo el 10-30% de las introducciones han tenido éxito en el control de la plaga objetivo (Greathead y Greathead, 1992; Cock *et al.*, 2016). Está claro que es necesaria una mayor cooperación entre teóricos y profesionales si se espera más eficiencia (Kareiva, 1996; Ehler, 1998). A pesar de esto, la tendencia de las últimas décadas muestra una cada vez mayor eficiencia en los programas, tanto en términos del establecimiento de los agentes de control biológico como del nivel de control alcanzado (Cock *et al.*, 2016).

Para organizar y unificar la abundante información de los estudios teóricos y empíricos, se han publicado varias revisiones sobre los factores que influyen en el éxito de un programa clásico de control biológico (Lloyd, 1960; Huffaker *et al.*,1976; Beddington *et al.*,1978; Lane et., 1999; Stiling y Corneliessen, 2005; entre otros), pero estas revisiones, en la mayoría de los casos, solo toman uno o pocos componentes de los programas. Desde un punto de vista epidemiológico, los programas tienen tres componentes esenciales: el agente de control biológico (ACB), la plaga (u hospedero en términos epidemiológicos) y el medio ambiente en el área objetivo (incluido el clima y el tipo de cultivo) (Yuen y

Djule, 2003). Cada uno de estos componentes tiene varias características (o rasgos en el caso de ACB y la plaga) que se han descrito como importantes en el establecimiento y la efectividad de los enemigos naturales. La evidencia que respalda estas características proviene de dos tipos de estudios: modelos matemáticos y análisis empírico o, a posteriori, de programas individuales o conjuntos de programas múltiples (bases de datos como BIOCAT).

Los modelos son versiones simplificadas de la alta complejidad de los sistemas biológicos (Mills y Getz, 1996), pero han permitido progresos en nuestra comprensión de los aspectos ecológicos del control biológico (Mills y Getz, 1996; Barlow *et al.*, 2002). En los modelos, el investigador generalmente define varios rasgos del ACB o la plaga que podrían ser importantes en el desempeño del programa. Con una representación adecuada de las variables dentro de un modelo general de dinámica depredador-presa (generalmente discreta Nicholson-Bailey o continua con modelos tipo Lotka-Volterra o razón dependiente) es posible evaluar la importancia del rasgo a través de simulaciones y análisis de sensibilidad. Una desventaja importante de estos estudios es que, en la mayoría de los casos, falta información sobre las variables definidas por el investigador en casos reales o es muy difícil de obtener. Además, cuanto más realista es un modelo, más parámetros necesita (Beddington *et al.*, 1978; Murdoch y Briggs, 1996).

En el análisis empírico, varios casos se clasifican en dos grupos: programas exitosos o fallidos y el investigador elige varias características del ACB, plaga y/o ambiente, y busca diferencias en los dos grupos. Estos análisis son muy sensibles a la calidad de los registros históricos.

En este capítulo, la evidencia sobre las variables más importantes en el éxito de los programas de control biológico, a partir de modelos y estudios empíricos, se revisa utilizando los tres componentes previamente definidos. Además, se incluyen algunas características de cómo la implementación de un programa de control biológico influencia el resultado final.

2. RASGOS DE LA PLAGA

2.1. Nivel de exposición

La evidencia teórica sugiere que la presencia de refugios podría ser crítica para lograr un alto nivel de control de plagas, porque estos previenen o al menos dificultan la depredación o el parasitismo, ya que existiría una vulnerabilidad restringida de la plaga en todas o la mayoría de las etapas del ciclo de vida (Beddigton *et al.*, 1978). Mills (2005), a través del análisis de un modelo matricial de Lefkovitch, parametrizado con datos biológicos para la polilla de la manzana (*Cydia pomonella* (L.)) encontró que las etapas del quinto estadio larvario y la crisálida son las más vulnerables; por lo tanto, los enemigos naturales que actúan en este período del ciclo de vida tienen mayores posibilidades de controlar la plaga. Murdoch y colaboradores (2005), utilizando modelos simples, sugirieron que las diferencias en la vulnerabilidad entre las etapas de desarrollo de la plaga, más que la invulnerabilidad absoluta, es la característica clave en las interacciones estables que podrían prevenir brotes.

Los análisis empíricos de algunas bases de datos han mostrado una relación interesante entre los nichos de alimentación de ciertos organismos plaga y el grado de éxito de los programas de control biológico. Gross (1991), trabajando con datos de Clausen (1978), encontró que los ACB que controlan las plagas de lepidópteros que se alimentan de nichos expuestos (comedores de borde de hojas, minadores y enrolladores) son tres veces más exitosos que los ACB de plagas que se encuentran protegidas de algún modo (taladradores e insectos radicícolas) y tienen una tasa de establecimiento dos veces mayor. El mismo patrón se encontró en las plagas de coleópteros. Por otro lado, Jacas *et al.* (2006), utilizando datos de ACB introducidos en España, señalaron que dado que Hemiptera (Homoptera en el documento original) es el orden objetivo más común y este orden tiene la tasa más alta de control, entonces probablemente las plagas protegidas (como escamas) son más susceptibles de programas de control biológico. Sin embargo, es importante enfatizar que los autores señalaron que la evidencia es indirecta, y tal vez este resultado podría explicarse por una financiación históricamente importante para la investigación de estas especies debido a su alto impacto en los sistemas agrícolas tradicionales.

2.2. Tasa reproductiva

Beddington *et al.* (1978), definieron el grado de control de una población de plagas por la acción de un ACB como $q = K / N*$, donde K y N* son la capacidad de carga de la plaga en ausencia y presencia del ACB, respectivamente. Teniendo en cuenta esta definición, está claro que la tasa neta de crecimiento poblacional de la plaga tiene una relación inversa con el grado de éxito del ACB (May y Hassell, 1988). Cuando se utilizan modelos epidemiológicos para simular la dinámica de una interacción parásito (depredador) - hospedero, la tasa de parasitismo depende en parte de la tasa de crecimiento poblacional de la plaga (Barlow *et al.*, 2002). Específicamente, el porcentaje de parasitismo depende del producto $[R_0*T*r]$ y la tasa de supresión de la relación $[R_0 / T*r]$, donde R_0 es la tasa reproductiva neta del ACB, T es el tiempo de desarrollo del ACB y r es la tasa reproductiva intrínseca del ACB. Por lo tanto, está claro que, si todo lo demás es igual, cuanto menor es r, mayor es la tasa de control.

2.3. Tamaño corporal

De manera indirecta, Murdoch y Briggs (1996) han señalado que el tamaño corporal es relevante porque influye en al menos dos aspectos: cuántos huevos puede poner un ACB en un hospedero simple y cuántos hospederos se requieren para obtener un nuevo parasitoide. Una relación positiva en el primero implica que los hospederos más grandes pueden soportar más huevos y probablemente se puedan obtener más parasitoides adultos nuevos de un hospedero individual. En el segundo, la relación es similar: los hospederos más grandes significan mayores aportes nutricionales y energéticos que pueden asignarse a los huevos maduros de los ACBs. Ambas hipótesis son complementarias con la regla de decisión de fertilidad, que los mismos autores proponen para seleccionar un ACB y que se revisa en la sección de rasgos del ACB. Desde otro punto de vista, Gaston (1988) encontró una relación negativa entre la tasa intrínseca de crecimiento poblacional en insectos y la longitud de su cuerpo cuando examinó diferentes órdenes, pero no se encontró ninguna relación dentro de los órdenes. Esto indica que los insectos más pequeños podrían ser más difíciles de controlar debido a su mayor tasa de crecimiento poblacional. Desafortunadamente, faltan más ideas en esta área. Finalmente, Cohen *et al.* (2005) encontraron que la longitud corporal de los pulgones y sus parasitoides están relacionados por una ley de potencia con un exponente ¾. Si esta relación tiene influencia en la tasa de ataque o la tasa de supresión, debe confirmarse, pero esta podría ser una regla de decisión interesante para seleccionar un ACB.

2.4. Daño directo o indirecto

Finalmente, otro rasgo importante es el tipo de efecto de la plaga: directo o indirecto. Los efectos directos significan que la lesión de la plaga está en el producto objetivo del cultivo, como frutas, tallo, granos, etc. Indirecta se refiere a las lesiones en una parte del hospedero que influye en el desarrollo del producto objetivo, como una plaga que reduce el área foliar y, por lo tanto, disminuye el área fotosintética. Debido a las características anteriores, una plaga directa tiene un umbral de daño económico más bajo; por lo tanto, en estos casos es más difícil tener éxito usando un ACB. Por esta razón, las plagas directas podrían tener una menor probabilidad de éxito en el control biológico clásico (Mills, 2005). Sin embargo, la importancia relativa de la lesión por plagas directa o indirecta en el éxito de un programa depende de criterios económicos y no de evaluaciones biológicas del daño fisiológico. A pesar de la generalización tradicional sobre un mayor potencial de éxito en el control biológico de las plagas indirectas, esta generalización depende de manera crítica del impacto relativo del daño indirecto en el mercado y los requisitos del consumidor para el producto. Por esta razón, las generalizaciones sobre el tipo de lesión deben ser precavidas.

2.5. Otras características morfológicas, conductuales y químicas

Dyer y Gentry (1999), trabajando con una base de datos de 150 especies (110 lepidópteros y 40 larvas de coleópteros), encontraron que para los ACB depredadores, la coloración y la morfología de la plaga se asociaron significativamente con programas de control biológico fallidos (la depredación falló con plagas de colores brillantes o cubiertas de pelos). Para los parasitoides, la amplitud de la dieta de la plaga y el comportamiento de búsqueda de alimento de estas fueron predictores significativos de falla (los parasitoides eran más eficientes controlando especialistas que generalistas, y más eficientes en controlar plagas de comportamiento gregario que solitario). Las razones de estos resultados probablemente estén relacionadas con la teoría del refugio según los autores, de manera similar a la proposición de Beddington *et al.* (1978).

3. RASGOS ACB

3.1. Tasa reproductiva

Varios modelos han señalado a la fertilidad del ACB como una de las variables más importantes en un programa de control biológico exitoso, aun cuando diversos modelos tratan este rasgo de manera diferente. La evidencia obtenida de modelos teóricos puede provenir de aquellos que consideran una interacción hospedero-parasitoide estable o aquellos que no consideran la estabilidad como una condición necesaria (Mills y Getz, 1996). Lane *et al.* (1999) mostraron que en un modelo de Nicholson-Bailey, cuanto mayor sea el número promedio de puestas de una hembra en su vida, más efectivo será el control de plagas. Pero cuando los autores probaron esta hipótesis con datos de la base de datos BIOCAT, no se encontró relación entre su definición de fertilidad y los datos empíricos. Huffaker *et al.* (1976) y Murdoch *et al.* (1985), señalaron que cuando la extinción local de la plaga es posible y aceptable, entonces una alta tasa de crecimiento poblacional es una característica deseable de un prospecto de ACB. Los mismos autores encontraron apoyo para esta predicción analizando seis casos de control biológico exitoso. Barlow *et al.* (2002), utilizando modelos epidemiológicos, descubrieron que la tasa reproductiva del ACB tiene una influencia moderada tanto en las tasas de parasitismo como de supresión del hospedero. Una característica relacionada es la tasa máxima de parasitismo, la cual está ligada a la tasa reproductiva. En este sentido Hawkins y Cornell (1994) reportan que la tasa máxima de parasitismo tanto en el rango nativo como exótico es un muy buen indicador de la probabilidad de éxito de un programa de control biológico. Los autores indican que existe un umbral para esta tasa ya que bajo el 32-36% de tasa máxima el control de la plaga no se logra.

3.2. La proporción de sexos

En todos los programas de control biológico que usan parasitoides como ACB, es importante maximizar el número de hembras fértiles del ACB en la nueva población. La proporción de sexos es un factor clave en el grado de supresión, según lo definido por Beddington *et al.* (1978) en sus conclusiones obtenidas mediante el uso de modelos matemáticos. Cuanto mayor es la proporción de hembras, mayor es el grado de supresión (Beddington *et al.*, 1978; May y Hassell, 1988). Murdoch y Briggs (1996), proponen que el mejor ACB es aquel que minimiza la cantidad de individuos parasitados necesarios para asegurar que una hembra adulta se reemplace a sí misma en la próxima generación. Esta hipótesis fue apoyada por Murdoch *et al.* (1996) sobre el sistema de *Aonidiella aurantii* (hospedero) y *Aphytis melinus* y *A. lingnanensis* (ACB), y por Kimberling (2004) utilizando datos de introducciones de ACB en los Estados Unidos. Es importante enfatizar que varias características diferentes de una proporción de sexo dominada por hembras pueden promover este resultado, tales como: supervivencia diferencial o número de hospederos consumidos para obtener un nuevo parasitoide.

3.3. Respuestas funcionales

Las respuestas funcionales muestran cómo cambia el número de presas consumidas por un depredador frente a un cambio en la abundancia de estas. El trabajo fundacional de Holling (1959a, 1959b) abrió la puerta a un fuerte desarrollo teórico que ha sido fundamental en el área del control biológico. En términos generales, Holling (1959a, 1959b) describió tres tipos básicos de respuestas funcionales llamados tipo I, II y III. La respuesta tipo I es una respuesta lineal solo observada en filtradores (Jeschke *et al.*, 2004). Las respuestas tipo II y III corresponden en general a aquellas de especialistas y generalistas, respectivamente. Si miramos en detalle la ecuación que describe la respuesta funcional tipo II, también llamada "ecuación del disco", podremos distinguir dos parámetros clave:

$$N^* = \frac{axT_t}{1 + axT_h}$$

Donde N^* es la cantidad de presas consumidas por un depredador (o enemigo natural en general). La densidad de presas disponibles es x y T_t es el tiempo total de observación. T_h y a son parámetros conocidos como tiempo de manipulación y tasa instantánea de descubrimiento. El tiempo de manipulación corresponde al tiempo transcurrido entre la captura de una presa y el comienzo de la búsqueda de la siguiente, mientras la tasa instantánea de descubrimiento es el producto de la tasa de búsqueda por la probabilidad de encontrar una presa (Holling, 1959a, 1959b). Para ambos parámetros se ha descrito su importancia en el control biológico, incluso antes de la formulación de Holling, aunque no siempre utilizando exactamente el mismo sentido de su definición. Nicholson, ya en 1933, utilizó esta idea en su definición de "área de búsqueda" y "área de descubrimiento" en su modelo de dinámica depredador - presa. Huffaker *et al.* (1976) indicaron que este es uno de los conceptos más ambiguos en el manejo de plagas y propusieron una definición general: el rasgo o conjunto de rasgos que permiten que un ACB se mantenga a bajas densidades de la plaga, y señalaron que existe un consenso sobre la importancia de una alta eficiencia de búsqueda para un ACB exitoso. Doutt (1964) propuso que los conceptos más específicos son poder de locomoción, supervivencia, agresividad y persistencia. Beddington *et al.* (1978), trabajando con modelos matemáticos y datos de laboratorio, descubrieron que la eficiencia de búsqueda era una de las variables que mejor explicaban los grados de supresión observados. May y Hassell (1988) enfatizaron este resultado, pero agregaron más variables explicativas. Por otra parte, Murdoch *et al.* (1985), después de examinar seis ejemplos clásicos de control biológico exitoso, sugieren que cuando los ACB utilizan la estrategia de "búsqueda y destrucción" (extinción y colonización tanto del ACB como del hospedero en un paisaje irregular), la eficiencia de búsqueda es un rasgo clave para lograr densidades de equilibrio estables y bajas de la plaga. Sin embargo, una década después Murdoch *et al.* (1996) sugirieron que este rasgo es intercambiable con otros, y su importancia es relativa. Kimberling (2004) no encontró relación de este rasgo con el éxito de la introducción de ACB en los Estados Unidos. Del mismo modo, Fagan *et al.* (2002), sugirieron un posible compromiso entre la eficiencia de búsqueda y otros rasgos deseables, como la dispersión. Por lo tanto, en la evaluación de posibles ACB es importante no considerar esto como el único rasgo a considerar.

En el caso del tiempo de manipulación, es claro que las tasas de ataque están inversamente relacionadas con este, por lo que se espera que el tiempo de manipulación aumente con una baja disponibilidad o accesibilidad de la presa (Hassell, 2000). Por contraparte, plagas gregarias o especializadas podrían estar sometidas a enemigos naturales con alta tasa de ataque. Esto último debido a que habría más presas por punto de búsqueda y menos lugares donde buscar (Hassell, 2000). A esto se suma que algunas plagas muy especializadas, además producen algunos volátiles que facilitan la detección por parte de los ACB (Powell y Poppy, 2001; Vet *et al.*, 2002). Sin embargo, se requiere profundizar en este tema, ya que los resultados obtenidos suelen estar referidos a plagas de lepidópteros y coleópteros (Dyer y Gentry, 1999), por lo que debe tenerse precaución en su generalización.

3.4. Respuesta de agregación a parches de la presa

Huffaker *et al.* (1976), sugirieron que cuando los ACB tienen una respuesta funcional tipo II y un número de generaciones igual o menor que la plaga a controlar, entonces la agregación en puntos de mayor densidad de la plaga es la mejor respuesta para obtener un equilibrio estable. Esta sugerencia es apoyada por Beddington *et al.* (1978) y Mills (2005) tras analizar diversos programas de control biológico exitosos. Sin embargo, Murdoch *et al.* (1984) y Murdoch *et al.* (1985), señalan que la evidencia empírica que respalda esta hipótesis es débil, particularmente en insectos tales como las escamas (Hemiptera).

3.5. Especificidad de presas

Huffaker *et al.* (1976), indicaron que la evidencia empírica y los enfoques teóricos señalaban que los ACB específicos de una cierta plaga son más adecuados para los programas de control biológico que los polífagos. El argumento principal es que la coevolución ha adaptado al ACB a la mayoría de las características fisiológicas y de comportamiento de la plaga. Por otro lado, Hokkanen y Pimentel (1984, 1989) explicaron que las nuevas asociaciones en la relación plaga - ACB pueden ser útiles para controlar algunas plagas nativas. Murdoch *et al.* (1985), identificaron cierto nivel de polifagia como una característica deseable de un ACB con una estrategia de "permanecer y esperar" (extinción y colonización del hospedero y persistencia de ACB en un paisaje irregular). La evidencia empírica es contradictoria: Stiling y Corneliessen (2005) están de acuerdo con la hipótesis previa de Murdoch *et al.* (1985) y respaldan su conclusión en un análisis de 233 casos en todo el mundo, pero Kimberling (2004), de un análisis de base de datos de EE.UU., indica que los ACB especializados tienen un mejor desempeño histórico que los polífagos. La evidencia sobre el nivel de éxito de programas usando ambos tipos de enemigos naturales es contradictorio. Jacas *et al.* (2006) no encontraron relación entre la tasa de éxito y el nivel de especificidad para la base de datos de artrópodos introducidos en España; sin embargo, Diehl *et al.* (2013), al analizar programas de control biológico en áfidos, mostraron que los programas basados en especialistas o que incluían al menos un especialista fueron más exitosos que aquellos basados en solo generalistas. Similar resultado encontraron Kenis . (2017), al analizar la actualización de la base de datos global BIOCAT descubrieron que los parasitoides (con tendencia a la especificidad) mostraron mayor tasa de establecimiento y control exitoso que la de depredores (más generalistas). A pesar de los argumentos favorables para la polifagia, el punto más crítico en el uso de ACB polífagos es el riesgo creciente de efectos no deseados sobre otras especies (McEvoy, 1996; van Lenteren *et al.*, 2006).

3.6. Tiempo generacional

Por regla general, se sugiere que el tiempo generacional influye en el desempeño del ACB de manera indirecta. Huffaker *et al.* (1976) indican que cuando un ACB tiene varias generaciones en uno de los hospederos, es posible lograr un control exitoso de plagas. Esto es confirmado por Barlow *et al.* (2002) con evidencia de modelos epidemiológicos y datos de campo. Estos autores encontraron que la relación entre el tiempo generacional del ACB y el hospedero es un buen predictor del porcentaje de supresión. Esta idea fue corroborada con datos del gorgojo argentino del tallo y la avispa chaqueta amarilla en Nueva Zelanda, y por Kimberling (2004) utilizando datos de 87 introducciones de ACB en los Estados Unidos. Sin embargo, los tiempos de generación podrían cambiar de forma no acoplada en diferentes entornos, y la proporción podría ser específica del sitio, debido al umbral de desarrollo o la respuesta fisiológica a las temperaturas acumuladas podría ser diferente (Stinner *et al.*, 1974; Dent, 2000).

3.7. Etapa de desarrollo del hospedero donde actúa el ACB

Este rasgo tiene una estrecha relación con la teoría del refugio, porque se considera que un ACB capaz de superar la barrera que el refugio proporciona al hospedero tiene una mayor probabilidad de éxito. May y Hassell (1988) sugieren, a partir de un análisis de un modelo teórico, que cuanto más temprana sea la etapa de desarrollo atacada por el ACB, más probable es el establecimiento de este debido a la mayor cantidad de hospederos disponibles. En la misma línea, Murdoch y Briggs (1996), con un modelo estructurado por estados, descubrieron que, si la duración de las etapas de desarrollo del hospedero son iguales y la mortalidad ocurre solo por la acción del ACB, mientras más temprano actúe el ACB, menor será la población adulta del hospedero. A pesar de este resultado, los resultados empíricos de Kimberling (2004) no encontraron ninguna relación entre el estado de desarrollo atacado y el éxito de un ACB. Finalmente, Blackburn (1991a) informa una relación negativa entre la fecundidad y la duración de la ventana de vulnerabilidad del hospedero atacada lo cual podría tener implicancias sobre la selección de un ACB para un programa dado.

3.8. Tamaño corporal

El tamaño del cuerpo se correlaciona con la fertilidad, la dispersión, entre otras variables muy importantes (West *et al.*, 2000) en el alcance del manejo de plagas, y por esta razón es importante evaluarlo. Siguiendo a Gaston (1988), una idea interesante como regla de decisión en un escenario de varios candidatos a ACB, pero con información biológica reducida, sería seleccionar el ACB más pequeño porque esto probablemente tenga una mayor tasa de crecimiento poblacional, una característica deseable de acuerdo a lo revisado en las secciones previas. Desafortunadamente, esta relación no es clara dentro de los órdenes de la clase Insecta. Esto último es confirmado por Blackburn (1991a, 1991b), quien no encontró relación entre la longitud corporal y la fecundidad para 474 especies de parasitoides. Sin embargo, es necesario tener en cuenta que los datos sobre la masa corporal en los insectos son muy escasos y, por lo general, se utiliza la longitud corporal, lo que no es tan preciso para describir las consecuencias metabólicas del tamaño corporal.

4. CARACTERÍSTICAS AMBIENTALES

4.1. Correspondencia climática

Una de las sentencias más clásicas en la tradición del control biológico es que debe existir una correspondencia climática entre el área objetivo de liberación del ACB y la distribución nativa de este (van Driesche y Bellows, 1996; Bellows y Fischer, 1999). El sentido común indica que para maximizar la tasa de control es necesario que los ACB estén preadaptados a las condiciones climáticas en el área objetivo, para así mostrar sus óptimas características biológicas, como la fertilidad o la eficiencia de búsqueda, aun cuando algunos autores ponen en duda esta máxima (van Klinken *et al.*, 2002). Stiling (1993) indica que la falta de correspondencia climática es el factor principal en el fracaso de los programas de control biológico. Hoelmer y Kirk (2005) expresan un énfasis similar, indicando que hoy en día la evaluación de correspondencia climática es un paso obligatorio en cualquier programa de introducción de ACB. Hatherly *et al.* (2005), señalaron que, como regla general para el Reino Unido, el umbral de tolerancia a bajas temperaturas ($LTime_{50}$ a 5 °C) es un criterio confiable para establecer el potencial de los ACB, siendo aquellas especies con un alto umbral mejores prospectos. El aumento global de las temperaturas supone un riesgo mayor tanto para los programas de control biológico como para las relaciones hospedero-parásito en general (Furlong y Zalucki, 2017).

4.2. Heterogeneidad espacio-temporal

Dado que el ACB no está necesariamente adaptado al mismo entorno que el hospedero o tiene un desempeño óptimo bajo diferentes condiciones ambientales, los profesionales del control biológico deben considerar la heterogeneidad espacio-temporal en el diseño de sus estrategias, tales como la liberación de ACB (Hopper y Roush, 1993), planes de contingencia, cambios en el área de cultivo (Barlow *et al.*, 2002), etc. Ya en Nicholson

(1933) podemos encontrar referencias de la influencia de los factores ambientales en varios atributos deseables de los programas de control biológico, pero Levins (1969) fue el primero en enfatizar y formalizar la importancia de la heterogeneidad espacio-temporal y comprender sus consecuencias para el control biológico. En particular, Levins (1969) enfatizó que la tasa de supresión no será homogénea a escala regional. Ante esto, Beddington *et al.* (1978), indicaron que la heterogeneidad espacial debe incorporarse en los modelos matemáticos, debido a que es necesario un enfoque más realista para obtener mejores predicciones de la relación ACB-hospedero en el campo. Estos autores incorporaron esta variable de dos maneras: refugios y una tasa de ataque diferencial de ACB dependiendo del contexto ambiental, pero los resultados obtenidos de estos modelos son apenas comparables a los datos de laboratorio y de campo que utilizaron como validación. Kean y Barlow (2000), utilizando un modelo de metapoblaciones, demostraron que es posible producir un control estable del hospedador y una persistencia alta del parasitoide en un sistema espacialmente heterogéneo, aunque no tan alta como en algunos casos reales. Thies y Tscharntke (1999) dieron un ejemplo más concreto de la influencia de la heterogeneidad espacial en el desempeño de los ACB a partir de experimentos de campo. Descubrieron que la antigüedad y el tamaño del área no cultivada fueron los factores principales que mejoraron la eficiencia del control biológico del escarabajo del polen en Alemania. Finalmente, Roland y Taylor (1997), y Roth *et al.* (2006), mostraron que la fragmentación del paisaje puede ser un factor clave en la mantención y estabilidad de las relaciones parasitoide-hospedero, aun cuando la forma de esta respuesta puede ser compleja y difícil de generalizar.

La heterogeneidad temporal también ha sido estudiada. Lloyd (1960) señaló que existe una relación positiva entre un control biológico efectivo y la persistencia del cultivo en sus ubicaciones geográficas (cultivos perennes). Por otro lado, Gross (1991) no encontró asociación entre 38 programas exitosos contra plagas de lepidópteros y la estabilidad del hábitat (cultivos anuales, huertos y bosques, en un nivel creciente de estabilidad).

5. CONSIDERACIONES PARA ESTRATEGIAS DE LIBERACIÓN

5.1. Cantidad de ACB liberados

Cuando un enemigo natural se libera en una nueva área, su población sufre un cuello de botella genético debido a que los individuos recolectados son solo una pequeña parte del acervo genético de la especie en su distribución natural, y esto limita su capacidad de adaptarse al nuevo entorno (Stouthamer *et al.*, 1992). En las familias Ichneumonidae y Braconidae, este cuello de botella genético puede causar una proporción sexual anómala, con tendencia a la producción de machos diploides, los cuales tienen una fertilidad disminuida (Stouthamer *et al.*, 1992). Al menos en parte, la fertilidad influye en el número crítico de ACB liberados necesarios para el establecimiento. Hopper y Roush (1993) evaluaron esta hipótesis con datos sobre las introducciones de lepidópteros en Canadá. Sus resultados muestran que programas con un mayor número de individuos liberados se asociaron significativamente con un establecimiento exitoso. Es especialmente interesante el número crítico de 1.000 - 10.000 individuos liberados por sitio y temporada para tener una probabilidad aceptable de establecimiento. Este resultado fue obtenido por Hopper y Roush (1993) y Barbosa *et al.* (1994), con conjuntos de datos independientes. Este número crítico parece un umbral empírico, por encima del cual la población tiene una mayor posibilidad de evitar la extinción debido a la estocasticidad ambiental o al efecto Allee.

5.2. Estrategias de liberación espacial y temporal

Otro punto interesante, complementario a cuántos individuos son liberados, es cómo liberarlos. ¿Qué es más efectivo, una liberación masiva en un punto o varios liberaciones pequeñas en varios puntos? Hopper y Roush (1993) enfatizaron que la estrategia depende del número disponible de ACB y la estocasticidad ambiental. Si el número disponible es pequeño, su análisis sugiere que deberían liberarse en el mismo momento y lugar. Cuando la estocasticidad ambiental es la principal barrera para el establecimiento, entonces es razonable liberar ACB en varias ocasiones y lugares. Otra sugerencia de Hopper *et al.* (1993) es que pequeñas liberaciones en diferentes entornos podrían maximizar la adaptación local a través de "revoluciones genéticas", usando las ideas de Murray (1984). Gresvtad (1999) usó un modelo de simulación para evaluar la importancia relativa del efecto Allee y la estocasticidad ambiental y propuso que cuando la primera es la fuerza principal que impide el establecimiento, la mejor estrategia es una sola gran liberación, pero en el segundo caso varias liberaciones pequeñas podrían tener éxito. Shea y Possingham (2000), utilizando un modelo de metapoblaciones, propusieron una estrategia mixta con varias liberaciones de diverso tamaño, para así minimizar el riesgo de no establecimiento y maximizar el número y los sitios de liberación. Además, esta estrategia proporcionará información sobre la función de probabilidad de establecimiento en función del número de individuos liberados del ACB. Con esta información, es posible una estrategia de liberación óptima. Finalmente, Ehler (1998) hace un consejo interesante sobre la oportunidad temporal de implementar un programa de control biológico. Sugiere que debido a los cortos tiempos generacionales de la mayoría de los insectos, la adaptación a las nuevas condiciones locales es más rápida y podrían surgir incompatibilidades entre la plaga y el ACB si aumenta el período de tiempo entre la invasión inicial de la plaga y la introducción del ACB.

5.3. Introducciones de una a varias especies de ACB

Existe un gran debate sobre los beneficios del uso de múltiples ACB. Kakehashi *et al.* (1984), a través de un análisis de modelo de un hospedero y dos ACB, mostró que la superposición de nicho es un factor clave en el establecimiento y la coexistencia de múltiples ACB. Bajo una superposición de nicho completa, los desempeños solitarios son siempre superiores, pero cuando la superposición no es completa, la capacidad competitiva es el factor clave y, bajo algunas condiciones, es posible la coexistencia. May y Hassell (1988) analizaron la coexistencia de ACB generalistas y especialistas y descubrieron que un especialista puede persistir más fácilmente si actúa en un estado de desarrollo de la plaga previo a aquel donde actúa el generalista. Por otra parte, Denoth *et al.* (2002) analizando 108 programas de control biológico, no encontraron diferencias en la tasa de éxito entre los programas de agentes múltiples y únicos. Además, en el 68% de los programas múltiples, un solo ACB fue responsable del éxito. El último resultado puede deberse al efecto lotería, donde las liberaciones de múltiples agentes tienen mayor probabilidad de encontrar al mejor ACB. Un punto muy relevante lo dan Ikegawa *et al.* (2015), quienes usando modelos matemáticos mostraron que en el caso de plagas que pueden asignar recursos a su defensa contra enemigos naturales de forma facultativa, la estrategia de múltiples ACB será más efectiva incluso si existe una fuerte depredación intragremio.

El tipo de ciclo de vida de la plaga puede ser también un factor relevante a la hora de decidir si un programa utilizará una o varias especies de enemigos naturales. Paredes *et al.* (2014) mostraron que los especialistas son más efectivos cuando la plaga posee un ciclo de vida simple (áfidos), pero su desempeño es pobre en plagas de ciclo de vida complejo (lepidópteros).

6. UNA NOTA SOBRE LA BIOSEGURIDAD

El éxito de los programas de control biológico debe evaluarse en un marco de costo-beneficio. En este contexto, es esencial que el programa, además de un control exitoso de la plaga, no tenga efectos sobre especies no objetivo (Louda y Stiling, 2004). Los métodos para evaluar el riesgo de efectos no deseados no están en el alcance de esta revisión, pero es importante tener esto en cuenta. Para una visión detallada de este tema, ver van Lenteren *et al.* (2006), Heimpel y Cock (2018) y Lavanderos *et al.* en este volumen.

7. CONCLUSIONES FINALES Y RECOMENDACIONES

El nivel de exposición, la fertilidad de ACB y la relación ACB / tamaño del cuerpo del hospedero, la coincidencia climática y los números publicados parecen ser los mejores candidatos para generalizaciones sobre lo que hace un programa de control biológico de artrópodos exitoso. Más investigación teórica y empírica sobre estas características podría proporcionar estándares valiosos para facilitar el trabajo de los profesionales y aumentar la baja tasa de éxito que este tipo de programas tienen hoy en día. El número de individuos liberados aparece como un factor clave en el establecimiento de un ACB. El número crítico detectado por Hopper y Roush (1993) y Barbosa *et al.* (1994) probablemente se convertirá en un estándar para los practicantes. Nuevos análisis pueden confirmar la consistencia de este número crítico. ¿Qué estrategia espacial o temporal utilizar? Parece una decisión idiosincrásica, porque la condición de estabilidad depende de las características locales, y no parece posible una generalización. Para minimizar los riesgos de falla, los profesionales deben tener en cuenta todos los factores involucrados en la estabilidad del área objetivo. Finalmente, las liberaciones individuales aparecen como la estrategia más compatible. Además, a pesar de la evidencia mínima sobre los efectos no objetivo de los ACB (van Lenteren *et al.*, 2006), es necesario evitar riesgos, reduciendo al máximo la introducción de organismos exóticos. Cuando se encuentran disponibles múltiples ACB potencialmente efectivos, las introducciones separadas temporales y espaciales son la mejor estrategia para prevenir interacciones negativas y detectar lo más rápido posible el mejor ACB (Denoth *et al.*, 2002).

8. AGRADECIMIENTOS

SAE agradece el apoyo de CAPES, ANID PIA/BASAL FB0002.

9. REFERENCIAS

Barbosa, P., Braxton, S. M. y A. E. Segarra-Carmona. (1994). A history of biological control in Maryland. *Biological Control*, 4(3),185-243.

Barlow, N. D., Kean, J. M. y Goldson, S. L. (2002). Biological control lessons: modelling successes and failures in New Zealand. Proceedings of the 1st International Symposium on *Biological Control of Arthropods* (pp. 105-107).

Beddington, J. R., Free, C. A. y J. H. Lawton. (1978). Characteristics of successful natural enemies in models of biological control of insect pests. *Nature, 273*, 513-519.

Bellows, T. S. y Fisher, T. W. (1999). *Handbook of biological control*. Academic Press, USA.

Blackburn, T. M. (1991a). A comparative examination of life-span and fecundity in parasitoid Hymenoptera. *Journal of Animal Ecology*, 60,151-64.

Blackburn, T. M. (1991b). Evidence for a fast slow continuum of life-history traits among parasitoid Hymenoptera. *Functional Ecology*, 5, 65-74.

Clausen, C. P. (1978). Introduced parasites and predators of arthropod pests and weeds: a world review. U.S.D.A. Agricultural Research Service, Agricultural Handbook No. 480.

Cock, M. J., Murphy, S. T., Kairo, M. T., Thompson, E., Murphy, R. J., y Francis, A. W. (2016). Trends in the classical biological control of insect pests by insects: an update of the BIOCAT database. *BioControl*, 61, 349-363.

Cohen, J. E., Jonsson, T., Muller, C. B., Godfray, H. C. y Savage, V. M. (2005). Body sizes of hosts and parasitoids in individual feeding relationships. *Proceedings of the National Academy of Sciences*, 102, 684-689.

Denoth, M., L. Frid y J. H. Myers. (2002). Multiple agents in biological control: improving the odds? *Biological Control*, 24, 20-30.

Dent, D. (2000) *Insect pest management* (2nd ed.). New York: CAB International.

Diehl, E., Sereda, E., Wolters, V., y Birkhofer, K. (2013). Effects of predator specialization, host plant and climate on biological control of aphids by natural enemies: a meta analysis. *Journal of Applied Ecology*, 50: 262-270.

Doutt, R. L. (1964). The history and development of biological control. En P. DeBach, (Ed.), *Biological control of insect pests and weeds* (pp. 21-42). London: Chapman & Hall.

Dyer L. y G. Gentry. (1999). Predicting natural-enemy responses to herbivores in natural and managed systems. *Ecological Applications*, 9, 402-408.

Ehler, L. E. (1998). Invasion biology and biological control. *Biological Control*, 13, 127-133.

Fagan, F., Lewis, M., Neubert, W. y van den Driessche, P. (2002). Invasion theory and biological control. *Ecology Letters*, 5(1), 148-157.

Furlong, M. J., y Zalucki, M. P. (2017). Climate change and biological control: the consequences of increasing temperatures on host-parasitoid interactions. *Current Opinion in Insect Science*, 20, 39-44.

Gaston, K. J. (1988). The intrinsic rates of increase of insects of different sizes. *Ecological Entomology*, 14, 399-409.

Greathead, D. J., y Greathead, A. J. (1992). Biological control of insect pests by insect parasitoids and predators: The Biocat Database. *Biocontrol News and Information*, 13, 61-68.

Grevstad, F. S. (1999). Factors influencing the chance of population establishment: implications for release strategies in biocontrol. *Ecological Applications*, 9(4), 1439-1447.

Gross, P. (1991). Influence of target pest feeding niche on success rates in classical biological control. *Environmental Entomology*, 20, 1217-1227.

Hassel, M. P. (2000). *The spatial and temporal dynamics of host-parasitoid interactions*. Oxford: Oxford University Press Inc.

Hatherly, I. S., Hart, A. J., Tullett, A. G. y Bale, J. S. (2005). Use of thermal data as a screen for the establishment potential of non-native biocontrol agents in the UK. *BioControl*, 50, 687-698.

Hawkins, B. A. y Cornell, H. V. (1994). Maximum parasitism rates and successful biological control. *Science*, 266: 1886.

Heimpel, G. E., y Cock, M. J. (2018). Shifting paradigms in the history of classical biological control. *BioControl*, 63, 27-37.

Hoelmer, K. A. y Kirk, A. A. (2005). Selecting arthropod biological control agents against arthropod pests: Can the science be improved to decrease the risk of releasing ineffective agents? *Biological Control*, 34, 255-264.

Hokkanen, H. M. y Pimentel, D. (1984). New approach for selecting biological control agents. *The Canadian Entomologist*, 116(88), 1109-1121.

Hokkanen, H. M. y Pimentel, D. (1989). New associations in biological control: theory and practice. *The Canadian Entomologist*, 12, 829-840.

Holling, C. S. (1959a). Some characteristics of simple types of predation and parasitism. *The Canadian Entomologist*, 9, 385-398.

Holling, C. S. (1959b). The components of predation as revealed by a study of small-mammal predation of the European pine sawfly. *The Canadian Entomologist*, 91, 293-320.

Hopper, K. R., y Roush R. T. (1993). Mate finding, dispersal, number released, and the success of biological control introductions. *Ecological Entomology*, 18, 321-330.

Hopper, K. R., Roush, R. T., y Powell, W. (1993). Management of genetics of biological-control introductions. *Annual review of Entomology*, 38, 27-51.

Huffaker, C. B., Luck, R. F. y Messenger P. S. (1976). The ecological basis of biological control. En J.S. Packer y D. White (Eds). *Proceedings of XV International Congress of Entomology* (pp. 560-586). The Entomological Society of America.

Ikegawa, Y., Ezoe, H., y Namba, T. (2015). Adaptive defense of pests and switching predation can improve biological control by multiple natural enemies. *Population Ecology*, 57, 381-395.

Jacas, J., Urbaneja, A. y E. Viñuela. (2006). History and future of introduction of exotic arthropod biological control agents in Spain: a dilemma? *BioControl*, 51, 1-30.

Jeschke, J. M., Kopp, M., y Tollrian, R. (2004). Consumer-food systems: why type I functional responses are exclusive to filter feeders. *Biological Reviews*, 79, 337-349.

Kakehashi, M., Y. Suzuki, y Y. Iwasa. (1984). Niche overlap of parasitoids in host-parasitoid systems: its consequences to single versus multiple introduction controversy in biological control. *Journal of Applied Ecology*, 21, 115-131.

Kareiva, P. M. (1996). Contributions of ecology to biological control. *Ecology*, 77, 1963-1964.

Kean, J. M. y Barlow, N. D. (2000). Can host-parasitoid metapopulations explain successful biological control? *Ecology*, 8, 2188-2197.

Kenis, M., Hurley, B. P., Hajek, A. E., y Cock, M. J. (2017). Classical biological control of insect pests of trees: facts and figures. *Biological Invasions*, 19, 3401-3417.

Kimberling, D. (2004). Lessons from history: Predicting successes and risks of intentional introductions for arthropod biological control. *Biological Invasions*, 6(3), 301-318.

Lane, S. D., Mills, N. J. y Getz, W. M. (1999). The effects of parasitoid fecundity and host taxon on the biological control of insect pests: the relationship between theory and data. *Ecological Entomology*, 24, 181-190.

Levins, R. (1969). Some demographic and genetic consequences of environmental heterogeneity for biological control. *Bulletin of the Entomological Society of America*, 15, 237-240.

Louda, S. y Stiling, P. (2004). The double-edged sword of biological control in conservation and restoration. *Conservation Biology*, 18, 50-53.

Lloyd, D. C. (1960). Significance of the type of host plant crop in successful biological control of insect pests. *Nature*, 187, 430-431.

May, R. M. y M. P. Hassell. (1988). Population dynamics and biological control. *Philosophical Transactions of the Royal Society of London, Series B*, 318, 129-169.

McEvoy, P. B. (1996). Host specificity and biological pest control. *Bioscience*, 46: 401-405.

McEvoy, P. B. (2018). Theoretical contributions to biological control success. *BioControl*, 63, 87-103.

Mills, N. J. (2005). Selecting effective parasitoids for biological control introductions: Codling moth as a case study. *Biological Control*, 34, 274-282.

Mills, N. J. y Getz, W. M. (1996). Modelling the biological control of insect pests: a review of host parasitoid models. *Ecological Modeling*, 92, 121-143.

Murdoch, W. W. y Briggs, C. J. (1996). Theory for biological control: recent developments. *Ecology*, 7, 200 -2013.

Murdoch, W. W., Briggs, C. J. y Nisbet, R. M. (1996). Competitive displacement and biological control in parasitoids, a model. *American Naturalist*, 148, 807-826.

Murdoch, W. W, Briggs, C. J. y Swarbrick, S. (2005). Host suppression and stability in a parasitoid-host system: Experimental demonstration. *Science*, 309(5734), 610-613.

Murdoch, W. W., Chesson, J. y Chesson, P. L. (1985). Biological control in theory and practice. *American Naturalist*, 125, 344 -366.

Murdoch, W. W., Reeve J. D., Huffaker C. B. y Kennett C. E. (1984). Biological control of olive scale and its relevance to ecological theory. *American Naturalist*, 123, 371-392.

Murray, N. D. (1984). Rates of change in introduced organisms. En Proceedings VI International Symposium on *Biological Control of Weeds* (pp. 191-199) Ottawa. Agriculture Canada.

Nicholson, A. J. (1933). The balance of animal populations. *Journal of Animal Ecology*, 2, 132-78.

Paredes, D., Cayuela, L., Gurr, G. M., y Campos, M. (2015). Is ground cover vegetation an effective biological control enhancement strategy against olive pests? *PLOS ONE*, 10, e0117265.

Powell, W. y Poppy, G. (2001). Host location by parasitoids. En I.P. Woiwod, D. R Reynolds, y C. D. Thomas (Eds.), *Insect movement: mechanisms and consequences*. Wallingford: CAB International.

Roland, J., y Taylor, P. D. (1997). Insect parasitoid species respond to forest structure at different spatial scales. *Nature*, 386, 710-713.

Roth, D., Roland, J., y Roslin, T. (2006). Parasitoids on the loose-experimental lack of support of the parasitoid movement hypothesis. *Oikos*, 115, 277-285.

Shea, K. y Possingham, H. P. (2000). Optimal release strategies for biological control agents: an application of stochastic dynamic programming to population management. *Journal of Applied Ecology*, 37, 77-86.

Sheppard, A. W. y Raghu, S. (2005). Working at the interface of art and science: How best to select an agent for classical biological control? *Biological Control*, 34, 233-235.

Stiling, P. (1993). Why do natural enemies fail in classical biological control programs? *American Entomologist*, 39, 31-37.

Stiling, P. y Cornelissen, T. (2005). What makes a successful biocontrol agent? A meta-analysis of biological control agent performance. *Biological Control*, 34, 236-246.

Stinner, R.E., Gutiérrez, A.P. y Butler, G.D. (1974). An algorithm for temperature-dependent growth rate stimulation. *The Canadian Entomologist*, 106, 519-524.

Stouthamer R., Luck, R. F. y Werren, J. H. (1992). Genetics of sex determination and the improvement of biological control using parasitoids. *Environmental Entomology*, 21, 427-435.

Thies, C., y Tscharntke, T. (1999). Landscape structure and biological control in agroecosystems. *Science*, 285, 893-895.

van Driesche, R.D. y Bellows, T. S. (1996). *Biological control*. New York: Chapman y Hall.

van, Klinken, R. D, Fichera, G. y Cordo, H. (2003). Targeting biological control across diverse landscapes: the release, establishment, and early success of two insects on mesquite (*Prosopis spp.*) insects in Australian rangelands. *Biological Control*, 26, 8-20.

Van Lenteren, J.C., Bale, J., Bigler, F., Hokkanen H. M.y Loomans, A. J. (2006). Assessing risks of releasing exotic biological control agents of arthropod pests. *Annual Review of Entomology*, 51, 609-634.

Vet, L. E., Hemerik, L., Visser, M. E., y Wäckers, F. L. (2002). Flexibility in host search and patch use strategies of insect parasitoids. En E. E. Lewis, J. F. Campbell, y M. V. K. Sukhdeo (Eds.), *The Behavioural Ecology of Parasites* (pp. 39-64). New York: CAB International.

West, G. B., Brown, J. H. y Enquist, B. J. (2000). The origin of universal laws in biology. En: J. H. Brown, y G. B.West (Eds.), *Scaling in Biology* (pp. 87-112). Oxford: Oxford University Press.

Yuen J. y Djurle, A. (2003). *Some notes on epidemiology: An introduction to disease in plant populations*. Department of Ecology and Crop Production Sciences. Swedish University of Agricultural Sciences.

CAPÍTULO 8

BIOLOGÍA DE INVASIONES APLICADA A PLAGAS SILVOAGRÍCOLAS

SERGIO A. ESTAY[1,2], CARMEN P. SILVA[1], DANIELA N. LÓPEZ[1],
MAGDALENA F. HUERTA[1] Y FRANCISCA BOHER[2]

[1] *Instituto de Ciencias Ambientales y Evolutivas,
Universidad Austral de Chile. Valdivia, Chile.*
[2] *Center of Applied Ecology and Sustainability (CAPES),
Pontificia Universidad Católica de Chile. Santiago, Chile.*

RESUMEN

Los diversos cuerpos teóricos utilizados en el estudio de las invasiones biológicas son de alta utilidad para entender y gestionar el impacto de algunas plagas silvoagrícolas. En una primera mirada, estos cuerpos teóricos son fundamentales para entender los procesos de introducción y establecimiento de plagas cuarentenarias. Las diversas hipótesis que nos permiten entender cómo una especie exótica se convierte en invasiva (capaz de generar un impacto significativo) son a la vez claves para diseñar acciones eficientes de control. Los mismos cuerpos teóricos son valiosos para una adecuada evaluación de riesgo de que un organismo dado se convierta en invasor, dando soporte a la toma de decisiones en torno a medidas preventivas. Si bien las hipótesis ecológicas que se han aplicado a la biología de invasiones son múltiples, las más importantes e influyentes son revisadas en este capítulo, poniendo énfasis en su aplicación y consecuencias prácticas.

1. INTRODUCCIÓN

Desde los orígenes de la agricultura, hace alrededor de 11.000 años, los seres humanos se han preocupado del manejo de plagas. En un principio, relacionado a aquellas especies nativas que generaban algún tipo de daño a la especie cultivada; sin embargo, el avance de las civilizaciones, la migración humana y la consolidación del comercio entre distintas regiones, llevó a que junto con el movimiento de cultivos y ganado, se produjese el movimiento de sus organismos asociados (Buckland, 1981).

El movimiento transcontinental de organismos se ha intensificado en los últimos 200 años, junto con los de personas, bienes y servicios. Siendo este movimiento originalmente limitado por la disponibilidad y velocidad del transporte marítimo, se ha visto acelerado por el desarrollo del transporte aéreo en los últimos 100 años (Wainhouse, 2005). La economía y el comercio internacional han estado históricamente implicados en la diseminación de especies exóticas invasoras. Muchas especies invasoras son transportadas como polizones a través de las rutas del comercio internacional. A modo de ejemplo, existen casos en que el transporte marino ha estado implicado en el 60% de la introducción de especies exóticas para una región en particular (Horan y Lupi, 2005). Como resultado, todos los países tienen cientos o miles de especies exóticas establecidas en sus ecosistemas (Mack, 2003; Langor y Sweeney, 2009); un número que probablemente crezca en el futuro proporcionalmente al intercambio comercial entre países (Pimentel, 2002).

La introducción de especies exóticas a través del comercio responde a causas voluntarias e involuntarias. Dentro de las causas voluntarias se encuentran las especies introducidas con fines ornamentales, silvicultura, industria avícola, piscicultura, mascotas, acuicultura, pesca deportiva, caza, investigación, peletería, control biológico y fines alimenticios por mencionar los más comunes. En tanto las introducciones involuntarias responden principalmente al intercambio de especies producto de las actividades humanas asociadas al crecimiento económico y poblacional, particularmente al transporte, comercio y viajes (Di Castri, 1989; Perrings *et al.*, 2005). Las introducciones involuntarias, requieren especial atención en su control ya que son más difíciles de pesquisar y muchas veces son notadas cuando la especie se encuentra naturalizada y ha alcanzado una extensa distribución en el área de introducción.

En respuesta a esta situación, recientemente se ha extendido y generalizado la preocupación por controlar el ingreso de especies que podrían convertirse en plagas afectando tanto ambientes productivos como naturales (Ide *et al.*, 2014). En esta línea, los insectos han tenido un papel preponderante, pues han incentivado el desarrollo de políticas de control nacional e internacional. En este punto, es interesante notar que históricamente las primeras iniciativas de control fronterizo sobre especies invasoras emergieron como respuesta a insectos plaga que causaron un enorme perjuicio al sector productivo de Europa y Norteamérica (Ide *et al.*, 2014).

La mayor parte de las introducciones de insectos ocurre de forma accidental, principalmente asociados al movimiento de plantas o productos vegetales (Wainhouse, 2005). En los primeros estados del intercambio comercial transcontinental, los principales medios de dispersión de insectos fueron el transporte de plantas (y el suelo que estas portaban), semillas, madera y otros productos vegetales (ver Di Castri, 1989 para un resumen de la historia de las invasiones biológicas). Sin embargo, una vez que el intercambio de estos productos comenzó a ser reglamentado, otras vías de ingreso comenzaron a tomar mayor importancia, como por ejemplo el transporte accidental por turistas o el comercio de productos de origen vegetal como artesanías o material de embalaje.

Junto a esta presión de ingreso, el éxito de una invasión dependerá de múltiples factores ligados a la región invadible o al organismo invasor, entre los que podemos someramente mencionar: (1) las propiedades del ecosistema, incluyendo la resistencia a la invasión y el grado de perturbación ecológica; (2) la presión de propágulos del invasor; (3) las propiedades del invasor, como el potencial de invasión y capacidad de naturalizarse; (4) las propiedades de las especies nativas, como la habilidad competitiva (Londsale, 1999), entre muchas otras. En las siguientes secciones revisaremos diversas hipótesis que explican el potencial invasor de un organismo y cómo esto puede ser de gran utilidad en el diseño de las estrategias de control. Las hipótesis desarrolladas para explicar las invasiones biológicas se han centrado en las características o rasgos de las especies que favorecen la invasión y desde un punto de vista práctico han sido utilizadas para predecir futuras invasiones. Hasta ahora, existe evidencia de que las especies difieren en su potencial de invasión; sin embargo, existe controversia respecto a las características que diferencian su éxito o el fracaso.

2. PRESIÓN DE PROPÁGULOS

La presión de propágulos depende de dos factores: el número de organismos que llegan a una comunidad receptora tras un evento de dispersión y el número de eventos de dispersión que transcurren en un lapso de tiempo determinado (Lockwood *et al.*, 2005).

Pese a que la presión de propágulos es un factor importante al momento de explicar el éxito o el fracaso de una introducción, no es un factor aislado, sino que interactúa junto a otros factores. Bacon *et al.* (2014) cruzaron bases de datos de comercio agrícola con registros de intercepción de artrópodos cuarentenarios en Europa, encontrando que la presión de propágulos, la correspondencia climática y la disponibilidad de hospederos, en conjunto, estuvieron fuertemente relacionados con los patrones de establecimiento de los insectos plaga. Sin embargo, Cassey *et al.* (2018) mediante una revisión de estudios previos, concluyeron que la presión de propágulos es el determinante más consistente y más fuerte en el establecimiento de especies exóticas.

En el caso de las malezas, el comercio hortícola se ha identificado como una de las principales fuentes de introducción voluntaria de especies fuera de sus rangos de distribución nativos (Mack, 2003; Dehnen-Schmutz *et al.*, 2007). De hecho, la mayoría de las especies de plantas exóticas de muchas áreas se originan a partir de introducciones hortícolas (Mack y Erneberg, 2002). Pese a que el rol del comercio internacional en la introducción de especies ha sido ampliamente evaluado, factores igualmente importantes son: a) la introducción local repetida a través de puntos de venta del mercado local y b) el desarrollo de rasgos que aumentan la probabilidad que las plantas se establezcan a través de fito-mejoramiento. Ambos factores están asociados al desarrollo de una industria hortícola local.

Existe un sesgo entre los jardineros y paisajistas por la preferencia a usar "buenas plantas de jardín" caracterizadas por su facilidad de propagación, aptitud climática o resistencia a plagas y enfermedades; todos rasgos que a su vez favorecen la invasibilidad. Por lo que el riesgo de que una planta exótica de jardín escape, se establezca y se propague dependerá fuertemente de la preferencia de los compradores, los precios relativos a los que se venden plantas exóticas y su disponibilidad en viveros. Es decir, la presión de propágulos depende del desarrollo de la oferta y la demanda de plantas potencialmente invasivas dentro de los mercados nacionales (Dehnen-Schmutz *et al.*, 2007).

En el caso de los insectos en Chile, considerando el alto nivel de intercambio comercial internacional, la presión de propágulos de especies exóticas ha sido descrita como muy alta (Estay *et al.*, 2012), con ejemplos notables de especies altamente dañinas introducidas en las últimas décadas (Ruz, 2002; Grez *et al.*, 2010). Ferrada *et al.* (2007) e Ide *et al.* (2014) estimaron la presión de propágulos para el caso de insectos forestales en Chile utilizando la cantidad de insectos exóticos interceptados en artículos de madera en puertos chilenos. Se registraron 1.440 intercepciones de insectos vivos entre 1996-2009. De estos, el 17.6% fueron clasificados como plagas de cuarentena y el 80% de las intercepciones tuvo lugar en la región mediterránea (Ide *et al.*, 2014).

Es esta constante presión de ingreso la que hace que la teoría de invasiones biológicas sea una herramienta fundamental en las labores de prevención del establecimiento de nuevas plagas (cuarentenarias).

3. TOLERANCIAS FISIOLÓGICAS

Diversos estudios se han centrado en evaluar el éxito de una invasión, a partir de las similitudes climáticas existentes entre el rango nativo y el invadido (Panetta y Mitchell, 1991; Scott y Panetta, 1993; Bomford *et al.*, 2009; Bomford *et al.*, 2010; Estay *et al.*, 2014; Boher *et al.*, 2016; Howeth *et al.*, 2016). El valor de esta correspondencia climática ha sido especialmente analizado para evaluar el riesgo de que ciertas especies colonicen otras áreas diferentes a su rango nativo (Curnutt, 2000; Estay *et al.*, 2014). Se ha descrito que los insectos invasores tendrían una tolerancia a un más amplio rango de temperaturas que las especies nativas (Ju *et al.*, 2013; Boher *et al.*, 2016) lo cual favorecería el éxito de invasión, dependiendo de las características ambientales de la comunidad invadida.

El establecimiento de una especie exótica en un nuevo rango donde se puede convertir en una seria amenaza a la producción agrícola, estaría fuertemente determinado por su tolerancia fisiológica a las condiciones ambientales del nuevo lugar. Esta aseveración es uno de los principales supuestos detrás del uso de los modelos de nicho ecológico, especialmente aquellos basados en variables climáticas, para predecir el establecimiento de plagas potenciales en un territorio dado (ej., Estay *et al.*, 2014). Sin embargo, estas herramientas si bien permiten reducir significativamente la incertidumbre de un proceso tan complejo como predecir el establecimiento de una especie exótica, también tienen limitaciones debido a los sesgos de muestreo (puntos de presencia de la plaga en el resto del mundo), y a las limitaciones producidas por la invasión de nuevos ambientes, donde los modelos deben extrapolar para predecir el establecimiento, con todas las limitaciones y aumento de incertidumbre que esto implica (Peterson, 2003; Guisan *et al.*, 2014).

Desde la perspectiva del control, una de las sentencias más clásicas de la tradición del control biológico es que debe existir una correspondencia climática entre el área objetivo de liberación de agente de control y el área de recolección de este (van Driesche y Bellows, 1996; Bellows y Fischer, 1999). El sentido común indica que para maximizar la tasa de control es necesario que los agentes de control estén preadaptados a las condiciones climáticas en el área objetivo, y para que puedan mostrar de manera óptima, características biológicas como la fertilidad o la eficiencia de búsqueda. Stiling (1993) indica que la falta de correspondencia climática es el factor principal en el fracaso de los programas de control biológico. Hoelmer y Kirk (2005) expresan un énfasis similar, quienes indican que hoy en día es un paso obligatorio en cualquier programa de introducción de artrópodos, y Hatherly *et al.* (2005), señalaron que un umbral de baja temperatura ($L_{Time}50$ a 5 °C) es una primera pantalla confiable para establecer el potencial de los agentes de control.

Algunas aproximaciones han considerado el tipo de desarrollo como un rasgo que puede relacionarse con el cambio climático y éxito de la invasión. Bale *et al.* (2002) desarrollaron un modelo computacional, *in silico*, basado en el conocimiento de las tasas de crecimiento y requerimientos de diapausa para definir la respuesta de los insectos al calentamiento, encontrando que las especies de rápido crecimiento (multivoltinas) y aquellas que no requieren una baja temperatura para inducir la diapausa, responderían al aumento de temperatura y ampliarían sus rangos de distribución. Como consecuencia, la tasa de crecimiento junto con la información sobre la estrategia de hibernación puede proporcionar un indicador del éxito de la invasión futura de una amplia gama de especies de insectos.

4. OPORTUNIDAD DE NICHO

El establecimiento de una nueva especie en un rango diferente al nativo va a depender, entre otros factores, de las condiciones físicas o ambientales presentes en dicho sitio. Estas condiciones son las características inherentes al lugar (ej., régimen de temperaturas y precipitaciones), que se mantienen dentro de los rangos de tolerancia de la especie, y la disponibilidad de recursos subutilizados (ej., contenido de agua en el suelo, alimento) (Perkins *et al.*, 2011). Esta particular combinación de factores puede ser entendida también como una "oportunidad de nicho", donde se genera una ventana favorable para la invasión en una comunidad, dada por las condiciones ambientales físicas y la disponibilidad de recursos (Shea y Chesson, 2002). En este sentido, las comunidades han sido consideradas más susceptibles a ser invadidas a medida que aumenta la cantidad de recursos subutilizados, conocida también como la hipótesis de los recursos fluctuantes (Davis *et al.*, 2000). Esta hipótesis plantea que la probabilidad de establecimiento de un invasor se incrementa cuando los recursos requeridos por la especie están disponibles en mayor cantidad. El mecanismo por el cual una alta densidad de recursos disponibles se produce, se debe, en parte, a que las especies residentes no han sido capaces de reducir el recurso o no interfieren en su acceso frente a otras especies que lo pueden utilizar (Shea y Chesson, 2002). Por ello, se ha considerado que la cantidad de recursos subutilizados está inversamente correlacionada con la intensidad de la competencia (Davis *et al.*, 1998).

Una de las formas más estudiadas en que se genera esta oportunidad de nicho, que provee y libera recursos para los invasores, son las perturbaciones (Davis *et al.*, 2000; Shea y Chesson, 2002). Las perturbaciones han sido definidas como un evento discreto en el tiempo que irrumpe en un ecosistema, comunidad o población, generando cambios en el ambiente físico y en la disponibilidad de recursos (White y Pickett, 1985). Las perturbaciones han sido consideradas entre los factores más importantes en la facilitación de las invasiones (Lockwood *et al.*, 2007). Esta alteración genera un espacio vacante, libera recursos y altera las interacciones interespecíficas, abriendo una ventana que es propicia para la ocupación de especies exóticas (Johnstone, 1986). Los cambios generados por distintos tipos de perturbaciones pueden ser medidos en función de su distribución, frecuencia, intensidad, duración, magnitud, predictibilidad y sinergia (White y Pickett, 1985; Lockwood *et al.*, 2007).

Las perturbaciones han sido especialmente estudiadas a través de los efectos que tienen los incendios o fuego en las comunidades biológicas, ya que han sido asociados a la facilitación del establecimiento de especies de plantas exóticas (Hobbs y Huenneke, 1992). Este tipo de perturbación genera una oportunidad de colonización para otros organismos al liberar recursos que son susceptibles de utilizar por estas especies (Hobbs, 1991).

Desde otra perspectiva, la relación entre las perturbaciones y las invasiones puede ocurrir en la dirección opuesta, donde las especies invasoras actúan como un agente que altera el régimen de perturbaciones. En especial, se ha estudiado el efecto de la introducción de especies de plantas invasoras en los regímenes de fuego, donde se ha demostrado cómo estas especies pueden cambiar la frecuencia, intensidad, escala espacial y estacionalidad del fuego (Brooks *et al.*, 2004). Un ejemplo de este fenómeno es el caso de las estepas occidentales en EE.UU., donde la invasión de *Bromus tectorum* ha provocado el cambio de la estructura florística, alterando los ciclos de fuego, y generando un aumento de los incendios forestales (Young y Evans, 1978; Whisenant, 1990; Peters y Bunting, 1994; Brooks y Pyke, 2001; Brooks *et al.*, 2004).

5. RASGOS DE HISTORIA DE VIDA

El estudio de los rasgos de historia de vida de las especies han concentrado interés debido a su potencial poder predictivo (Sakai *et al.*, 2001; Ward y Masters, 2007). En este sentido, se ha reportado que los rasgos que permiten y/o favorecen su éxito en la etapa de introducción y establecimiento están principalmente relacionados con aspectos reproductivos (Snyder y Evans, 2006; Sol *et al.*, 2012; Mata *et al.*, 2013). Sin embargo, los rasgos mencionados anteriormente no excluyen otros como el tamaño corporal (Gaston, 2001) o la amplitud de la dieta, los cuales también serían determinantes en el éxito de la invasión (Vázquez, 2006; Ward y Masters, 2007; Lurgi *et al.*, 2014). Se ha planteado que una alta tasa reproductiva está asociada a una mayor probabilidad de ocupar un espacio de nicho disponible, y así lograr un mayor rango de ocupación (Roques *et al.*, 2016), favoreciendo la etapa de establecimiento del proceso de invasión. Por ejemplo, Hayes y Barry (2008) encontraron que la probabilidad de establecimiento incrementa con el número de individuos liberados en el ambiente en organismos como aves e insectos. En este sentido, independiente del grupo taxonómico la teoría clásica predice que rasgos asociados a aspectos reproductivos que permiten un rápido crecimiento poblacional pueden favorecer la persistencia de las especies invasoras y reducir el efecto de la estocasticidad demográfica asociada a un pequeño tamaño poblacional o un crecimiento poblacional negativo (Sol *et al.*, 2012). En insectos utilizados como control biológico se ha distinguido que sus altas tasas de crecimiento favorecen la probabilidad de establecimiento, sin embargo, estos organismos presentan otros rasgos como pequeños tamaños corporales y rápido tiempo de madurez que contribuyen de una u otra forma al proceso de invasión (Cervo *et al.*, 2000; Sakai *et al.*, 2001; Lester, 2005).

Otro rasgo que puede favorecer el éxito de la invasión es el tipo de reproducción del invasor, donde especies con reproducción partenogenética y/o asexual tienen un mayor éxito (Mattson *et al.*, 2007; Brockerhoff y Liebhold, 2017). Tal es el caso de fitófagos invasores en Europa, los cuales se reproducen asexualmente, entre ellos, miembros de los órdenes Hymenoptera, Thysanoptera, en ciertos miembros de Coleoptera: Curculionidae y Scolytidae (Mattson *et al.*, 2007), y Hemiptera (Brockerhoff y Liebhold, 2017). Por otra parte, rasgos como la habilidad de algunas especies de almacenar esperma, les permitiría colonizar a partir de una sola introducción (Simberloff, 1989). Sin embargo, se ha evidenciado que un rápido crecimiento puede ser ventajoso durante la invasión solo bajo ciertas circunstancias ambientales favorables (ej., alta disponibilidad de recursos) para las especies (Parkash *et al.*, 2014). En general, los invasores exitosos se caracterizan por presentar tasas de crecimientos plásticas que responden rápidamente a la disponibilidad de recursos, utilizándolos eficazmente (Sakai *et al.*, 2001; Mata *et al.*, 2013).

Por otra parte, en insectos, la capacidad de dispersión de las especies invasoras está relacionada con rasgos como velocidad, distancia y temperatura de vuelo (rango de temperatura), como también el tipo de dispersión, hábitat en el cual se dispersan y la habilidad de colonización (Emiljanowicz *et al.*, 2017). En este contexto, se ha planteado que las especies invasoras tienen una mayor capacidad de vuelo que las especies nativas, favoreciendo el proceso de invasión. Por ejemplo, *Dendroctonus valens*, especie nativa de Norte y Centro América e introducida a China, ha reportado una distancia de vuelo de 35 km en este país superando la distancia de vuelo en su rango nativo, favoreciendo el éxito de invasión a nuevas áreas (Sun *et al.*, 2013). Otro es el caso de *Harmonia axyridis*, especie detectada en Chile en el año 2010 (Grez *et al.*, 2010); esta especie en Europa occidental ha reportado un aumento de la velocidad promedio de vuelo en el frente de expansión desde 2.500 a 2.800 metros por hora, lo que ha permitido un rápido avance de la invasión (Lombaert *et al.*, 2014).

Una de las especies que recibió atención por parte del Servicio Agrícola Ganadero (SAG), en los últimos años, es *Drosophila suzukii*, especie originaria del sudeste de Asia, la cual fue detectada en Japón en 1916 y por primera vez en Chile el año 2017, en *Rubus* sp. en la región de la Araucanía (EPPO, 2017). *D. suzukii* infesta y se desarrolla en cultivos de frutillas, frambuesas, moras, arándanos, entre otros. Aspectos reproductivos de *D. suzukii* han sido identificados como claves en la dispersión en Europa. *Drosophila suzukii* es capaz de poner 400 huevos en promedio durante su ciclo de vida, alcanza la madurez dos días después de emerger y dependiendo de la temperatura requiere un mínimo de 8 días desde la oviposición hasta la emergencia del adulto, por lo tanto, el tiempo generacional es corto. Además, *D. suzukii* completa varias generaciones en un solo ciclo de cultivo y de 7 a 15 generaciones en un año, lo que permite un crecimiento explosivo de la población (Cini *et al.*, 2012).

6. RASGOS ASOCIADOS A LA CONDUCTA

Rasgos conductuales han sido también asociados al éxito de un invasor. En el caso de *Harmonia axyridis*, las larvas y los adultos tienen una mayor eficiencia de forrajeo que las especies nativas en los lugares donde han invadido (Soares *et al.*, 2008). En hormigas el modo de fundación de la colonia, su estructura, tipo de anidamiento y la asociación a áreas perturbadas, son los rasgos más importantes para predecir la probabilidad de invasión de estos organismos (Fournier *et al.*, 2019). Este es el caso de *Linepithema humile*, la hormiga Argentina, presente en Chile aproximadamente a partir de 1901 (Goetsch y Menozzi, 1901). Esta especie tiene una estructura social llamada "unicolonialidad" la cual evita la competencia intra-específica entre los nidos de una población (Jaksic y Castro, 2014); sin embargo estas unicolonias pueden transformarse en supercolonias donde nidos físicamente separados se pueden mezclar libremente (Hänfling y Kollmann, 2002). Las supercolonias son producto de cuellos de botella genéticos durante la fundación y establecimiento de las colonias, disminuyendo los niveles de agresividad e incrementando la cooperación entre las obreras de diferentes nidos (Jaksic y Castro, 2014).

7. AMPLITUD TRÓFICA

Hasta ahora se ha descrito que la amplitud de la dieta está relacionada positivamente o facilita el éxito de invasión, así especies con nichos amplios o generalistas tienen una mayor probabilidad de invasión que especies con nichos estrechos o especialistas ("hipótesis de amplitud de nicho asociada al éxito de invasión", Vázquez, 2006). Esta diferencia entre especies especialistas y generalistas se debe a que estas últimas tienen una mayor probabilidad de encontrar los recursos o condiciones ambientales adecuadas durante el proceso de invasión, favoreciendo su establecimiento (McLain *et al.*, 1999; Cassey, 2002; Vázquez, 2006; Janz y Nylin, 2008; Lurgi *et al.*, 2014), e incluso de resistir la eliminación y/o agotamiento de determinados tipos de recursos, aumentando su ventaja competitiva (Crowder y Snyder, 2010).

En los insectos se ha reportado que la amplitud de la dieta está asociada positivamente con la adaptación local a nuevos hospedadores y a la expansión de su rango geográfico. Esta relación positiva entre la amplitud de la dieta y la expansión del rango puede surgir porque los insectos pueden colonizar hospedadores alternativos que tienen una distribución geográfica que se sobrepone con sus hospedadores ancestrales y por dispersión activa en áreas donde no existen sus hospedadores ancestrales (Janz y Nylin, 2008). De la misma forma, se ha demostrado que insectos depredadores generalistas serían competidores de recursos más efectivos que los nativos (Kasper *et al.*, 2004; Crowder y Snyder, 2010). *Polistes humilis* fue la avispa predominante en Australia antes de la llegada de la especie exótica *Vespula germanica*, la cual se estableció probablemente en el país a fines de los años setenta. Ambas especies forrajean recursos similares y en su momento existió preocupación sobre la potencial competencia entre ellas; sin embargo, se determinó que *P. humilis* se especializa en larvas de Lepidópteros, mientras *V. germanica* es una especie generalista (Kasper *et al.*, 2004).

Dentro de un enfoque comunitario, una de las métricas más utilizada en el análisis de redes tróficas es la conectancia, la cual se ha relacionado con el éxito de invasión. Esta relación se basa en que la conectancia, el número de interacciones en relación al total posible ($C = L/S^2$), limitaría el número de especies en cada nivel trófico y, por lo tanto, el número de depredadores potenciales y presas de un invasor en un nivel trófico dado (Romanuk *et al.*, 2009). Dicho de otra forma, si múltiples consumidores se alimentan de un invasor, la invasión tiene una mayor probabilidad de fallar. Por otra parte, si hay múltiples presas disponibles, la invasión tiene una mayor probabilidad de éxito (Baiser *et al.*, 2010). El mismo autor plantea que 1) el éxito de invasores de bajo nivel trófico debería incrementar cuando la conectancia aumenta debido a que redes altamente conectadas tienden a tener una baja proporción de herbívoros, 2) el éxito de una invasión de un herbívoro debería decrecer cuando la conectancia incrementa debido a que, en redes altamente conectadas, la proporción basal de especies es baja e incrementan las especies intermedias y omnívoros, y 3) los invasores topes como carnívoros deberían experimentar un amplio éxito en la invasión cuando la conectancia incrementa, debido al incremento de especies presas intermedias.

8. ESCAPE DE DEPREDADORES

La hipótesis de escape de enemigos, llamada también la hipótesis de escape de depredadores (Williamson, 1996; Crawley, 1997) establece que las especies invasoras son exitosas cuando se introducen en una nueva región, ya que experimentan una disminución de la presencia de enemigos naturales, tales como depredadores, parásitos y enfermedades (Shea y Chesson, 2002; Liu y Stiling, 2006). Esta oportunidad de escape se produce debido a que el invasor se libera de enemigos naturales de la comunidad nativa o no es afectado de manera efectiva por aquellos que están presentes en la comunidad invadida (Crawley, 1997; Maron y Vilà 2001; Keane y Crawley, 2002). La hipótesis se basa en los siguientes supuestos: 1) los enemigos especialistas del invasor estarán ausentes en la comunidad invadida; 2) el cambio de hospederos (*host switching*) o ataque de parte de los enemigos especialistas hacia el invasor será raro, aun cuando se trate de especies congéneres del hospedero nativo; y 3) los enemigos generalistas afectarán más a las especies nativas que a las exóticas (Keane y Crawley, 2002). Dichos supuestos han sido objeto de discusión por muchos otros autores, y evaluados en diversos estudios individuales y comparativos, que han apoyado o refutado la hipótesis (Maron y Vilà, 2001; Colautti *et al.*, 2004; Liu y Stiling, 2006). Sin embargo, entre las ideas en que existe mayor consenso, es que los resultados de estas interacciones van a estar condicionadas por la historia co-evolutiva entre el enemigo natural y su hospedero (Liu y Stiling, 2006). El primer supuesto ha sido ampliamente debatido, especialmente debido a que hay ejemplos que lo contradicen, en los que especies de plantas introducidas reclutan nuevos herbívoros especialistas del grupo de insectos presentes en la comunidad invadida, compensando la pérdida inicial de herbívoros (Bürki y Nentwig, 1997). Sin embargo, existe también suficiente evidencia demostrando una reducción sustantiva del número de insectos herbívoros en especies invasoras, con una tendencia a herbívoros especialistas y, en particular, de insectos endofitófagos que se alimentan de las partes reproductivas (Liu y Stiling, 2006). Por último, y contrario a lo que predice el tercer supuesto de la hipótesis, en algunos casos ha sido demostrado que el invasor puede ser particularmente vulnerable a enemigos naturales generalistas, debido a que no han compartido una historia evolutiva que le permita protegerse de su ataque (Keane y Crawley, 2002), apoyando lo propuesto por Liu y Stiling (2006). No obstante, aun cuando el efecto negativo que enemigos naturales puedan tener sobre el invasor sea significativo, la abundancia relativa de especies invasoras será mayor si estos afectan en mayor medida a las especies nativas (Levine y Klionsky, 2004).

Colautti *et al.* (2004) se refirió a dos maneras en que las especies pueden liberarse del efecto de enemigos naturales durante el proceso de invasión. Una es el escape regulatorio, en que la especie experimenta cambios en parámetros demográficos, tales como la sobrevivencia y la fecundidad; y la segunda, es el escape compensatorio, en el caso en que, aun cuando el efecto de los enemigos contra el hospedero pueda ser poco significativo, debido a su historia evolutiva que le ha permitido generar defensas contra este, se vea liberada de su efecto indirectamente, al relocalizar los recursos utilizados para su defensa.

Los enemigos naturales pueden generar respuestas sobre la especie que incluyen altas tasas de mortalidad y bajas tasas de crecimiento *per capita*. Por ello, son considerados importantes controladores biológicos, al actuar como reguladores de poblaciones de organismos y dinámicas comunitarias (Strong, 1984; Burdon, 1987; Crawley, 1989; Keane y Crawley, 2002).

Otro punto a destacar es la potencial respuesta coevolutiva entre la especie invasora y los depredadores nativos (Cox, 2004; Sax *et al.*, 2007). Se ha reportado que depredadores y parásitos nativos pueden adaptarse y controlar poblaciones de especies invasoras (ej., Torchin *et al.*, 2003; Castillo *et al.*, 2017). Sin embargo, el tiempo que demoran depredadores y parásitos nativos en incorporar a la especie invasora en su red trófica es altamente variable (Hawkins, 1992; Roy *et al.*, 2011). Como consecuencia, el tiempo desde la introducción es un factor importante para entender las dinámicas evolutivas depredador nativo-presa invasora (Barney y Whitlow, 2008). Entender las potenciales respuestas evolutivas en la relación depredador nativo-presa invasora puede ser clave para predecir la nocividad de una especie ya introducida o incluso predecir cómo la especie invasora podría ser regulada por un potencial futuro depredador.

9. UNA NOTA SOBRE EL CAMBIO CLIMÁTICO

Los efectos del cambio climático en la distribución y potencial invasor de las especies introducidas aún no están claros. En el caso de las plantas, se espera que los incrementos de temperatura predichos permitan que las especies expandan sus rangos de distribución a regiones que eran originalmente muy frías para permitir la sobrevivencia (Walther *et al.*, 2009). En regiones tropicales, la influencia del cambio climático sobre las especies invasoras es menos clara, dado que el aumento en las temperaturas podría incluso impedir el establecimiento de nuevas especies exóticas, ya que no estarían adaptadas a tan altas temperaturas. Algunos estudios sugieren que el cambio climático incrementará las invasiones en países templados del hemisferio norte y las reducirá en regiones tropicales y subtropicales, pero no hasta el punto de anularlas (Seebens *et al.*, 2015). Sin embargo, aún queda mucho por indagar en las relaciones entre la globalización y las redes comerciales y su interacción con los factores ambientales, el cambio global y su impacto en las invasiones biológicas.

10. AGRADECIMIENTOS

Los autores agradecen el apoyo de CAPES, ANID PIA/BASAL FB0002.

11. REFERENCIAS

Bacon, S. J., Aebi, A., Calanca, P., y Bacher, S. (2014). Quarantine arthropod invasions in Europe: the role of climate, hosts and propagule pressure. *Diversity and Distributions*, 20(1), 84-94.

Baiser, B., Russell, G. J., y Lockwood, J. L. (2010). Connectance determines invasion success via trophic interactions in model food webs. *Oikos*, 119(12), 1970-1976.

Bale, J. S., Masters, G. J., Hodkinson, I. D., Awmack, C., Bezemer T. M., Brown, V. K. *et al.* (2002). Herbivory in global climate change research: direct effects of rising temperature on insect herbivores. *Global Change Biology*, 8, 1-16.

Barney, J. N., y Whitlow, T. H. (2008). A unifying framework for biological invasions: the state factor model. *Biological Invasions*, 10, 259-272.

Bellows, T. S. y Fisher, T. W. (1999). *Handbook of Biological Control*. Academic Press, USA.

Boher, F., Trefault, N., Estay, S. A., y Bozinovic, F. (2016). Ectotherms in variable thermal landscapes: A physiological evaluation of the invasive potential of fruit flies species. *Frontiers in physiology*, 7, 302.

Bomford, M., Kraus, F., Barry, S. C. y Lawrence, E. (2009). Predicting establishment success for alien reptiles and amphibians: a role for climate matching. *Biological Invasions*, 11, 713-724.

Bomford, M., Barry, S. C. y Lawrence, E. (2010). Predicting establishment success for introduced freshwater fishes: a role for climate matching. *Biological Invasions*, 12, 2559-2571.

Brockerhoff, E. G., y Liebhold, A. M. (2017). Ecology of forest insect invasions. *Biological Invasions*, 19(11), 3141-3159.

Brooks, M.L., Pyke, D. (2001). Invasive plants and fire in the deserts of North America. En K. Galley y T. Wilson (Eds.), *Proceedings of the invasive species workshop: the role of fire in the control and spread of invasive species. Fire conference 2000: the first national congress on fire ecology, prevention and management* (pp. 1-14). Miscellaneous publications No. 11, Tallahassee: Tall Timbers Research Station.

Brooks, M. L., D'antonio, C. M., Richardson, D. M., Grace, J. B., Keeley, J. E., DiTomaso, J. M. *et al.* (2004). Effects of invasive alien plants on fire regimes. *BioScience*, 54(7), 677-688.

Buckland, P.C. (1981). The early dispersal of insect pests of stored products as indicated by archaeological records. *Journal of Stored Product Research*, 17: 1-7.

Burdon, J. J. (1987). *Diseases and plant population biology*. CUP Archive.

Bürki, C., y Nentwig, W. (1997). Comparison of herbivore insect communities of *Heracleum sphondylium* and *H. mantegazzianum* in Switzerland (Spermatophyta: Apiaceae). *Entomologia Generalis*, 147-155.

Cassey, P. (2002). Life history and ecology influences establishment success of introduced land birds. *Biological Journal of the Linnean Society*, 76, 465- 480.

Cassey, P., Delean, S., Lockwood, J. L., Sadowski, J. S., y Blackburn, T. M. (2018). Dissecting the null model for biological invasions: A meta-analysis of the propagule pressure effect. *PLOS Biology*, 16(4), e2005987.

Castillo, S. P., Crego, R. D., Jiménez, J. E., y Rozzi R. (2017). Native-predator-invasive-prey trophic interactions in Tierra del Fuego: the beginning of biological resistance? *Ecology*, 98, 2485-2487.

Cervo, R., Zacchi, F., y Turillazzi, S. (2000). *Polistes dominulus* (Hymenoptera, Vespidae) invading North America: some hypotheses for its rapid spread. *Insectes Sociaux*, 47(2), 155-157.

Cini, A., Ioriatti, C., y Anfora, G. (2012). A review of the invasion of *Drosophila suzukii* in Europe and a draft research agenda for integrated pest management. *Bulletin of insectology*, 65(1), 149-160.

Colautti, R. I., Ricciardi, A., Grigorovich, I. A., y MacIsaac, H. J. (2004). Is invasion success explained by the enemy release hypothesis? *Ecology Letters*, 7(8), 721-733.

Cox, G. W. (2004). *Alien species and evolution: the evolutionary ecology of exotic plants, animals, microbes, and interacting native species*. Washington: Island Press.

Crawley, M. J. (1989). Insect herbivores and plant population dynamics. *Annual Review of Entomology*, 34(1), 531-562.

Crawley, M. J. (1997). Aliens: The ecology of non-indigenous plants. Oxford: Oxford University Press.

Crowder, D. W., y Snyder, W. E. (2010). Eating their way to the top? Mechanisms underlying the success of invasive insect generalist predators. *Biological Invasions*, 12(9), 2857-2876.

Curnutt, J. L. (2000). Host-area specific climatic matching: similarity breeds exotics. *Biological Conservation*, 94, 341-351.

Davis, M. A., Wrage, K. J., y Reich, P. B. (1998). Competition between tree seedlings and herbaceous vegetation: support for a theory of resource supply and demand. *Journal of Ecology*, 86(4), 652-661.

Davis, M. A., Grime, J. P., y Thompson, K. (2000). Fluctuating resources in plant communities: a general theory of invasibility. *Journal of Ecology*, 88(3), 528-534.

Dehnen-Schmutz, K., Touza, J., Perrings, C., y Williamson, M. (2007). A century of the ornamental plant trade and its impact on invasion success. *Diversity and Distributions*, 13(5), 527-534.

Di Castri, F. (1989). History of biological invasions with special emphasis on the old world. En J. A. Drake, H. A. Mooney, F. di Castri, R. H. Groves, F. J. Kruger, M. Rejmanek, y M. Williamson (Eds.), *Biological invasions: a global perspective* (pp. 1-30). Chichester: John Wiley.

Emiljanowicz, L. M., Hager, H. A., y Newman, J. A. (2017). Traits related to biological invasion: A note on the applicability of risk assessment tools across taxa. *NeoBiota*, 32, 31.

EPPO. (2017). New data on quarantine pests and pests of the EPPO Alert List. Reporting Service N° 02 - 2013. 2013/041.

Estay, S. A., Navarrete, S. A., Rothmann, S. R. (2012). Effects of human mediated disturbances on exotic forest insect diversity in a Chilean mediterranean ecosystem. *Biodiversity and Conservation*, 21:3699-3710.

Estay, S. A., Labra, F. A., Sepúlveda, R. D., y Bacigalupe, L. D. (2014). Evaluating habitat suitability for the establishment of *Monochamus spp.* through climate-based niche modeling. *PLOS ONE*, 9(7), e102592.

Ferrada, R., Ide, R., Valenzuela, J. (2007). *Intercepciones de insectos vivos realizadas en embalajes de madera de internación en el período 1995-2005*. Servicio Agrícola y Ganadero. Santiago.

Forel, A. (1901). Formiciden des Naturhistorischen Museums zu Hamburg. Neue Calyptomyrmex-, Dacryon-, Podomyrma-, und Echinopla-Arten.

Fournier, A., Penone, C., Pennino, M. G., y Courchamp, F. (2019). Predicting future invaders and future invasions. *Proceedings of the National Academy of Sciences*, 116(16), 7905-7910.

Gaston, K. J., Chown, S. L., y Mercer, R. D. (2001). The animal species-body size distribution of Marion Island. *Proceedings of the National Academy of Sciences*, 98(25), 14493-14496.

Grez, A., Zaviezo, T., González, G., y Rothmann, S. (2010). Harmonia axyridis in Chile: a new threat. *Ciencia e Investigación Agraria*, 37(3), 145-149.

Guisan, A., Petitpierre, B., Broennimann, O., Daehler, C., y Kueffer, C. (2014). Unifying niche shift studies: insights from biological invasions. *Trends in Ecology and Evolution*, 29(5), 260-269.

Hatherly, I. S., Hart, A. J., Tullett, A. G. y Bale, J. S. (2005). Use of thermal data as a screen for the establishment potential of non-native biocontrol agents in the UK. *BioControl*, 50, 687-698.

Hawkins, B. A. (1992). Parasitoid-host food webs and donor control. *Oikos*, 65, 159-162.

Hayes, K. R., y Barry, S. C. (2008). Are there any consistent predictors of invasion success? *Biological invasions*, 10(4), 483-506.

Hänfling, B., y Kollmann, J. (2002). An evolutionary perspective of biological invasions. *Trends in Ecology and Evolution*, 17(12), 545-546.

Hobbs, R. J. (1991). Disturbance of a precursor to weed invasion in native vegetation. *Plant Protection Quarterly*, 6(3), 99-104.

Hobbs, R. J., y Huenneke, L. F. (1992). Disturbance, diversity, and invasion: implications for conservation. *Conservation Biology*, 6(3), 324-337.

Hoelmer, K.A. y Kirk, A.A. (2005). Selecting arthropod biological control agents against arthropod pests: Can the science be improved to decrease the risk of releasing ineffective agents? *Biological Control* 34: 255-264.

Horan, R. D., y Lupi, F. (2005). Economic incentives for controlling trade-related biological invasions in the Great Lakes. *Agricultural and Resource Economics Review*, 34(1), 75-89.

Howeth, J. G., Gantz, C. A., Angermeier, P. L., Frimpong, E. A., Hoff, M. H., Keller, R. P. et al. (2016). Predicting invasiveness of species in trade: climate match, trophic guild and fecundity influence establishment and impact of non-native freshwater fishes. *Diversity and Distributions*, 22(2), 148-160.

Ide, S., Valenzuela, J., Estay, S.A. Jaksic, F. (2014). Presión de ingreso de insectos forestales exóticos a Chile desde 1996. En F. Jaksic y S. Castro (Eds.), *Invasiones biológicas en Chile: causas globales e impactos locales* (pp. 437-457). Santiago: Ediciones UC.

Jacksic, F. M., Castro S. A. (2014). *Invasiones biológicas en Chile: Causas globales e impactos locales*. Santiago: Ediciones UC.

Janz, N., y Nylin, S. (2008). The oscillation hypothesis of host-plant range and speciation. En K. J., Tilmon (Ed.), *Specialization, speciation, and radiation: the evolutionary biology of herbivorous insects* (pp. 203-215). Oakland: University of California Press.

Johnstone, I. M. (1986). Plant invasion windows: a time based classification of invasion potential. *Biological Reviews*, 61(4), 369-394.

Ju, R. T., Gao, L., Zhou, X. H., y Li, B. (2013). Tolerance to high temperature extremes in an invasive lace bug, *Corythucha ciliata* (Hemiptera: Tingidae), in subtropical China. *PLOS ONE*, 8(1), e54372.

Kasper, M. L., Reeson, A. F., Cooper, S. J., Perry, K. D., y Austin, A. D. (2004). Assessment of prey overlap between a native (*Polistes humilis*) and an introduced (*Vespula germanica*) social wasp using morphology and phylogenetic analyses of 16S rDNA. *Molecular Ecology*, 13(7), 2037-2048.

Keane, R. M., y Crawley, M. J. (2002). Exotic plant invasions and the enemy release hypothesis. *Trends in Ecology and Evolution*, 17(4), 164-170.

Langor, D.W., y Sweeney, J. E. (2009). Ecological impacts of non-native invertebrates and fungi on terrestrial ecosystems. *Biological Invasions, 11*, 1-3.

Lester, P. J. (2005). Determinants for the successful establishment of exotic ants in New Zealand. *Diversity and Distributions, 11*(4), 279-288.

Levine, B., y Klionsky, D. J. (2004). Development by self-digestion: molecular mechanisms and biological functions of autophagy. *Developmental Cell, 6*(4), 463-477.

Liu, H., y Stiling, P. (2006). Testing the enemy release hypothesis: a review and meta-analysis. *Biological invasions, 8*(7), 1535-1545.

Lockwood, J., Cassey, P., Blackburn, T. (2005). The role of propagule pressure in explaining species invasions. *Trends in Ecology and Evolution, 20*(5), 223-228.

Lockwood, J. L., Hoopes, M. F. y Marchetti, M. P. (2007). *Invasion Ecology* (pp. 76-106). Oxford: Blackwell Publishing.

Lombaert, E., Estoup, A., Facon, B., Joubard, B., Grégoire, J. C., Jannin, A. *et al.* (2014). Rapid increase in dispersal during range expansion in the invasive ladybird *Harmonia axyridis. Journal of Evolutionary Biology, 27*(3), 508-517.

Lonsdale, W. M. (1999). Global patterns of plant invasions and the concept of invasibility. *Ecology, 80*, 1522-1536.

Lurgi, M., Galiana, N., López, B. C., Joppa, L. N., y Montoya, J. M. (2014). Network complexity and species traits mediate the effects of biological invasions on dynamic food webs. *Frontiers in Ecology and Evolution, 2*, 36.

Mack, R.N. (2003). Global plant dispersal, naturalization, and invasion: pathways, modes and circumstances. En G. Ruiz, y J. T. Carlton (Eds.), *Invasive species: vectors and management strategies* (pp. 3-30). Washington: Island Press.

Mack, R. N., y Erneberg, M. (2002). The United States naturalized flora: largely the product of deliberate introductions. *Annals of the Missouri Botanical Garden*, 176-189.

Maron, J. L., y Vilà, M. (2001). When do herbivores affect plant invasion? Evidence for the natural enemies and biotic resistance hypotheses. *Oikos, 95*(3), 361-373.

Mata, T. M., Haddad, N. M., y Holyoak, M. (2013). How invader traits interact with resident communities and resource availability to determine invasion success. *Oikos, 122*(1), 149-160.

Mattson, W., Vanhanen, H., Veteli, T., Sivonen, S., y Niemelä, P. (2007). Few immigrant phytophagous insects on woody plants in Europe: legacy of the European crucible? *Biological Invasions, 9*(8), 957-974.

McLain, D.K., Moulton, M.P., Sanderson, J.G. (1999). Sexual selection and extinction: the fate of plumage dimorphic and plumage monomorphic birds introduced onto islands. *Evolutionary Ecology Research, 1*, 549- 565.

Panetta, F. D., y Mitchell, N. D. (1991). Homoclime analysis and the prediction of weediness. *Weed Research, 31*(5), 273-284.

Parkash, R., Singh, D., y Lambhod, C. (2014). Divergent strategies for adaptations to stress resistance in two tropical *Drosophila* species: effects of developmental acclimation in *D. bipectinata* and the invasive species *D. malerkotliana. Journal of Experimental Biology, 217*(6), 924-934.

Perkins, L. B., Leger, E. A., y Nowak, R. S. (2011). Invasion triangle: an organizational framework for species invasion. *Ecology and Evolution, 1*(4), 610-625.

Perrings, C., Dehnen-Schmutz, K., Touza, J., y Williamson, M. (2005). How to manage biological invasions under globalization. *Trends in Ecology and Evolution*, 20(5), 212-215.

Peters, E. F., y Bunting, S. C. (1994). Fire conditions pre-and postocurrence of annual grasses on the Snake River Plain. En S. B., Monsen, S. G. Kitchen (Eds.), *Proceedings-Ecology and Management of Annual Rangelands*; 1992 May 18-21; Boise, ID.

Peterson, A. T. (2003). Predicting the geography of species' invasions via ecological niche modeling. *The Quarterly Review of Biology*, 78(4), 419-433.

Pimentel, D. (2002). *Biological invasions: economic and environmental costs of alien plant, animal, and microbe species*. Florida: CRC Press.

Pyšek, P., Ku era, T., y Jarošík, V. (2002). Plant species richness of nature reserves: the interplay of area, climate and habitat in a central European landscape. *Global Ecology and Biogeography*, 11(4), 279-289.

Roques, A., Auger-Rozenberg, M. A., Blackburn, T. M., Garnas, J., Pyšek, P., Rabitsch, W. *et al.* (2016). Temporal and interspecific variation in rates of spread for insect species invading Europe during the last 200 years. *Biological Invasions*, 18(4), 907-920.

Romanuk, T. N., Zhou, Y., Brose, U., Berlow, E. L., Williams, R. J., y Martinez, N. D. (2009). Predicting invasion success in complex ecological networks. *Philosophical Transactions of the Royal Society B: Biological Sciences*, 364(1524), 1743-1754.

Roy, H. E., Handley, L. J. L., Schönrogge, K., Poland, R. L., y Purse, B. V. (2011). Can the enemy release hypothesis explain the success of invasive alien predators and parasitoids? *BioControl*, 56(4), 451-468.

Ruz, L. (2002). Bee pollinators introduced to Chile: a review. En P. Kevan, Imperatriz Fonseca VL (Eds.) *Pollinating bees- The conservation link between agriculture and nature* (pp. 155-167). Ministry of Environment, Brazil.

Sakai, A. K., Allendorf, F. W., Holt, J. S., Lodge, D. M., Molofsky, J., With, K. A. *et al.* (2001). The population biology of invasive species. *Annual Review of Ecology and Systematics*, 32(1), 305-332.

Sax, D. F., Stachowicz, J. J., Brown, J. H., Bruno, J. F., Dawson, M. N.,Gaines, S. D. *et al.* (2007). Ecological and evolutionary insights from species invasions. *Trends in Ecology and Evolution*, 22, 465-471.

Scott, J. K., y Panetta, F. D. (1993). Predicting the Australian weed status of southern African plants. *Journal of Biogeography*, 20(1), 87-93.

Seebens, H., Essl, F., Dawson, W., Fuentes, N., Moser, D., Pergl, J. *et al.* (2015). Global trade will accelerate plant invasions in emerging economies under climate change. *Global Change Biology*, 21(11), 4128-4140.

Shea, K., y Chesson, P. (2002). Community ecology theory as a framework for biological invasions. *Trends in Ecology and Evolution*, 17(4), 170-176.

Simberloff, D. (1989). Which insect introductions succeed and which fail? En J.A. Drake, H.A. Mooney, F.D. Castri, R.H. Groves, F.J. Kruger, M. Rejmanek, and M. Williamson (eds.) *Biological invasions: a global perspective*, 61-75. New York: Wiley and Sons.

Snyder, W. E., y Evans, E. W. (2006). Ecological effects of invasive arthropod generalist predators. *Annual Review of Ecology, Evolution, and Systematic*, 37, 95-122.

Soares, A. O., Borges, I., Borges, P. A., Labrie, G., y Lucas, E. (2008). Harmonia axyridis: What will stop the invader? *BioControl, 53*(1), 127-145.

Sol, D., Maspons, J., Vall-Llosera, M., Bartomeus, I., García-Peña, G. E., Piñol, J., y Freckleton, R. P. (2012). Unraveling the life history of successful invaders. *Science, 337*(6094), 580-583.

Stiling, P. (1993). Why do natural enemies fail in classical biological control programs? *American Entomologist, 39*, 31-37.

Strong, D., Lawton, J. L., y Southwood, R. (1984). *Insects on Plants. Community patterns and mechanisms.* Oxford: Blackwell Scientific Publications.

Sun, J., Lu, M., Gillette, N. E., y Wingfield, M. J. (2013). Red turpentine beetle: innocuous native becomes invasive tree killer in China. *Annual Review of Entomology, 58*, 293-311.

Torchin, M. E., Lafferty, K. D., Dobson, A. P., McKenzie, V. J., y Kuris, A. M. (2003). Introduced species and their missing parasites. *Nature, 421*, 628-630.

van Driesche, R. D. y Bellows, T. S. (1996). *Biological Control.* New York: Chapman y Hall.

Vázquez, D. P. (2006). Exploring the relationship between nichie breadth and invasion success. En *Conceptual ecology and invasion biology: reciprocal approaches to nature* (pp. 307-322). Dordrecht: Springer.

Wainhouse, D. (2005). *Ecological methods in forest pest management.* Oxford: Oxford University Press.

Walther, G. R., Roques, A., Hulme, P. E., Sykes, M. T., Pyšek, P., Kühn, I. *et al.* (2009). Alien species in a warmer world: risks and opportunities. *Trends in Ecology and Evolution, 24*(12), 686-693.

Ward, N. L., y Masters, G. J. (2007). Linking climate change and species invasion: an illustration using insect herbivores. *Global Change Biology, 13*(8), 1605-1615.

Whisenant, S. G. (1990). Changing fire frequencies on Idaho's Snake River Plains: ecological and management implications. En E. D. McArthur, E. M. Romney, D. Smith, y P. T. Tueller (Eds.), Proceedings - *Symposium on cheatgrass invasion, shrub die-off, and other aspects of shrub biology and management.* General Technical Report INT-GTR-276. Ogden, UT: USDA Forest Service.

White, P. S., y Pickett, S. T. (1985). *Natural disturbance and patch dynamics: an introduction.* Cambridge: Academic Press.

Williamson, M. (1996). *Biological Invasions.* London: Chapman and Hall.

Young, J. A., y Evans, R. A. (1978). Population dynamics after wildfires in sagebrush grasslands. *Journal of Range Management, 31*(4), 283-289.

CAPÍTULO 9
MODELOS DE DISTRIBUCIÓN COMO PREDICTORES DE INVASIÓN DE NUEVAS PLAGAS

STELLA M. JANUARIO[1] Y CARMEN P. SILVA[1]

[1] *Instituto de Ciencias Ambientales y Evolutivas,
Universidad Austral de Chile. Valdivia, Chile.*

RESUMEN

Existe consenso de que la estrategia más efectiva para combatir las invasiones biológicas es la prevención. En este contexto, en cualquier programa de prevención, la detección temprana es decisiva. Un componente fundamental de estos programas es identificar de forma anticipada aquellas áreas más expuestas a la llegada y establecimiento de nuevos inmigrantes. Para identificar las áreas con mayor riesgo de ser invadidas un camino es a través de la identificación de las condiciones ambientales que favorecen la persistencia de una especie, y luego determinar la localización de este conjunto de condiciones en el espacio geográfico. Un grupo de técnicas estadísticas, conocidas colectivamente como Modelos de Nichos Ecológicos o Modelos de Distribución de Especies, han sido ampliamente utilizadas con este propósito. Estos modelos pueden clasificarse de manera general en los modelos mecanicistas, que intentan establecer una relación entre las limitaciones fisiológicas de una especie y el espacio de la tolerancia ambiental, sin la necesidad de los registros de ocurrencia que definen el ambiente favorable. Por otro lado, existen los modelos correlativos, que asocian de forma directa datos de ocurrencia con un conjunto de variables ambientales que caracterizan las localidades donde la especie esta presente. De esta manera es posible inferir de manera espacialmente explícita hábitats adecuados para la potencial invasión de la especie, ya sea actual o futura. En este capítulo se describirán los principales requerimientos de datos, los más comunes algoritmos y los procedimientos para estimar un modelo de nicho ecológico. Se presenta un ejemplo utilizando la mosca de la fruta, Ceratitis capitata, y su potencial invasor en Chile.

1. INTRODUCCIÓN

En los últimos siglos, en que la economía se volvió más y más dependiente del movimiento de bienes, personas y servicios (Drake y Lodge, 2004; Vezina, 2005; Proches *et al.*, 2008), la transferencia no intencional de especies se ha incrementado de forma significativa (Tatem y Hay, 2007). El aumento del intercambio de especies a nivel continental está relacionado directamente al transporte rápido generado por la actividad humana, que provee un mecanismo de trasposición de barreras naturales (Herborg *et al.*, 2009) incluso para aquellas especies con propágulos poco resistentes y con limitado potencial de dispersión (Frenot *et al.*, 2005; Convey, 2008).

Las amenazas persistentes que imponen las especies no nativas, han transformado el estudio de las invasiones biológicas en una disciplina compleja y tema central para la ecología y conservación de las especies (Molnar *et al.*, 2008); lo que ha generado una proliferación de investigaciones que abordan sus impactos potenciales y el cómo minimizar las consecuencias de un evento invasivo.

En este capítulo, se expone una herramienta para el control de las invasiones biológicas, que asocia el conjunto de variables ambientales, que caracterizan la distribución de las especies, con el sistema de información geográfico. Esta aproximación permite modelar el nicho ecológico y así predecir la distribución potencial de las especies invasoras.

2. PROGRAMAS DE CONTROL Y ERRADICACIÓN DE ESPECIES INVASORAS

Las especies invasoras son colonizadores que establecen poblaciones fuera de su rango de distribución, con el potencial de propagarse en un nuevo ambiente y causar daños tanto ambientales como económicos (Lockwood *et al.*, 2007; Jiménez-Valverde *et al.*, 2011). Generalmente, son especies con amplia tolerancia fisiológica que expanden su rango de distribución geográfica aprovechándose de un aumento artificial y fortuito en la **presión de propágulos** (Peterson, 2003).

El proceso de invasión biológica consiste en una serie de pasos que incluyen transporte, establecimiento, dispersión e impacto (Williamson, 1996). Distintas estrategias han sido utilizadas para mitigar los efectos del proceso de invasión (Shigesada y Kawasaki, 1997; Williamson, 1999; Davis *et al.*, 2000; Kolar y Lodge, 2002; Cassey *et al.*, 2004; Leung *et al.*, 2004; Mack, 2004; Simberloff *et al.*, 2005); sin embargo, los programas de erradicación de especies invasoras son extremadamente costosos y de baja efectividad, especialmente cuando los invasores logran dispersarse rápidamente por áreas de gran extensión geográfica (Myers *et al.*, 2000; Lodge *et al.*, 2016).

La estrategia más efectiva para combatir las invasiones biológicas es la prevención (Curnutt, 2000; Rejmanek y Pitcairn, 2000; Peterson, 2003; Thuiller *et al.*, 2005; Beaumont *et al.*, 2009); siendo esta además, la estrategia con mejor retorno a largo plazo (Herborg *et al.*, 2009). Para que el control de especies invasoras sea efectivo, y se puedan definir prioridades al momento de destinar el presupuesto a los programas de prevención, la detección temprana es decisiva (Hughes *et al.*, 2010; Chown *et al.*, 2012). En este sentido, es crucial identificar de forma anticipada aquellas áreas más expuestas a la llegada y establecimiento de nuevos inmigrantes.

Se pueden identificar las áreas con mayor riesgo de ser invadidas a través de la caracterización de las condiciones ambientales que favorecen la persistencia de una especie, seguida de la localización de este conjunto de condiciones en el espacio geográfico (Colwell y Rangel, 2009; Franklin, 2009). Un grupo de técnicas estadísticas, conocidas colectivamente como Modelos de Nichos Ecológicos **SDM** y **ENM** por sus siglas en inglés, han sido ampliamente utilizadas con este propósito (Soberón y Peterson, 2005; Peterson, 2006; Soberón y Nakamura, 2009; Elith y Leathwick, 2009; Zimmermann *et al.*, 2010; Peterson y Soberón, 2012). La suposición central de estos modelos es que la distribución geográfica proporciona una representación efectiva de la respuesta espacial de la especie a diferentes entornos ambientales, siendo un reflejo de las condiciones adecuadas para su supervivencia y reproducción (Wiens *et al.*, 2009; Cassini, 2011).

3. NICHO ECOLÓGICO

Para entender el funcionamiento de los modelos de nicho, tanto sus fortalezas como debilidades, es importante comprender y establecer a cuál definición de nicho ecológico hace alusión. A lo largo de su historia, el concepto de nicho ha sido definido y utilizado de diversas maneras, dependiendo del autor, de la disciplina y preguntas asociadas (Leibold, 1995; Soberón y Nakamura, 2009); lo que ha generado confusión, críticas e incluso el rechazo hacia su uso (Puliam, 2000; Chase y Leibold, 2003; McInerny y Etienne, 2012). Sin embargo, ha sido y sigue siendo un elemento central en el campo de la ecología (Hardin, 1960; Leibold, 1995; Chase y Leibold, 2003; Kylafis y Loreau, 2011; Pocheville, 2015).

Uno de los primeros en utilizar el término nicho fue el zoólogo norteamericano Joseph Grinnell a principios del siglo XX. De acuerdo a la visión de Grinnell, nicho es un lugar en el espacio, determinado por un conjunto de **variables abióticas** (ej. temperatura, humedad, precipitaciones, etc.), y **variables bióticas** (ej. depredadores, alimento), que permiten a una especie mantener una población sin inmigración, dadas sus características fisiológicas, morfológicas y de comportamiento (Grinell, 1917). Con esta definición se enfatiza la respuesta de la especie a un determinado conjunto de variables, las que finalmente determinarán su distribución geográfica (Chase y Leibold, 2003). Esta es una visión estática de nicho y es conocida como nicho grinnelliano (Soberón, 2007).

Posteriormente, el ecólogo británico Charles Elton en su libro *Animal Ecology* (1927), planteó la idea de nicho ecológico desde el punto de vista funcional, en el que cada especie cumple un rol en el ecosistema, modificándolo. El énfasis, en este caso, está puesto en el impacto de la especie sobre su comunidad (Pelechová y Storch, 2008; Devictor *et al.*, 2010). Esta es una visión dinámica del nicho, y es conocida como nicho eltoniano (Soberón, 2007).

Sin embargo, ni Grinnell ni Elton elaboraron formalmente el concepto de nicho, sino que estos fueron construidos a partir de los ejemplos expuestos en sus trabajos (Hulbert, 1978). No fue hasta 1957, que el limnólogo norteamericano George Evelyn Hutchinson formalizó el término nicho como un "hiperespacio multidimensional" definido por el conjunto de todas las variables ambientales, tanto abióticas, como las bióticas, que afectan a una especie y los valores límite dentro de los cuales la especie puede reproducirse y sobrevivir (Hutchinson, 1957). Desde el punto de vista de Hutchinson, el nicho es una propiedad de la especie y no del ambiente (Pocheville, 2015), en el que se combinan los requerimientos ecológicos de la especie (nicho Grinelliano), con su rol funcional en la comunidad local (nicho Eltoniano).

Hutchinson además, hizo la distinción entre el nicho fundamental, definido como el conjunto de condiciones bajo las cuales una especie podría sobrevivir y reproducirse en ausencia de interacciones con otras especies (ej., competencia y depredación) y el nicho realizado, que es el subconjunto del nicho fundamental en el que la especie se encuentra y está restringida por la co-ocurrencia con otras especies (Pulliam, 2000; Peterson, 2001; Pocheville, 2015).

En los estudios enmarcados en el área de la biogeografía, como es el caso del modelamiento de la distribución de los organismos a escala geográfica y de la modelación de nicho ecológico, la definición de nicho Grinnelliano y los conceptos desarrollados por Hutchinson son los más utilizados (Pearson *et al.*, 2007; Peterson *et al.*, 2011; Guisan y Thullier, 2005). En estos métodos, se asume que a través de la distribución observada de las especies se puede obtener información valiosa acerca de sus requerimientos ambientales (Pearson, 2007).

4. MODELOS DE NICHO ECOLÓGICO: MECANICISTA Y CORRELATIVO

Existen dos enfoques principales, aunque no los únicos (Peterson *et al.*, 2015), para abordar la modelación de nicho: el mecanicista y el correlativo.

4.1. Modelos mecanicistas

De forma general, la aproximación mecanicista incorpora en sus modelos relaciones explícitas entre las condiciones ambientales y la adecuación biológica de las especies, independiente de las distribuciones actuales (Buckley *et al.*, 2011; Peterson *et al.*, 2015). Los modelos mecanicistas intentan establecer una relación entre las variables ambientales y los rasgos funcionales que afectan la reproducción y sobrevivencia de una especie, es decir su nicho fundamental, para predecir su rango geográfico (Kearney y Porter, 2009; Peterson *et al.*, 2015; Evans *et al.*, 2015). Aquello se logra modelando las limitaciones fisiológicas en el espacio de la tolerancia ambiental, sin la necesidad de los registros de ocurrencia que definen el ambiente favorable (Elith y Leathwick, 2009).

4.2. Modelos correlativos

Por otro lado, en la aproximación correlativa, los modelos asocian de forma directa datos de ocurrencia (presencia, presencia-ausencia o abundancia) con un conjunto de variables ambientales que caracterizan las localidades donde la especie es encontrada, i.e. el nicho realizado de la especie, para inferir de manera espacialmente explícita hábitats adecuados para la presencia de la especie, ya sea actual o futura (Elith y Leathwick, 2009; El-Gabbas y Dormann, 2018).

En los modelos correlativos, los procesos biológicos están implícitamente considerados bajo el supuesto de que la distribución geográfica de las especies está determinada por las variables climáticas de forma directa, a través de los límites fisiológicos, o indirecta, debido a la influencia de otros factores ambientales que a su vez son influenciados por las variables climáticas (Peterson, 2003; Monahan, 2009).

Debido a su naturaleza, los modelos mecanicistas debiesen entregar mejores resultados cuando son utilizados para evaluar la distribución potencial de especies invasoras (Kearney y Porter, 2009; Evans *et al.*, 2015); sin embargo, su principal limitación es el requerimiento de información detallada sobre los rasgos funcionales de las especies (Kearney y Porter 2009), datos que no siempre están disponibles. Esta es la principal razón para explicar por qué los modelos correlativos han sido mayormente utilizados para predecir expansiones geográficas por invasiones biológicas (Araujo y Guisan, 2006; Thuiller *et al.*, 2006; Huntley *et al.*, 2008). Este capítulo se centrará en los modelos de nicho del tipo correlativo.

Los pasos claves a seguir para lograr éxito en la modelación de la distribución de especies son: a) la recolección de datos (lo que involucra la evaluación de la confiabilidad y precisión de los datos para asegurarse que sean representativos de la distribución de la especie); b) la selección de las variables que se incluirán en el modelo (según el requerimiento fisiológico de la especie); c) selección del algoritmo y d) evaluación del modelo (Elith y Leathwick, 2009).

4.2.1. Bases de datos

Para construir modelos correlativos son necesarios datos de ocurrencia (distribución conocida) y datos ambientales (que describan el paisaje donde la especie es observada). Actualmente existe una gran abundancia y accesibilidad a este tipo de datos (Gaiji *et al.*, 2013); sin embargo, un problema común es la calidad de los registros de ocurrencia. Generalmente los datos provienen de muestreos no dirigidos (Soberón *et al.*, 1996; Graham *et al.*, 2004b) y de observaciones oportunistas (Brotons *et al.*, 2007). Para la mayoría de las especies solo existen registros de presencia y no de ausencias confirmadas. Un porcentaje variable, pero significativo de datos de ocurrencia, presenta errores de georreferenciación e identificación taxonómica (Margules y Pressey, 2000; Soberón y Peterson, 2004; Rowe 2005; Edwards *et al.*, 2006; Papes y Gaubert, 2007). Además, son recolectados con diferentes fines y por diferentes individuos, sin una estrategia común de muestreo, por lo que en muchas ocasiones son una representación sesgada de la distribución de la especie (Reddy y Dávalos, 2003; Soberón y Peterson, 2004; Hopkins, 2007; Papes y Gaubert, 2007; Schulman *et al.*, 2007). Dada la variedad de fuentes de sesgo y error, el proceso de selección de los datos debe ser riguroso y detallado.

4.2.2. Variables ambientales

Los datos ambientales están generalmente almacenados en un sistema de información geográfica (GIS) en formato **ráster**, en que cada celda contiene el registro de las variables ambientales para un punto específico. Estas variables suelen ser geológicas, topográficas o climáticas y se espera que con algunas de ellas, individualmente o en combinación, se pueda definir los factores ambientales que delimitan las condiciones favorables para la presencia de la especie (Guisan y Zimmermann, 2000). La selección de las variables a incluir en la modelación debe estar relacionada a la extensión espacial y la escala del trabajo. Es razonable incluir variables que sean potencialmente explicativas, es decir, que tengan una relación potencial con la distribución de la especie, sea como factor limitante, o bien como indicador a través de relaciones indirectas; que muestren una variabilidad significativa en la zona de estudio; que sean independientes o, al menos, no estén excesivamente correlacionadas entre sí (Graham, 2003; Muñoz y Felicísímo, 2004).

4.2.3. Algoritmos

En un primer paso, los datos conocidos sobre la distribución del organismo se asocian matemáticamente con diferentes variables independientes que describen las condiciones ambientales. De existir una relación, esta se extrapola al resto del área de estudio y se obtiene un valor en cada lugar; que suele interpretarse como la probabilidad de presencia de la especie en ese punto. Sin embargo, esta relación solamente señala la similitud ambiental de cada punto del terreno con las zonas de presencia (Soberón y Peterson, 2005). Dicho valor refleja, directa o indirectamente, la idoneidad de presencia de la especie en función de los valores locales de las variables independientes. La elección del algoritmo adecuado es crucial, y debe ser elegido en función del tipo de datos disponible (ver Pearson, 2007; Elith y Leathwick, 2009; Thuiller y Münkemüller, 2010). Actualmente, existe una amplia gama de métodos que se utilizan para ajustar modelos de nicho (Franklin, 2009). Algunos autores eligen los algoritmos de acuerdo a la naturaleza de los datos y/o la pregunta que se está abordando; sin embargo, en algunos estudios la selección del mejor algoritmo para el ajuste del modelo parece estar impulsada por el "uso aceptado" dentro de la disciplina (ver Elith y Leathwick, 2009 para revisión). No existe un consenso sobre cuál es el mejor algoritmo a utilizar, pues cada método presenta fortalezas y debilidades para lidiar con datos de distinta naturaleza. En este sentido, una correcta toma de decisión debiese considerar la información obtenida con más de un algoritmo. Se sugiere fuertemente que la elección del algoritmo adecuado se base enteramente en el tipo de datos disponibles (ver Pearson, 2007; Elith y Leathwick, 2009; Thuiller y Münkemüller, 2010).

4.2.4. Validación

Otro paso fundamental para el desarrollo de los modelos es la validación o evaluación, etapa necesaria para determinar la adecuación del modelo para el objetivo planteado y también para detectar sus debilidades y fortalezas (Allouche *et al.*, 2008). Existen múltiples métodos para evaluar un modelo; la elección de la o las estrategias de validación, dependerá del tipo de datos utilizados, el objetivo y algoritmo utilizado para la modelación (Pearson, 2007). Cuando el objetivo de la modelación es la predicción, como en el caso de las invasiones biológicas, es la precisión de las predicciones la que se debe evaluar (Pearce y Ferrier, 2000; Guisan y Thuiller, 2005). Idealmente se utilizan datos independientes, obtenidos en áreas de ocurrencia de la especie diferentes a aquellos utilizados para el desarrollo del modelo (Pearce y Ferrier, 2000). Cuando este tipo de datos no está disponible, la práctica común es utilizar métodos basados en el remuestreo de datos, como por ejemplo la validación cruzada, *bootstrapping* o partición de muestra (Elith y Leathwick, 2009). Para evaluar el desempeño del modelo se utiliza comúnmente la prueba AUC, que se deriva de la curva ROC (Receiver Operating Characteristic Curve). La curva ROC describe la relación entre la predicción de las presencias observadas correctamente (sensibilidad) y la proporción de ausencias incorrectamente pronosticadas (1-especificidad). El AUC varía de 0.5, para los modelos que no son mejores que los aleatorios, a 1.0 para los modelos con una capacidad predictiva perfecta. Un valor alto de AUC refleja que el modelo puede discriminar con precisión entre los lugares en los que la especie está presente o ausente. De hecho, el valor de AUC puede interpretarse como la probabilidad de que un modelo distinga de manera correcta entre un registro de presencia y un registro de ausencia (Pearson, 2007). Para mejor efectividad, la prueba AUC requiere registros de presencia y ausencias verdaderas. Sin embargo, Phillips *et al.* (2006) demostraron cómo se puede aplicar la prueba usando registros de pseudoausencias. En estas situaciones, la prueba evalúa si el modelo clasifica la presencia con mayor precisión que una predicción aleatoria, en lugar de si el modelo es capaz de distinguir con precisión una presencia de una ausencia. Finalmente, es aconsejable evaluar la importancia de las variables seleccionadas y las funciones ajustadas y determinar si el o los modelos son consistentes con el conocimiento ecológico de la especie (Elith *et al.*, 2011). Para una revisión más detallada de este tema ver Pearson (2010), Leroy *et al.* (2018).

5. DEBILIDADES DE LOS MODELOS DE NICHO

Desde el surgimiento de las técnicas, se ha observado una tendencia hacia el uso de los modelos correlativos en detrimento de los modelos mecanicistas, lo que queda evidenciado en el sesgo de la literatura hacia los modelos correlativos. La sencillez de aplicación de la técnica, la disponibilidad de software con distintos grados de dificultad para el usuario promedio, además de la disponibilidad de datos, explican por qué esta aproximación se hizo tan popular en la literatura ecológica. Sin embargo, el uso indiscriminado de la técnica ha llevado a algunos autores a cuestionar su efectividad, especialmente en situaciones en que el objetivo principal del estudio es predecir distribuciones más allá del rango nativo de la especie de interés (Kearney *et al.*, 2010; El-Gabbas y Dormann, 2018).

El principal problema de los modelos correlativos está en la suposición de que los procesos que determinan los límites de distribución de las especies permanecen fijos en el tiempo y espacio (Williams y Jackson, 2007); lo que puede ser interpretado como que las especies están en equilibrio con su ambiente y responden a las condiciones ambientales de manera similar, independiente del área de ocupación.

Cuando hablamos de invasiones biológicas, la misma naturaleza del proceso contradice tal afirmación. Las invasiones biológicas son fenómenos complejos en que el rango geográfico de una especie constituye un atributo dinámico espacial y temporal, y cuya dimensión depende de procesos ecológicos y evolutivos que operan en distintas escalas (Brown y Lomolino, 1998). Cuando un invasor establece nuevas poblaciones en condiciones ambientales similares de un lugar a otro, se asume que se su nicho ha sido conservado en escala temporal y espacial (Wiens y Graham, 2005; Pearman *et al.*, 2008; Wiens *et al.*, 2010), indicando estar en equilibrio con el ambiente. Sin embargo, cuando se establecen en hábitats diferentes de donde se distribuyen originalmente, se presume un cambio en el nicho de esta especie (Pearman *et al.*, 2007; Broennimann *et al.*, 2007; Fitzpatrick *et al.*, 2007; Medley, 2010). Cambios en los nichos ecológicos son atribuidos principalmente a la disminución de la presión de depredadores en el nuevo hábitat y la evolución de las tolerancias ambientales (Pearman *et al.*, 2008). Este último suele ocurrir si las especies se introducen en entornos novedosos justo fuera de su óptimo de distribución (Holt *et al.*, 2005). Ambos procesos ocurren en escalas evolutivas distintas, las que no siempre son posibles de demostrar experimentalmente.

Para evaluar potenciales cambios en el nicho ecológico de una especie, como resultado de un evento de invasión biológica, es habitual utilizar proyecciones recíprocas de modelos entrenados en una parte de la distribución para predecir la distribución en otros lugares (Peterson y Shaw, 2003; Broennimann *et al.*, 2007; Fitzpatrick *et al.*, 2007; Medley, 2010). Discrepancias en las proyecciones recíprocas entre áreas nativas e invasivas se han interpretado como cambios en el nicho. Aunque popular, esa metodología debe utilizarse con precaución (Randin *et al.*, 2006). Townsend Peterson, uno de los autores que más ha contribuido a la literatura de los modelos de nicho, sugiere que el rápido cambio de nicho descrito para algunas especies durante eventos de invasión podría ser solo un artefacto de las técnicas particulares empleadas, en lugar de un proceso biológico (Peterson, 2011). El autor sugiere además, que para obtener un análisis más preciso del cambio de nicho, es necesaria una consideración cuidadosa del rendimiento del modelo en condiciones climáticas análogas al ambiente nativo (Webber *et al.*, 2012). Los ambientes no análogos en un rango invadido representan aquellos hábitats fuera del rango de valores considerados para cuantificar el rango nativo y, por lo tanto, no experimentados por la especie antes de la invasión (Fitzpatrick y Hargrove, 2009). Las conclusiones obtenidas con modelos construidos con información relativa a estas áreas deben tomarse con precaución (Owens *et al.*, 2013).

Otros autores (Broennimann y Guisan, 2008), han planteado la pregunta de que si la información contenida solamente en la distribución nativa es suficiente para obtener una reconstrucción satisfactoria del nicho fundamental de la especie, y si esta información nos permite hacer estimaciones confiables de regiones potencialmente invasoras. Si el conjunto de condiciones ambientales que son realmente adecuadas para el mantenimiento de una especie es más amplio que el conjunto que se ha modelado, la proyección en nuevas áreas podría ser subestimada (Jiménez-Valverde *et al.*, 2008). En el caso de aquellas especies que han logrado invadir múltiples localidades, el buen rendimiento de un método particular ajustado con datos de la distribución nativa no garantiza un rendimiento similar fuera del rango del entorno en que se basó el modelo original (Araújo *et al.*, 2005).

Los modelos correlativos capturan solamente una "instantánea" de la relación de las especies con su ambiente, es decir, solo uno de los aspectos de la interacción ecológica entre las especies y el medio ambiente. Sin embargo, no consideran el potencial de dispersión de las especies, cuando se sabe que la inmigración es un factor clave para mantener poblaciones estables en el tiempo (Pulliam, 2000; Soberón y Peterson, 2005).

Otra debilidad es la falta de correspondencia entre el subconjunto de variables ambientales y geográficas (espacio geográfico x ambiental), donde algunas combinaciones de variables consideradas idóneas en el espacio ambiental pueden no estar disponibles para la espacie en el espacio geográfico. De la misma forma, áreas clasificadas como idóneas en el espacio geográfico pueden no estar ocupadas por la especie.

Cuando los modelos son construidos con variables ambientales de mayor relevancia para la biología de las especies, se espera que identifiquen como favorables solamente aquellas áreas en que es más probable la persistencia de la especie (Guisan y Thuiller, 2005; Mateo *et al.*, 2011). De esta forma, cuanto mayor sea el número de ubicaciones en las que la especie se encuentra, para un determinado valor de una variable ambiental, mayor es la idoneidad ambiental para esa área (Cassini, 2011). En consecuencia, modelos ajustados a partir de pocas observaciones son menos confiables y proveen de hipótesis preliminares poco creíbles de los sitios más favorables y susceptibles a invasión.

Tampoco se puede dejar de mencionar que lo que normalmente se interpreta como la probabilidad de presencia de una especie es en realidad una interpretación abusiva de la medida de la similitud ambiental, la que debería ser tratada, como mucho, como un valor de idoneidad para el desarrollo de la especie.

Finalmente, es importante mencionar que los modelos tipo correlativos identifican las porciones del espacio ambiental ocupados por la especie, definido como "nicho ocupado"; el que reflejaría todas las restricciones impuestas sobre la distribución real, incluidos los límites espaciales, debido a la capacidad de dispersión limitada y las múltiples interacciones con otros organismos (Pearson *et al.*, 2007). Sin embargo, si el objetivo de la modelación es la predicción de la distribución potencial, es necesario un mejor entendimiento de las condiciones ambientales que caracterizan el nicho fundamental de la especie. En este sentido, los modelos mecanicistas debiesen entregar mejores resultados cuando son utilizados para evaluar la distribución potencial de especies invasoras (Kearney y Porter, 2009). Modelando las limitaciones fisiológicas en el espacio de la tolerancia ambiental, las predicciones obtenidas con los modelos mecanicistas debiesen ser más precisas que las obtenidas con modelos correlativos, especialmente en el caso de proyecciones afuera de rangos de distribución originales.

6. CONCLUSIONES

Modelos predictivos son una herramienta robusta para describir la relación de las especies invasoras con las condiciones ambientales actuales y un instrumento útil para comprender la respuesta de las especies en distintos escenarios ambientales. A pesar de sus limitaciones y las críticas que reciben los modelos correlativos, la técnica seguirá siendo popular mientras los datos fisiológicos, necesarios para construir los modelos mecanicistas, sean escasos (Graham *et al.*, 2004a; Mateo *et al.*, 2010). En este escenario, el conocimiento de los procesos reales que determinan las distribuciones de especies es lo que hará un modelo extrapolable de manera adecuada a nuevos entornos y condiciones futuras (Soberón y Peterson, 2005; Elith *et al.*, 2006). Algunos autores (ej., Kearney y

Porter, 2009; Kumar *et al.*, 2014), incluso sugieren integrar la información obtenida con modelos mecanicistas y correlativos para generar mapas de consenso que consideren no solamente la relación de las especies con las condiciones ambientales, sino cómo estas mismas variables climáticas influencian su fitness.

La correcta evaluación del riesgo real de las invasiones biológicas es una tarea urgente, en que los modelos de nicho ecológico pueden ser utilizados como un procedimiento formal para identificar sitios propensos a invasiones, los que deben ser priorizados en programas de control y monitoreo (Locke y Hanson, 2009). Para que los modelos de nicho sean incorporados al diseño de estrategias de conservación efectivas, deben ser utilizados con precaución, teniendo en cuenta las debilidades asociadas a cada método.

7. APLICABILIDAD: DISTRIBUCIÓN POTENCIAL DE *CERATITIS CAPITATA* EN CHILE

El género *Ceratitis* comprende alrededor de 78 especies, todas nativas de la región afrotropical (De Meyer, 2001; Malacrida *et al.*, 2007). *Ceratitis capitata*, conocida en Chile como mosca de la fruta, es la especie más ampliamente distribuida a nivel global, encontrándose principalmente en regiones temperadas y tropicales (White y Elson-Harris, 1992; Vera *et al.*, 2002). Es considerada una de las pestes hortícolas más destructivas, ya que es altamente polífaga, pudiendo infectar más de 250 especies de frutos y vegetales (Hagen *et al.*, 1981; Vera *et al.*, 2006; De Meyer *et al.*, 2008). Afecta principalmente a cítricos, frutales de hueso, melocotoneros, naranjos, higueras y caquis, aunque también infecta manzanos y perales (Thomas *et al.*, 2001). Es una especie altamente invasiva, que presenta una alta capacidad de dispersión y amplia tolerancia tanto en ambientes naturales como de cultivos (CABI, 2017). Por estas razones, C. *capitata* es una especie prioritaria en los programas de monitoreo destinados a la prevención y detección temprana de plagas en Chile, donde su estatus actual es de plaga cuarentenaria (Lobos *et al.*, 2018).

7.1. Distribución potencial en Chile

La distribución geográfica potencial de C. *capitata* en Chile continental fue estimada con modelos de nicho ecológico tipo correlativos. Para la construcción de los modelos, se utilizó registros de ocurrencia confirmados para C. *capitata*, obtenidos a partir de bases de datos públicas como GBIF (www.gbif.org) y EPPO (https://gd.eppo.int), además de literatura especializada. Una vez eliminados los registrados duplicados y con claros errores de georreferenciación, se mantuvo un total de 506 puntos de ocurrencia. Los modelos fueron construidos basándose en variables ambientales reconocidas por influenciar las respuestas fisiológicas de la especie.

Las capas ambientales, en formato ráster, fueron obtenidas de tres bases de datos públicas: WorldClim (www.worldclim.org/), Chelsa (www.chelsa-climate.org/) y Climond (www.climond.org/). Se utilizaron 19 capas bioclimáticas y con cada base de datos se realizaron ajustes por separado.

Las capas ambientales fueron delimitadas considerando un buffer de aproximadamente 9 grados (1.000 km) alrededor de los puntos de ocurrencia. Además, fueron seleccionados 10.000 puntos de forma aleatoria sobre el área delimitada por el buffer, considerados como puntos de pseudoausencias, necesarios para el ajuste de los modelos.

Para cada conjunto de variables ambientales, se utilizaron 3 algoritmos en la construcción de los modelos de nichos ecológicos: GLM, GAM y Random Forest. Los Modelos Lineales Generalizados (GLM) son una forma de regresión, buscan una relación estadística lineal entre una variable respuesta y variables predictoras por medio de una función de enlace. Los Modelos Aditivos Generalizados (GAM) son una extensión no paramétrica del GLM, más flexible para identificar y describir relaciones no lineales entre los predictores y la variable respuesta. Usan una función de suavizado para modelar mejor el comportamiento de los datos. Finalmente, Random Forest (RF) es una técnica de aprendizaje de máquina que busca mejorar el rendimiento de un modelo único, mediante el ajuste de muchos modelos, los cuales combina para la predicción. Utiliza de forma iterativa árboles de regresión para construir ensambles de árboles de decisión.

Se utilizó el 70% de los puntos de ocurrencia en la construcción de los modelos y el 30% restante para evaluar su ajuste. Los modelos finales representan el promedio de 10 réplicas de cada algoritmo. Para el ajuste de los modelos se utilizó el software R. Para la construcción de los mapas finales se utilizó el software QGIS 2.18.

7.2. Resultados

Los mapas de riesgo construidos para cada base de datos ambiental entregan un índice de idoneidad climática (*suitability*) que indica cuán favorable es el ambiente para el establecimiento de la especie. Para C. *capitata*, todos los algoritmos presentan una alta bondad de ajuste, con AUC mayor a 0,8 para todos los modelos. Todos los algoritmos predicen una moderada a alta idoneidad de Chile continental para el establecimiento de C. *capitata* (**Figura 2-4**), coincidiendo ampliamente con las zonas de cultivo de los hospederos de esta especie. Los mapas MESS muestran que las zonas ambientalmente similares entre Chile continental y el área de entrenamiento abarcan desde el límite norte del país a la zona austral. Esto significa que todas las proyecciones fuera de ese rango deben ser tomadas con precaución, ya que corresponden a extrapolaciones o, en otras palabras, a ambientes a los que la especie no ha tenido acceso y por lo tanto se desconoce su real desempeño biológico en ellos. Detalles de las distribuciones potenciales se presentan en **Figuras 9.1, 9.2 y 9.3**.

La temperatura, en sus múltiples formas, es la variable más importante para explicar la distribución actual de C. *capitata* en el mundo. Entre todas las variables relacionadas a temperatura, la estacionalidad de la temperatura aparece seleccionada entre las tres más importantes en todos los modelos. La importancia de esta variable nos indicaría algún grado de limitación al desarrollo del organismo por las variaciones de temperatura. Otras variantes de temperatura seleccionadas repetidas veces, son la temperatura media anual y la mínima de la quincena o semana más fría. Solo tres modelos incluyeron precipitación (detalles en la **Tabla 9.1**).

Figura 9.1

Mapas de distribución potencial de *C. capitata* estimados con la base de datos ambientales WorldClim.

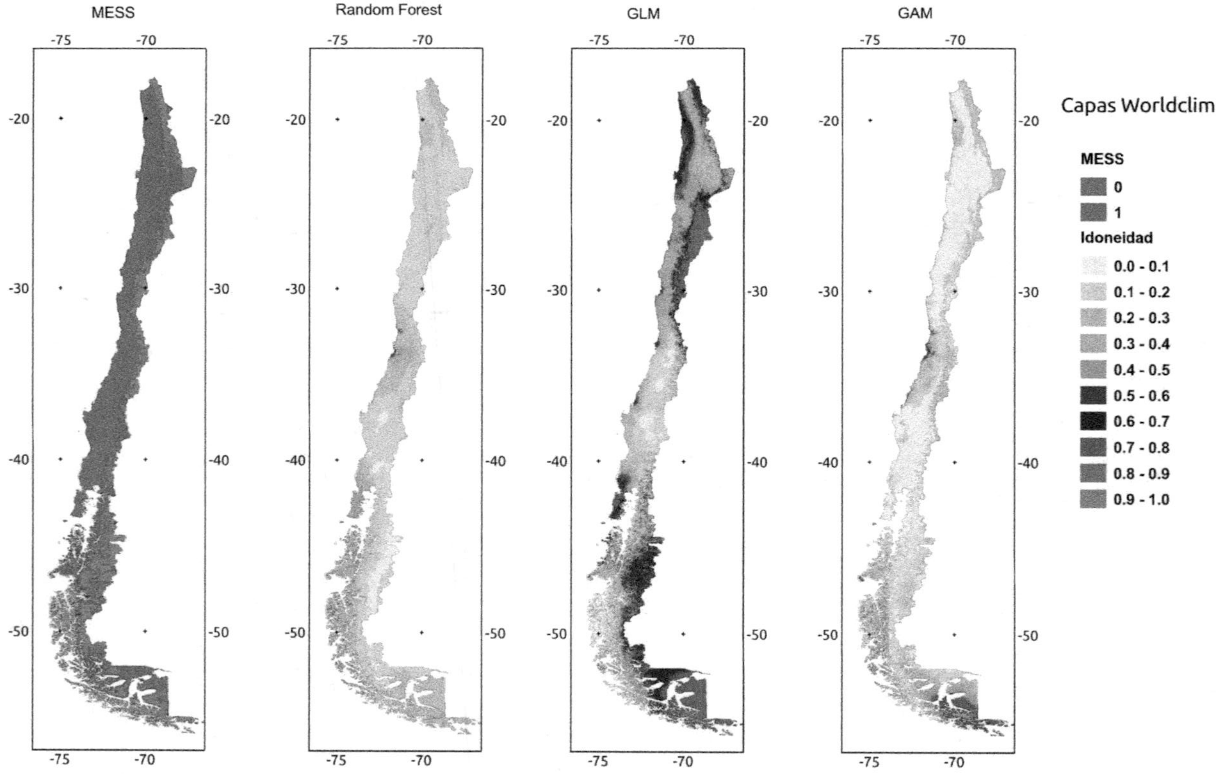

Primero, mapa MESS. Este mapa muestra las zonas donde la predicción de los modelos se realiza sobre áreas en Chile de características ambientales similares al rango de entrenamiento y es una predicción confiable (rojo) y donde se realiza en zonas fuera del rango de entrenamiento y es una extrapolación que debe ser evaluada con precaución (azul). Mapas 2 a 4 corresponden a los mapas de idoneidad de hábitat en Chile continental. Se muestran los resultados para los tres algoritmos utilizados.

Figura 9.2

Mapas de distribución potencial de *C. capitata* estimados con la base de datos ambientales Chelsa.

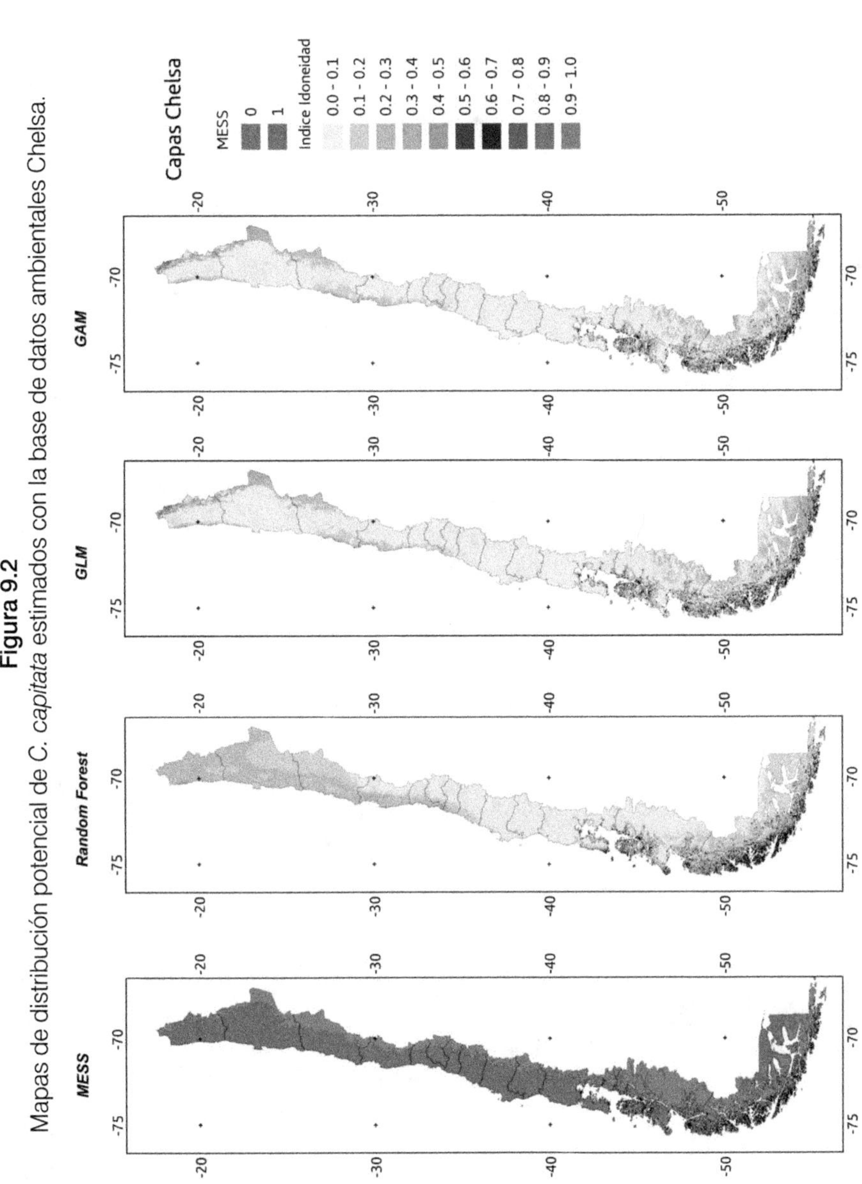

Primero, mapa MESS. Este mapa muestra las zonas donde la predicción de los modelos se realiza sobre áreas en Chile de características ambientales similares al rango de entrenamiento y es una predicción confiable (rojo) y donde se realiza en zonas fuera del rango de entrenamiento y es una extrapolación que debe ser evaluada con precaución (azul). Mapas 2 a 4 corresponden a los mapas de idoneidad de hábitat en Chile continental. Se muestran los resultados para los tres algoritmos utilizados.

Figura 9.3

Mapas de distribución potencial de *C. capitata* estimados con la base de datos ambientales Climond.

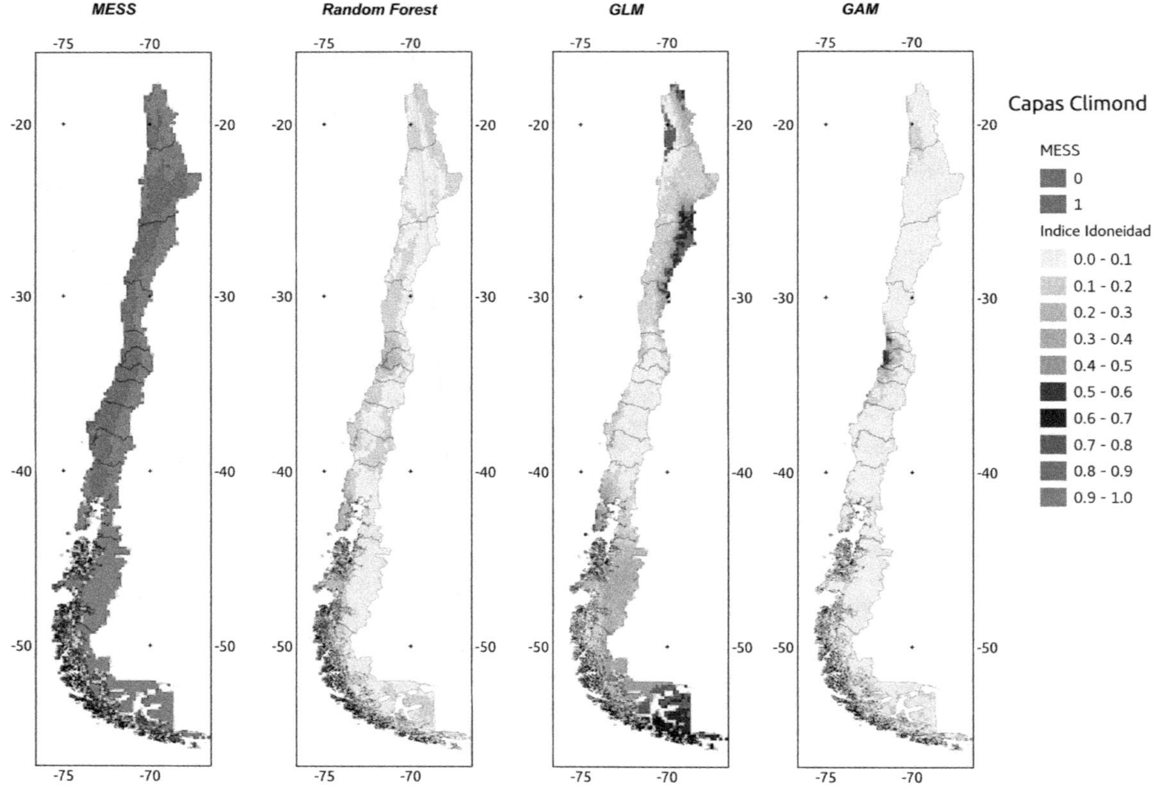

Primero, mapa MESS. Este mapa muestra las zonas donde la predicción de los modelos se realiza sobre áreas en Chile de características ambientales similares al rango de entrenamiento y es una predicción confiable (rojo) y donde se realiza en zonas fuera del rango de entrenamiento y es una extrapolación que debe ser evaluada con precaución (azul). Mapas 2 a 4 corresponden a los mapas de idoneidad de hábitat en Chile continental. Se muestran los resultados para los tres algoritmos utilizados.

Tabla 9.1

Resultados de los modelos ajustados de *C. capitata*. Se presentan valores de AUC y las tres variables más importantes (en la nomenclatura usada por cada base de datos climática) para explicar la distribución actual de la especie por cada combinación de algoritmo y base de datos.

	AUC	Worldclim		AUC	Chelsa		AUC	Climond	
RF	0.9	bio4	Temperature Seasonality	0.91	bio7	Temperature Annual Range	0.91	bio7	Temperature annual range
		bio7	Temperature Annual Range		bio2	Mean diurnal range		bio4	Temperature seasonality
		bio12	Annual Precipitation		bio3	Isothermality		bio19	Precipitation of coldest quarter
GLM	0.83	bio4	Temperature Seasonality	0.86	bio7	Temperature Annual Range	0.84	bio4	Temperature seasonality
		bio6	Min Temperature of Coldest Month		bio4	Temperature seasonality		bio7	Temperature annual range
		bio5	Max Temperature of Warmest Month		bio11	Mean Temperature of coldest quarter		bio6	Min temperature of coldest week
GAM	0.87	bio4	Temperature Seasonality	0.88	bio7	Temperature Annual Range	0.89	bio7	Temperature annual range
		bio7	Temperature Annual Range		bio4	Temperature seasonality		bio4	Temperature seasonality
		bio11	Mean Temperature of Coldest Quarter		bio16	Precipitation of wettest quarter		bio6	Min temperature of coldest week

8. GLOSARIO DE TÉRMINOS UTILIZADOS EN EL CAPÍTULO

- **Datos de entrenamiento (training data):** Datos utilizados (registros de especies y predictores) usados para ajustar el modelo.
- **ENM:** Ecological Niche Modeling o Modelamiento de Nicho Ecológico, modela las condiciones ambientales que permiten la persistencia de una especie.
- **Presión de propágulos:** Es la distribución de los tamaños de propágulo y el patrón de llegada de los propágulos. Se divide en dos componentes: 1) tamaño de propágulo, es decir, el número de individuos en un propágulo y 2) número de propágulos, esto es la tasa a la que los propágulos llegan por unidad de tiempo.
- **Propágulo(s):** Se refiere al grupo de individuos que llegan a un lugar, o a cada uno de estos individuos.
- **Ráster (archivo):** Un ráster es una matriz conformada por celdas o cuadrículas, más comúnmente conocidas como píxel, organizadas en filas y columnas, en la que cada píxel presenta una cualidad o propiedad espacial (temperatura, altitud, etc.).
- **SDM:** Species Distribution Modeling o Modelamiento de Distribución de Especies, modela la distribución geográfica de la especie.
- **Variables abióticas:** Variables que no son modificadas directa o indirectamente por una especie particular, en general son medidas a gran escala y de baja resolución espacial como por ejemplo, la temperatura promedio de un mes, la elevación sobre el nivel del mar, la precipitación anual. También son conocidas como variables no dinámicas, o variables escenopoéticas.
- **Variables bióticas:** Variables relacionadas dinámicamente con una especie en particular y que pueden ser modificadas por esta, por ejemplo, alimento e interacciones bióticas (competencia, depredación, etc.). También son conocidas como variables bionómicas.

9. REFERENCIAS

Allouche, O., Steinitz, O., Rotem, D., Rosenfeld, A. y Kadmon, R. (2008). Incorporating distance constraints into species distribution models. *Journal of Applied Ecology*, 45, 599-609.

Araujo, M. B. y Guisan, A. (2006). Five (or so) challenges for species distribution modeling. *Journal of Biogeography*, 33,1677-1688.

Araujo, M. B., Pearson, R. G., Thuiller, W. y Erhard, M. (2005). Validation of species-climate impact models under climate change. *Global Change Biology*, 11, 1504-1513.

Beaumont, L. J., Gallagher, R. V., Thuiller, W., Downey, P. O., Leishman, M. R. y Hughes, L. (2009). Different climatic envelopes among invasive populations may lead to underestimations of current and future biological invasions. *Diversity and Distributions*, 15, 409-420.

Broennimann, O., Treier, U. A., Müller Schärer, H., Thuiller, W., Peterson, A. T. y Guisan, A. (2007). Evidence of climatic niche shift during biological invasion. *Ecology Letters*, 10(8), 701-709.

Brotons, L., Herrando, S. y Pla, M. (2007). Updating bird species distribution at large spatial scales: applications of habitat modelling to data from long-term monitoring programs. *Diversity and Distributions*, 13, 276-288.

Brown, J. H. y Lomolino, M. V. (1998). *Biogeography* (2ª Ed). Sunderland: Sinauer Associates.

Buckley, L. B., Waaser, S. A., MacLean, H. J. y Fox, R. (2011). Does including physiology improve species distribution model predictions of responses to recent climate change? *Ecology*, 92, 2214-2221.

CABI (2017). *Ceratitis capitata*, Chris Weldon. En: Invasive Species Compendium. Wallingford: CAB International. www.cabi.org/isc.

Cassey, P., Blackburn, T. M., Sol, D., Duncan, R. P. y Lockwood, J. L. (2004). Global patterns of introduction effort and establishment success in birds. *Proceedings of the Royal Society B: Biological Sciences*, 271(Suppl 6):S405-S408.

Cassini, M. H. (2011). Ecological principles of species distribution models: the habitat matching rule. *Journal of Biogeography*, 38, 2057-2065.

Chase, J. M. y Leibold, M. (2003). *Ecological Niches: Linking Classical and Contemporary Approaches*. Chicago and London: University of Chicago Press.

Chown, S. L., Huiskes, A. H., Gremmen, N. J., Lee, J. E., Terauds, A., Crosbie, K. *et al.* (2012). Continent-wide risk assessment for the establishment of nonindigenous species in Antarctica. *Proceedings of the National Academy of Sciences*, 109(13), 4938-4943.

Colwell, R. K. y Rangel, T. F. (2009). Hutchinson's duality: the once and future niche. *Proceedings of the National Academy of Sciences*, 106(Suppl 2): 19651-19658.

Convey, P. (2008). Non-native species in Antarctic terrestrial and freshwater environments: presence, sources, impacts and predictions. En M. Rogan-Finnemore (Ed.) *Non-native species in the Antarctic: proceedings* (pp. 97-130). Christchurch, NZ: Gateway Antarctica Special Publication.

Curnutt, J. L. (2000). Host area specific climatic matching: similarity breeds exotics. *Biological Conservation*, 94, 341-351.

Davis, M. A, Grime, J. P., Thompson, K. (2000). Fluctuating resources in plant communities: a general theory of invasibility. *Journal of Ecology*, 88, 528-534.

Devictor, V., Clavel, J., Julliard, R., Lavergne, S., Mouillot, D., Thuiller, W. *et al.* (2010). Defining and measuring ecological specialization. *Journal of Applied Ecology*, 47(1), 15-25.

De Meyer, M. (2001). On the identity of the Natal fruit fly *Ceratitis rosa* Karsch (Diptera, Tephritidae). *Bulletin de l'Institut Royal Des Sciences Naturelles de Belgique Entomologie*, 71, 55-62.

De Meyer, M., Robertson, M. P., Peterson, A. T., y Mansell, M. W. (2008). Ecological niches and potential geographical distributions of Mediterranean fruit fly (*Ceratitis capitata*) and Natal fruit fly (*Ceratitis rosa*). *Journal of Biogeography*, 35(2), 270-281.

Drake, J. M. y Lodge, D. M. (2004). Global hot spots of biological invasions: evaluating options for ballast-water management. *Proceedings of the Royal Society B: Biological Sciences*, 271, 575-580.

Edwards, J. T., Cutler, D. R., Zimmermann, N. E., Geiser, L. y Moisen, G. G. (2006). Effects of sample survey design on the accuracy of classification tree models in species distribution models. *Ecological Modelling*, 199, 132-141.

El Gabbas, A., y Dormann, C. F. (2018). Improved species occurrence predictions in data poor regions: using large scale data and bias correction with down weighted Poisson regression and Maxent. *Ecography*, 41(7), 1161-1172.

Elith, J., y Leathwick, J. R. (2009). Species distribution models: ecological explanation and prediction across space and time. *Annual Review of Ecology, Evolution, and Systematics*, 40, 677-697.

Elith, J., Graham, C. H., Anderson, R. P., Dudik, M., Ferrier, S., Guisan, A. y Zimmermann, N. E. (2006). Novel methods improve prediction of species' distributions from occurrence data. *Ecography*, 29, 129-151.

Elith, J., Phillips, S. J., Hastie, T., Dudík, M., Chee, Y. E., Yates, C. J. (2011). A statistical explanation of MaxEnt for ecologists. *Diversity and Distributions*, 17, 43-57.

Elton, C. S. (1927). *Animal Ecology*. New York: The Macmillan Company.

EPPO (2018). EPPO Global Database (available online). https://gd.eppo.int

Evans, T. G., Diamond, S. E., y Kelly, M. W. (2015). Mechanistic species distribution modelling as a link between physiology and conservation. *Conservation Physiology*, 3(1), cov056.

Fitzpatrick, M. C., Hargrove, W. W. (2009). The projection of species distribution models and the problem of non-analog climate. *Biodiversity and Conservation*, 18, 2255-2261.

Fitzpatrick, M. C., Weltzin, J. F., Sanders, N. J. y Dunn, R. R. (2007). The biogeography of prediction error: why does the introduced range of the fire ant over-predict its native range? *Global Ecology and Biogeography*, 16, 24-33.

Franklin, J. (2009). *Mapping species distributions: spatial inference and prediction*. Cambridge: Cambridge University Press.

Frenot. Y., Chown, S. L., Whinam, J., Selkirk, P. M., Convey, P., Skotnicki, M., y Bergstrom, D. (2005). Biological invasions in the Antarctic: Extent, impacts and implications. *Biological Reviews of the Cambridge Philosophical Society*, 80,45-72.

Gaiji, S., Chavan, V., Ariño, A. H., Otegui, J., Hobern, D., Sood, R., y Robles, E. (2013). Content assessment of the primary biodiversity data published through GBIF network: status challenges and potentials. *Biodiversity Informatics*, 8, 94-172.

GBIF (2018). GBIF Home Page. Available from: www.gbif.org

Graham, M. H. (2003). Confronting multicollinearity in ecological multiple regression. *Ecology*, 84, 2809-2815.

Graham, C., Ferrier, S., Huettman, F., Moritz, C. y Peterson, A. T. (2004b). New developments in museum-based informatics and applications in biodiversity analysis. *Trends in Ecology and Evolution*, 19, 497-503.

Graham, C. H., Ron, S. R., Santos, J. C., Schneider, C. J. y Moritz, C. (2004a). Integrating phylogenetics and environmental niche models to explore speciation mechanisms in dendrobatid frogs. *Evolution*, 48, 1781-1793.

Grinnell, J. (1917). The niche-relationships of the California Thrasher. *The Auk*, 34, 427-433.

Guisan, A. y Zimmermann, N. (2000). Predictive habitat distribution models in ecology. *Ecological Modelling*, 135, 147-186.

Guisan, A. y Thuiller, W. (2005). Predicting species distribution: offering more than simple habitat models. *Ecology Letters* 8, 993-1009.

Hagen, K. S., Allen, W. W., y Tassan, R. L. (1981). Mediterranean fruit fly: the worst may be yet to come. *California Agriculture*, 35(3/4), 5-7.

Hardin, G. (1960). The competitive exclusion principle. *Science*, 131, 1292-1297.

Herborg, L. M., Drake, J. M., Rothlisberger, J. D. y Bossenbroek, J. M. (2009). Identifying suitable habitat for invasive species using ecological niche models and the policy implications of range forecasts. En R.P., Keller, D.M., Lodge, M.A., Lewis y J.F., Shogren (Eds.). *Bioeconomics of Invasive Species: Integrating Ecology, Economics, Policy, and Management* (pp. 63-82). Oxford: Oxford University Press.

Holt, R. D., Barfield, M., y Gomulkiewicz, R. (2005). Theories of niche conservatism and evolution: could exotic species be potential tests. En: D.F. Sax, J.J. Stachowicz y S.D. Gaines (Eds.) *Species invasions: insights into Ecology, Evolution, and Biogeography* (pp. 259-290). Sunderland: Sinauer Associates.

Hopkins, M. J. (2007). Modelling the known and unknown plant biodiversity of the Amazon Basin. *Journal of Biogeography*, 34,1400-1411.

Hughes, K. A., Lee, J. E., Ware, C., Kiefer, K., y Bergstrom, D. M. (2010). Impact of anthropogenic transportation to Antarctica on alien seed viability. *Polar Biology*, 33(8), 1125-1130.

Hurlbert, S. H. (1978). The measurement of niche overlap and some relatives. *Ecology*, 59(1), 61-77.

Huntley, B., Collingham, Y. C., Willis, S. G., Green, R. E. (2008). Potential impacts of climatic change on European breeding birds. *PLOS ONE*, 3:e1439.

Hutchinson, G. E. (1957). Population studies - animal ecology and demography - Concluding Remarks. *Cold Spring Harbor Symposia on Quantitative Biology*, 22, 415-427.

Jiménez-Valverde, A., Lobo, J. M., Hortal, J. (2008). Not as good as they seem: the importance of concepts in especies distribution modelling. *Diversity and Distributions*, 14, 885-90.

Jiménez-Valverde, A., Peterson, A. T., Soberón, J., Overton, J. M., Aragón, P., y Lobo, J. M. (2011). Use of niche models in invasive species risk assessments. *Biological invasions*, 13(12), 2785-2797.

Kearney, M. y Porter, W. P. (2009). Mechanistic niche modelling: combining physiological and spatial data to predict species ranges. *Ecological Letters*, 12, 334-350.

Kearney, M., Simpson, S. J., Raubenheimer, D., y Helmuth, B. (2010). Modelling the ecological niche from functional traits. *Philosophical Transactions of the Royal Society of London B: Biological Sciences*, 365(1557), 3469-3483.

Kolar, C. S. y Lodge, D. M. (2002). Ecological predictions and risk assessment for alien fishes in North America. *Science*, 298, 1233-1236.

Kumar, S., Neven, L. G., y Yee, W. L. (2014). Evaluating correlative and mechanistic niche models for assessing the risk of pest establishment. *Ecosphere*, 5(7), 1-23.

Kylafis, G. y Loreau, M. (2011). Niche construction in the light of niche theory. *Ecological Letters*, 14(2),82-90.

Leibold, M. A. (1995). The niche concept revisited: Mechanistic models and community context. *Ecology*, 76(5), 1371-1382.

Leroy, B., Delsol, R., Hugueny, B., Meynard, C. N., Barhoumi, C., Barbet Massin, M., y Bellard, C. (2018). Without quality presence-absence data, discrimination metrics such as TSS can be misleading measures of model performance. *Journal of Biogeography*, 45(9), 1994-2002.

Leung, B., Drake, J. M., y Lodge, D. M. (2004). Predicting invasions: propagule pressure and the gravity of Allee effects. *Ecology*, 85(6), 1651-1660.

Lobos, C., Moore C. y Yévenes, J. (2018). Informe simulacro de detección de un brote de Mosca del Mediterráneo (*Ceratitis capitata* (Wied.)) (Diptera: Tephritidae). Comuna de Machalí, Región de O'Higgins 25 al 29 de septiembre de 2017. Ministerio de Agricultura, Servicio Agrícola y Ganadero, Santiago de Chile.

Locke, A. y Hanson, J. M. (2009). Rapid response to non-indigenous species. Goals and history of rapid response in the marine environment. *Aquatic Invasions*, 4, 237-247.

Lockwood, J. L., Hoopes, M. F., Marchetti, M. P. (2007). *Invasion Ecology*. Oxford: Blackwell Publishing.

Lodge, D. M., Simonin, P. W., Burgiel, S. W., Keller, R. P, Bossenbroek, J. M. *et al.* (2016). Risk analysis and bioeconomics of invasive species to inform policy and management. *Annual Review of Environment and Resources*, 41, 453-488.

Malacrida, A. R., Gomulski, L. M., Bonizzoni, M., Bertin, S., Gasperi, G. y Guglielmino, C. R. (2007). Globalization and fruitfly invasion and expansion: The medfly paradigm. *Genetica*, 131(1), 1-9.

McInerny, G. J. y Etienne, R. S. (2012). Ditch the niche - is the niche a useful concept in ecology or species distribution modelling? *Journal of Biogeography*, 39(12), 2096-2102.

Mack, R. N. (2004). Global plant dispersal, naturalization, and invasion: pathways, modes and circumstances. En G.M. Ruiz, y J. T. Carlton (Eds.) *Invasive species: vectors and management strategies* (pp. 3-30). Washington DC: Island Press.

Margules, C. R. y Pressey, R. L. (2000). Systematic conservation planning. *Nature*, 405, 243-252.

Mateo, R. G., Crot T. B., Felicisimo A. M. y Muñoz, J. (2010). Profile or group discriminative techniques? Generating reliable species distribution models using pseudo-absences and target-group absences from natural history collections. *Diversity and Distributions*, 16, 84-94.

Mateo, R. G., Felicisimo, A. M., y Muñoz, J. (2011). Modelos de distribución de especies: Una revisión sintética. *Revista Chilena de Historia Natural*, 84(2), 217-240.

Medley, K. A. (2010). Niche shifts during the global invasion of the Asian tiger mosquito, *Aedes albopictus* Skuse (Culicidae), revealed by reciprocal distribution models. *Global Ecology Biogeography*, 19, 122-133.

Molnar, J. L., Gamboa, R. L., Revenga, C. y Spalding, M. D. (2008). Assessing the global threat of invasive species to marine biodiversity. *Frontiers in Ecology and the Environment*, 6(9), 485-492.

Monahan, W. B. (2009). A mechanistic niche model for measuring species' distributional responses to seasonal temperature gradients. *PLOS ONE*, 4(11), e7921.

Muñoz, J., y Felicísimo, Á. M. (2004). Comparison of statistical methods commonly used in predictive modelling. *Journal of Vegetation Science*, 15(2), 285-292.

Myers, J. H., Simberloff, D., Armand, M. K., Carey, J. R. (2000). Eradication revisited: dealing with exotic species. *Trends in Ecology and Evolution*, 15, 316-320.

Owens, H. L., Campbell, L. P., Dornak, L. L., Saupe, E. E., Barve, N., Soberón, J. *et al.* (2013). Constraints on interpretation of ecological niche models by limited environmental ranges on calibration areas. *Ecological Modelling*, 263, 10-18.

Papes, M. y Gaubert, P. (2007). Modelling ecological niches from low numbers of occurrences: Assessment of the conservation status of poorly known viverrids (Mammalia, Carnivora) across two continents. *Diversity and Distributions*, 13, 890-902.

Pearce, J. y Ferrier, S. (2000). Evaluating the predictive performance of habitat models developed using logistic regression. *Ecological Modelling*, 133, 225-245.

Pearman, P. B., Guisan, A., Broennimann, O. y Randin, C. F. (2008). Niche dynamics in space and time. *Trends in Ecology and Evolution*, 23(3), 149-158.

Pearson, R. G., Raxworthy, C. J., Nakamura, M., Peterson, A. T. (2007). Predicting species distributions from small numbers of occurrence records: a test case using cryptic geckos in Madagascar. *Journal of Biogeography*. 34, 102-117.

Pearson, R. G. (2010). Species distribution modeling for conservation educators and practitioners. *Lessons in Conservation*, 3, 54-89.

Pelechová, J., y Storch, D. (2008). Ecological Niche. En *Encyclopedia of Ecology*, (1st ed., Vol. 2, pp. 1088-1097). Oxford: Elsevier.

Peterson, A. T. (2011). Ecological niche conservatism: a time-structured review of evidence. *Journal of Biogeography*, 38, 817-827.

Peterson, A. T., Soberón J. (2012). Species distribution modeling and ecological niche modeling: Getting the Concepts Right. *Natureza y Conservação*, 10, 102-107.

Peterson, A. T. (2001). Predicting species' Geographic Distributions Based on Ecological Niche Modeling. *The Condor*, 103(3), 599-605.

Peterson, A. T. (2003). Predicting the geography of species' invasions via ecological niche modeling. *Quarterly Review of Biology*, 78, 419-433.

Peterson, A. T. y Shaw, J. (2003). *Lutzomyia* vectors for cutaneous leishmaniasis in Southern Brazil: ecological niche models, predicted geographic distributions, and climate change effects. *International Journal for Parasitology*, 33(9), 919-931.

Peterson, A. T., Pape , M., y Soberón, J. (2015). Mechanistic and correlative models of ecological niches. *European Journal of Ecology*, 1(2), 28-38.

Peterson, A.T. (2006). Uses and requirements of ecological niche models and related distributional models. *Biodiversity Informatics* 3, 59-72.

Peterson, A. T., Soberón, J., Pearson, R. G., Anderson, R. P., Martínez-Meyer, E. *et al.* (2011). *Ecological Niches and Geographic Distributions*. Princeton: Princeton University Press.

Phillips, S. J., Anderson, R. P., Schapire, R. E. (2006). Maximum entropy modeling of species geographic distributions. *Ecological Modelling* 190, 231-259.

Pocheville, A. (2015). The Ecological Niche: History and Recent Controversies. En: T. Heams, P. Huneman, G. Lecointre, y M. Silberstein (Eds.) *Handbook of Evolutionary Thinking in the Sciences*. Dordrecht: Springer.

Proche , ., Wilson, J. R., Richardson, D. M., y Rejmánek, M. (2008). Searching for phylogenetic pattern in biological invasions. *Global Ecology and Biogeography*, 17(1), 5-10.

Pulliam, H. R. (2000). On the relationship between niche and distribution. *Ecology Letters*, 3(4), 349-361.

Randin, C. F., Dirnböck, T., Dullinger, S., Zimmermann, N. E., Zappa, y M., Guisan A. (2006). Are niche-based species distribution models transferable in space? *Journal of Biogeography*, 33:1689-1703.

Reddy, S. y Dávalos, L. M. (2003). Geographical sampling bias and its implications for conservation priorities in Africa. *Journal of Biogeography*, 30, 1719-1727.

Rejmánek, M. y Pitcairn, M. J. (2000). When is eradication of exotic pest plants a realistic goal? En C. R. Veitch y M. N. Clout (Eds.), *Turning the tide: the eradication of invasive species* (pp. 249-253). Gland, Switzerland, and Cambridge, UK: IUCN SSC Invasive Species Specialist Group.

Rowe, R. J. (2005). Elevational gradient analyses and the use of historical museum specimens: A cautionary tale. *Journal of Biogeography*, 32, 1883-1897.

Schulman, L., Toivonen, T y Ruokolainen, K. (2007). Analysing botanical collecting effort in Amazonia and correcting for it in species range estimation. *Journal of Biogeography* 34, 1388-1399.

Shigesada, N., y Kawasaki, K. (1997). *Biological invasions: theory and practice*. Oxford: Oxford University Press.

Simberloff, D., Parker, I. M., y Windle, P. N. (2005). Introduced species policy, management, and future research needs. *Frontiers in Ecology and the Environment*, 3(1), 12-20.

Soberón, J. y Peterson, A. T. (2004). Biodiversity informatics: Managing and applying primary biodiversity data. *Philosophical Transactions of the Royal Society of London B*, 359, 689-698.

Soberón, J. (2007). Grinnellian and Eltonian niches and geographic distributions of species. *Ecological Letters*, 10, 1115-123.

Soberón, J. y Peterson, A. T. (2005). Interpretation of models of fundamental ecological niches and species' distributional areas. *Biodiversity Informatics*, 2, 1-10.

Soberón, J., Llorente, J. y Benı tez, H. (1996). An international view of national biological surveys. *Annals of the Missouri Botanical Garden*, 83, 562-573.

Soberón, J., y Nakamura, M. (2009). Niches and distributional areas: concepts, methods, and assumptions. *Proceedings of the National Academy of Sciences*, 106, 19644-19650.

Tatem, A. J. y Hay, S. I. (2007). Climatic similarity and biological exchange in the worldwide airline transportation network. *Proceedings of the Royal Society B: Biological Sciences*, 274, 1489-1496.

Thomas, M.C., Heppner, J. B., Woodruff, R. E., Weems H. V., Steck G. J. y Fasulo T. R. (2001). Mediterranean fruit fly.b. *DPI Entomology Circulars*, 4, 230 y 273.

Thuiller, W., Lavorel, S., Sykes, M. T., y Araújo, M. B. (2006). Using niche based modelling to assess the impact of climate change on tree functional diversity in Europe. *Diversity and Distributions*, 12(1), 49-60.

Thuiller, W., y Münkemüller, T. (2010). Habitat suitability modeling. En A.P. Moller, W Fielder y P. Berthold (Eds.). *Effects of Climate Change on Birds* (pp. 77-85). Oxford: Oxford University Press.

Thuiller, W., Richardson, D. M., Pysek, P., Midgley, G., Hughes, G. O. y Rouget, M. (2005). Niche-based modelling as a tool for predicting the risk of alien plant invasions at a global scale. *Global Change Biology*, 11, 2234-2250.

Vera, M. T., Cáceres, C., Wornoayporn, V., Islam, A., Robinson, A. S., de la Vega, M.H. *et al.* (2006). Mating incompatibility among populations of the South American fruit fly, *Anastrepha fraterculus* (Diptera: Tephritidae): implications for the sterile insect technique. *Annals of the Entomological Society of America*, 99, 387-397.

Vera, M. T., Rodríguez, R., Segura, D. F., Cladera, J. L., y Sutherst, R. W. (2002). Potential Geographical Distribution of the Mediterranean Fruit Fly, *Ceratitis capitata* (Diptera: Tephritidae), with Emphasis on Argentina and Australia. *Environmental Entomology*, 31, 1009-1022.

Vezina, S. (2005). Environmental management in a global economy. *CIM Bulletin*. 98.

Weber, B., Le Maitre, D. C., Kriticos, D. J. (2012). Comment on "Climatic niche shifts are rare among terrestrial plant invaders". *Science, 338*: 193c.

White, I. M., y Elson-Harris, M. M. (1992). Fruit flies of economic significance: their identification and bionomics. *Bulletin of Entomological Research*, 82(3), 433.

Wiens, J. y Graham, C. (2005). Niche conservatism: integrating evolution, ecology and conservation biology. *Annual Review of Ecology, Evolution, and Systematics*, 36, 519-539.

Wiens, J. J., Kuczynski, C. A., Arif, S. y Reeder, T. W. (2010). Phylogenetic relationships of phrynosomatid lizards based on nuclear and mitochondrial data, and a revised phylogeny for Sceloporus. *Molecular Phylogenetics and Evolution*. 54, 150-161.

Wiens, J. J., Sukumaran, J., Pyron, R. A. y Brown, R. M. (2009). Evolutionary and biogeographic origins of high tropical diversity in Old World frogs (Ranidae). *Evolution, 63, 1217-1231*.

Williams, J. W. y Jackson, S. T. (2007). Novel climates, no-analog communities and ecological surprises. *Frontiers in Ecology and the Environment*, 5, 475- 482.

Williamson, M. (1996). *Biological invasions*. London: Chapman & Hall.

Williamson, M. (1999). Invasions. *Ecography, 22,5-12*.

Zimmermann, N. E., Edwards Jr, T. C., Graham, C. H., Pearman, P. B., Svenning, J. C., (2010). New trends in species distribution modelling. *Ecography, 33*, 985-989.

CAPÍTULO 10
ANÁLISIS DE RIESGO DE PLAGAS EN ONPF

Lilian Ibáñez[1], Andrea Morales[1] y Cecilia Niccoli[1]
[1] *Sección Análisis de Riesgo de Plagas, Subdepartamento Regulaciones Fitosanitarias
de Importación, Departamento Regulación y Certificación Fitosanitaria,
División Protección Agrícola y Forestal, Servicio Agrícola y Ganadero.
Santiago, Chile.*

RESUMEN

El Servicio Agrícola y Ganadero (SAG), como Organización Nacional de Protección Fitosanitaria (ONPF), tiene la responsabilidad de establecer la reglamentación fitosanitaria para la importación de productos de origen vegetal, a fin de prevenir la introducción de plagas cuarentenarias que afecten a la producción agrícola y forestal, siguiendo los lineamientos de estándares internacionales sobre medidas fitosanitarias de la Convención Internacional de Protección Fitosanitaria (CIPF) y el Acuerdo de la Organización Mundial del Comercio (OMC). La CIPF estipula que una ONPF no tomará medidas fitosanitarias a menos que estén técnicamente justificadas sobre la base de evidencias biológicas, científicas y económicas, mediante un Análisis de Riesgo de Plagas (ARP). En este sentido, además del contexto nacional e internacional de un ARP, se da a conocer el proceso de ARP (definición y etapas) y otros antecedentes que permitan vislumbrar su importancia como herramienta de prevención de introducción de nuevas plagas en el territorio nacional.

1. INTRODUCCIÓN

Este capítulo tiene como objetivo presentar el contexto nacional e internacional en el que se sitúan los Análisis de Riesgo de Plagas, explicando su definición y etapas, así como conceptos asociados, que permiten entender en qué consiste esta metodología y para qué se realiza.

Entender los fundamentos de un ARP, permite visualizar la importancia de esta metodología como herramienta de prevención de introducción de nuevas plagas en el territorio nacional, junto con valorar esta labor.

2. CONTEXTO NACIONAL E INTERNACIONAL QUE SUSTENTA EL ARP

2.1. Nacional

2.1.1. Servicio Agrícola y Ganadero

El Servicio Agrícola y Ganadero es el Organismo Oficial del Estado de Chile, encargado de apoyar el desarrollo de la agricultura, los bosques y la ganadería. Esta labor la realiza a través de generación de políticas y normas fitosanitarias, protegiendo los intereses de Chile y sus recursos. Por intermedio de la División de Protección Agrícola y Forestal, trabaja de manera consistente en la:

- Fiscalización de recursos silvoagrícolas.
- Certificación para la exportación de productos silvoagrícolas chilenos.
- Regulación y control de insumos y productos agrícolas.
- Protección de la sanidad de los recursos productivos agrícolas y forestales.
- Fiscalización de la inocuidad en alimentos e insumos silvoagrícolas.

En el marco de la política de protección de la sanidad de los recursos agrícolas y forestales de nuestro país, el SAG como ONPF de Chile, ejecuta los Análisis de Riesgo de Plagas, analizando las plagas que podrían estar asociadas a un producto determinado, la probabilidad de que entren a través de dicho producto, se establezcan, se dispersen y tengan consecuencias económicas en el territorio nacional.

Desde el año 2000, la mayoría de las ONPF de los países trabajan bajo un marco internacional de tratados que rigen y guían las medidas que deben ser adoptadas para proteger sus recursos vegetales contra la introducción y propagación de nuevas plagas y enfermedades.

Para cumplir con esta misión de protección y prevención, sin obstaculizar el comercio, existen normas, directrices y tratados, que serán descritos a continuación.

2.2. Internacional

2.2.1. Organización Mundial de Comercio

La Organización Mundial de Comercio (OMC) se ocupa de las normas que rigen el comercio entre países. El objetivo es velar por que el comercio internacional se realice de la manera más fluida, previsible y libre posible.

Los pilares sobre los que descansa este sistema, son los Acuerdos de la OMC, que han sido negociados y firmados por la mayoría de los países que participan en el comercio mundial y ratificados por sus respectivos Parlamentos. En este contexto, a través del Acuerdo sobre la Aplicación de Medidas Sanitarias Fitosanitarias (AMSF), se establecen las reglas generales para la normativa sobre inocuidad de los alimentos, salud de los animales y preservación de las plantas; designando las organizaciones internacionales responsables.

Las organizaciones internacionales responsables conocidas como las tres hermanas son:
- Comisión Mixta FAO/OMS del Codex Alimentarius (Codex): el Codex Alimentarius es una colección de normas internacionales en materia de inocuidad de los alimentos adoptadas por la Comisión del Codex Alimentarius. El Codex tiene su sede en Roma y es financiado conjuntamente por la FAO y la OMS. El AMSF de la OMC estipula que "para armonizar en el mayor grado posible las medidas sanitarias y fitosanitarias, los Miembros basarán sus medidas sanitarias o fitosanitarias en normas, directrices o recomendaciones internacionales". En el Acuerdo se menciona a la Comisión Mixta FAO/OMS del Codex Alimentarius como la organización de normalización competente en materia de inocuidad de los alimentos (Organización Mundial de Comercio, 2018).

- Organización Mundial de Sanidad Animal (OIE): la Organización Mundial de Sanidad Animal (denominada anteriormente Oficina Internacional de Epizootias (OIE)) es la organización mundial de sanidad animal reconocida por el AMSF. El AMSF de la OMC establece que "para armonizar en el mayor grado posible las medidas sanitarias y fitosanitarias, los Miembros basarán sus medidas sanitarias o fitosanitarias en normas, directrices o recomendaciones internacionales". El Acuerdo designa a la OIE como la organización competente en materia de sanidad animal (Organización Mundial de Comercio, 2019).

- Convención Internacional de Protección Fitosanitaria (CIPF): La Convención Internacional de Protección Fitosanitaria es un tratado multilateral para la cooperación internacional en la esfera de la protección fitosanitaria. La Convención elabora disposiciones para la aplicación de medidas por parte de los gobiernos con objeto de proteger sus recursos vegetales de plagas perjudiciales (medidas fitosanitarias) que pueden introducirse mediante el comercio internacional. El Acuerdo MSF de la OMC estipula que "para armonizar en el mayor grado posible las medidas sanitarias y fitosanitarias, los Miembros basarán sus medidas sanitarias o fitosanitarias en normas, directrices o recomendaciones internacionales". El Acuerdo menciona a la CIPF en relación con las normas fitosanitarias.

Esta última, la CIPF, es la organización internacional que orienta el trabajo de la División de Protección Agrícola y Forestal del SAG, en el ámbito de la protección de plagas que pudiesen afectar plantas cultivadas y no cultivadas, facilitando el movimiento en condiciones de inocuidad de plantas y productos vegetales en el comercio internacional.

2.2.2. *Convención Internacional de Protección Fitosanitaria*

La Convención Internacional de Protección Fitosanitaria, de la cual Chile es signatario desde 1952, es un tratado multilateral para la cooperación internacional en la esfera de la protección fitosanitaria. Tiene como propósito actuar eficaz y conjuntamente para prevenir la introducción y diseminación de plagas de plantas y productos vegetales, y de promover medidas apropiadas para combatirlas. La Convención elabora disposiciones para la aplicación de medidas por parte de los gobiernos con objeto de proteger sus recursos vegetales de plagas perjudiciales (medidas fitosanitarias) que pueden introducirse mediante el comercio internacional.

Es importante tener presente lo siguiente sobre la CIPF:

1. Está compuesta por más de 180 partes contratantes.
2. Cada parte contratante tiene una ONPF y un contacto oficial de la CIPF.
3. Nueve organizaciones regionales de protección fitosanitaria (ORPF) obran para facilitar la aplicación de las directrices de la CIPF en los países.
4. La CIPF se enlaza con las organizaciones internacionales pertinentes a fin de contribuir a la creación de capacidad regional y nacional.

5. La Organización de las Naciones Unidas para la Alimentación y la Agricultura (FAO) proporciona la Secretaría de la CIPF.

2.2.3. Acuerdo sobre la Aplicación de Medidas Sanitarias y Fitosanitarias

El Acuerdo sobre la Aplicación de Medidas Sanitarias y Fitosanitarias (AMSF) de la OMC, establece que los miembros basarán sus condiciones cuarentenarias en las normas internacionales recomendadas y relevantes o en un análisis de los riesgos para proteger la vida, salud humana, animal y la sanidad vegetal.

Chile adhiere en 1995 al Acuerdo sobre la Aplicación de Medidas Sanitarias y Fitosanitarias de la OMC, al promulgar el Acuerdo de Marrakech (Decreto N° 16 del Ministerio de Relaciones Exteriores el cual se transformó en Ley de la República). Ser parte de la CIPF genera obligaciones que son acordes con el AMSF de la Organización Mundial de Comercio. En este Acuerdo se reconoce que los gobiernos tienen el derecho de tomar Medidas Sanitarias y Fitosanitarias, pero que estas solo deben aplicarse para proteger la vida o la salud de las personas y de los animales o para preservar los vegetales y no deben discriminar de manera arbitraria o injustificable entre los Miembros en que prevalezcan condiciones idénticas o análogas.

En este capítulo, es importante mencionar el Artículo 5 del Acuerdo, que trata sobre "Evaluación del Riesgo y Determinación del Nivel Adecuado de Protección Sanitaria o Fitosanitaria" y que señala los siguientes aspectos:

1. Los Miembros se asegurarán de que sus medidas sanitarias o fitosanitarias se basen en una evaluación, adecuada a las circunstancias, de los riesgos existentes para la vida y la salud de las personas y de los animales o para la preservación de los vegetales, teniendo en cuenta las técnicas de evaluación del riesgo elaboradas por las organizaciones internacionales competentes.

2. Al evaluar los riesgos, los Miembros tendrán en cuenta: los testimonios científicos existentes; los procesos y métodos de producción pertinentes; los métodos pertinentes de inspección, muestreo y prueba; la prevalencia de enfermedades o plagas concretas; la existencia de zonas libres de plagas o enfermedades; las condiciones ecológicas y ambientales pertinentes; y los regímenes de cuarentena y otros.

3. Al evaluar el riesgo, los Miembros tendrán en cuenta como factores económicos pertinentes: el posible perjuicio por pérdida de producción o de ventas en caso de entrada, radicación o propagación de una plaga o enfermedad; los costos de control o erradicación en el territorio del Miembro importador; y la relación costo-eficacia de otros posibles métodos para limitar los riesgos.

4. Al determinar el nivel adecuado de protección sanitaria o fitosanitaria, los Miembros deberán tener en cuenta el objetivo de reducir al mínimo los efectos negativos sobre el comercio.

5. Con objeto de lograr coherencia en la aplicación del concepto de nivel adecuado de protección sanitaria o fitosanitaria contra los riesgos tanto para la vida y la salud de las personas como para las de los animales o la preservación de los vegetales,

cada Miembro evitará distinciones arbitrarias o injustificables en los niveles que considere adecuados en diferentes situaciones.

6. Cuando se establezcan o mantengan medidas sanitarias o fitosanitarias para lograr el nivel adecuado de protección sanitaria o fitosanitaria, los Miembros se asegurarán de que tales medidas no entrañen un grado de restricción del comercio mayor del requerido para lograr su nivel adecuado de protección sanitaria o fitosanitaria.

7. Cuando los testimonios científicos pertinentes sean insuficientes, un Miembro podrá adoptar provisionalmente medidas sanitarias o fitosanitarias sobre la base de la información pertinente de que disponga.

8. Cuando un Miembro tenga motivos para creer que una determinada medida sanitaria o fitosanitaria establecida o mantenida por otro Miembro restringe o puede restringir sus exportaciones y esa medida no esté basada en las normas, directrices o recomendaciones internacionales pertinentes, podrá pedir una explicación de los motivos de esa medida.

El Acuerdo MSF estipula que "para armonizar en el mayor grado posible las medidas sanitarias y fitosanitarias, los Miembros basarán sus medidas en normas, directrices o recomendaciones internacionales" denominadas Normas Internacionales para Medidas Fitosanitarias (NIMF) las cuales son elaboradas por la CIPF.

2.3. Normas Internacionales para Medidas Fitosanitarias

El entendimiento de la CIPF se propicia a través de sus Normas Internacionales para Medidas Fitosanitarias (NIMF). Las normas tienen la finalidad de brindar orientación sobre los elementos fundamentales en los sistemas fitosanitarios y favorecer la comprensión dentro de la CIPF.

Actualmente existen 42 NIMF, de las cuales las que entregan las directrices para la elaboración de los ARP son:

- NIMF N° 2: Marco para el análisis de riesgo de plagas, adoptada el 2007 (FAO, 2007).
- NIMF N° 11: Análisis de riesgo de plagas para plagas cuarentenarias (FAO, 2013).

3. CONCEPTOS ASOCIADOS

Los conceptos y terminología sobre la temática tratada en este capítulo, se encuentran disponibles en la NIMF N° 5 "Glosario de términos fitosanitarios" (FAO, 2010). Esta norma de referencia es una lista de términos y definiciones con un significado específico para los sistemas fitosanitarios de todo el mundo. Se ha elaborado para proporcionar un vocabulario armonizado, convenido internacionalmente y asociado con la aplicación de la CIPF y las NIMF (FAO, 2010). Palabras tan significativas como "plaga", "plaga cuarentenaria", "Análisis de Riesgo de Plagas" y muchas otras más están contenidas en la Norma señalada. Sin embargo, existen algunos conceptos que se precisa destacar, debido a la importancia y a la utilidad que tienen en el proceso de ARP.

3.1. Peligro y riesgo

Se debe distinguir la diferencia entre peligro y riesgo; entendiéndose por peligro, el potencial de un organismo para causar daño (posibilidad), directa o indirectamente, a las plantas o productos vegetales; y riesgo, como la probabilidad de ocurrencia de un peligro fitosanitario y la magnitud de su consecuencia. Es importante destacar que debe haber un peligro potencial para que el riesgo exista y este último es medible, objetivo y basado en criterios fijos, evaluados mediante un Análisis de Riesgo de Plagas (ARP).

Las medidas fitosanitarias deben establecerse basándose en los riesgos y no en los peligros. Por lo tanto, el riesgo de que ocurra un peligro tiene tanto probabilidad como consecuencias.

3.2. Posibilidad y probabilidad

El Anexo a del Acuerdo MSF, define Evaluación del riesgo como la Evaluación de la probabilidad de entrada, radicación o propagación de plagas o enfermedades en el territorio de un Miembro importador según las medidas sanitarias o fitosanitarias que pudieran aplicarse, así como de las posibles consecuencias biológicas y económicas conexas; o evaluación de los posibles efectos perjudiciales para la salud de las personas y de los animales de la presencia de aditivos, contaminantes, toxinas u organismos patógenos en los productos alimenticios, las bebidas o los piensos.

Según lo que se señaló anteriormente, la posibilidad se asocia al peligro potencial de un organismo para causar daño, directa o indirectamente, a las plantas o productos vegetales; y la probabilidad de ocurrencia de un peligro fitosanitario y la magnitud de su consecuencia, se relaciona con el riesgo.

El significado ordinario de "potencial" se relaciona a la "posibilidad" y esto es diferente del significado ordinario de "probabilidad". La probabilidad implica un alto grado de umbral de potencialidad o posibilidad (Scott, 2007).

4. ANÁLISIS DE RIESGO DE PLAGAS

4.1. Proceso de Análisis de Riesgo de Plagas

De acuerdo a la NIMF N° 5, un Análisis de Riesgo de Plagas (ARP) se define como el "proceso de evaluación de las evidencias biológicas u otras evidencias científicas y económicas para determinar si un organismo es una plaga, si debería ser reglamentado, y la intensidad de cualesquiera de las medidas fitosanitarias que hayan de adoptarse contra él". De aquí se desprende la evaluación del riesgo de plagas (para plagas cuarentenarias): que se define como la evaluación de la probabilidad de introducción y dispersión de una plaga y de la magnitud de las posibles consecuencias económicas asociadas.

Por otra parte, la NIMF N° 2 señala que el proceso de ARP es un instrumento técnico que brinda los fundamentos para determinar las medidas fitosanitarias apropiadas. Evalúa la evidencia científica disponible para determinar si un organismo es una plaga.

En caso de que lo sea, el análisis evalúa la probabilidad de introducción y dispersión de la plaga en cuestión y la magnitud de las posibles repercusiones económicas en un área definida, utilizando datos biológicos u otros datos científicos y económicos.

El análisis de riesgo de plagas consta de tres etapas: Inicio, Evaluación de Riesgo de Plagas y Manejo del Riesgo de Plagas. El proceso de evaluación de riesgo se divide en: categorización de las plagas, evaluación de las probabilidades de introducción y de dispersión, y de las consecuencias económicas potenciales. La introducción de una plaga comprende tanto su entrada como su establecimiento. En este sentido, para que una plaga entre a un área, debe ocurrir una secuencia de eventos los cuales deben tener una probabilidad. Del mismo modo, después de que una plaga ha entrado en una nueva área, se debe cumplir con una serie de condiciones (por ejemplo, el clima, la disponibilidad de hospedantes, etc.) y deben ocurrir eventos adicionales para que ocurra su establecimiento **(Figura 10.1)**.

Después de estimar la probabilidad de introducción, se debe considerar la dispersión y el potencial de consecuencias económicas en el área en riesgo (área de ARP).

Cabe señalar que durante todo el proceso de ARP, se realiza una recolección de información, documentación y la comunicación del riesgo. Esta última por lo general se considera un proceso interactivo que permite el intercambio de información entre la ONPF y los interesados directos.

Figura 10.1

Etapas de la evaluación de riesgo de plagas.

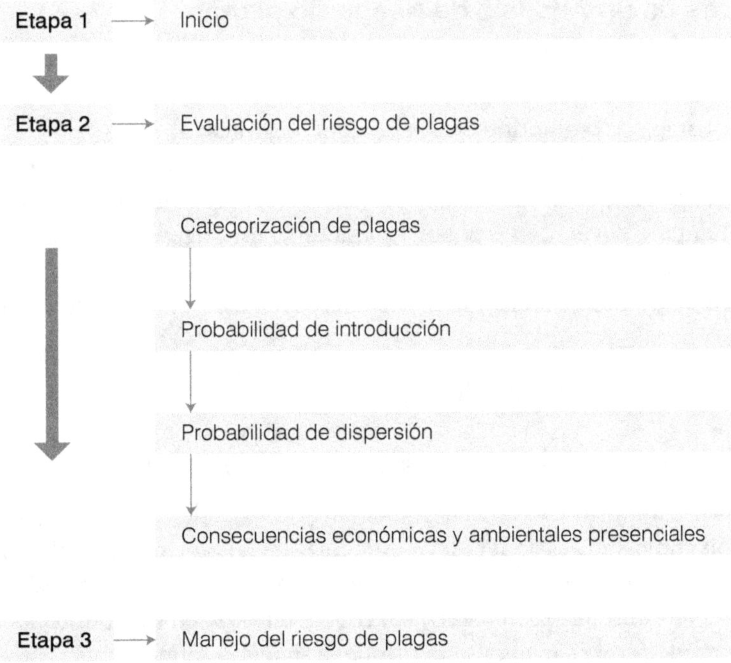

4.3. ¿Para qué se realizan los Análisis de Riesgo de Plagas?

1. Lograr la máxima consistencia en la evaluación, manejo y comunicación de los riesgos, de conformidad con la normativa AMSF de la OMC y estándares de la CIPF.
2. Contribuir al fortalecimiento de los aspectos preventivos del sistema nacional de cuarentena a través de una adecuada identificación de peligros y evaluación de riesgos de plaga.
3. Para garantizar que las medidas sanitarias y fitosanitarias no representen restricciones innecesarias, arbitrarias, injustificables desde un punto de vista científico o encubiertas del comercio internacional (Res. N° 3815/2003; Res. N° 3080 y sus modificaciones).

4.4. ¿Cuándo hacer un Análisis de Riesgo de Plagas?

El proceso de ARP puede iniciarse bajo distintas situaciones, por ejemplo (NIMF N° 2, 2007):

- Se presenta una solicitud de importación de un producto básico, que podría ser una vía que constituya un peligro potencial de plagas y requiera medidas fitosanitarias.
- Se identifica una plaga que podrá justificar medidas fitosanitarias.
- Se toma la decisión de revisar o modificar las medidas fitosanitarias o las políticas.
- Se presenta una solicitud para determinar si un organismo es una plaga.

4.5. Etapas de un Análisis de riesgo de plagas

4.5.1 Etapa 1. Inicio

En esta etapa se profundiza en los siguientes puntos:

1. Objetivos del ARP: se indican las razones de inicio mencionadas en el numeral 4.4.
2. Otros antecedentes en caso de que sea necesario, tales como: descripción del artículo reglamentado o vía, de las zonas productoras en origen, del proceso productivo, entre otros.
3. Área de ARP (área en relación con la cual se realiza un análisis de riesgo de plagas).

4.5.2. Etapa 2. Evaluación del Riesgo

4.5.2.1 Potencial que una planta se convierta en plaga

En caso de importación de material de propagación de especies vegetales ausentes en Chile, con antecedentes de ser plaga (maleza) en algún otro lugar del mundo, se debe realizar el Análisis de Riesgo de plantas como plaga, para el producto básico importado. En caso de que resulte plaga (maleza), el ARP se termina en este punto.

Si el producto no es maleza se continúa al siguiente punto.

4.5.2.2 Categorización de Plagas Cuarentenarias o potencialmente cuarentenarias

Los elementos de categorización de plagas son:

1. Identidad de la plaga.
2. Presencia o ausencia en el área de ARP.
3. Estatus reglamentario, es decir su inclusión o no en el listado de plagas cuarentenarias de Chile (Res. N° 3080 de 2003 y sus modificaciones).
4. Potencial de establecimiento y dispersión en el área de ARP.
5. Potencial de consecuencias económicas en el área de ARP.

Para el caso de un ARP iniciado por una vía, se elabora un cuadro en el que se identifican todos los elementos de categorización anteriormente señalados para cada una de las plagas asociadas a la especie o género vegetal en estudio. Adicionalmente, el cuadro debe señalar:

1. Parte de la especie vegetal dañada y/o asociada por la plaga (ej., fruto, hojas, tallos, raíces, entre otros).
2. Potencial de entrada por la vía, es decir si la plaga posee la capacidad de moverse con la vía.

En la **Figura 10.2**, se observa en cuadro de categorización con todas sus columnas.

Figura 10.2
Cuadro de categorización de plagas. P.C: plagas cuarentenarias.
P.C.P: plaga cuarentenaria potencial.

Nombre científico/ Posición taxonómica	Presencia en el Área de ARP	Situación en la resolución 3080 y sus modificaciones	Potencial de establecimiento y dispersión en el Área de ARP	Potencial de consecuencias económicas en el Área de ARP	PC o PCC	Parte de la especie vegetal importada dañada y/o asociada	Potencial de entrada por la vía	Literatura consultada

Aquellas plagas que calificaron como P.C o P.C.P y poseen potencial de entrar a través de la vía, continúan con la etapa de evaluación de riesgo de plagas.

4.5.2.3 Evaluación de Riesgo de Plagas

En la evaluación del riesgo por plaga, se analizan los siguientes factores:

1. Probabilidad de Introducción (entrada y establecimiento):
   a. Identificación de todas las vías (cuando el ARP es iniciado por plaga).

b. Probabilidad de asociación de la plaga con la vía en origen.

c. Probabilidad de que la plaga sobreviva a procedimientos vigentes de manejo de plagas.

d. Probabilidad de sobrevivencia al transporte o almacenamiento.

e. Probabilidad de no ser detectada en el puerto.

f. Probabilidad de transferencia a un hospedante adecuado.

g. Interacción Clima-Hospedante-plaga.

h. Rango de hospedantes.

2. Probabilidad de Dispersión después del establecimiento (factores biológicos).

3. Evaluación de las Consecuencias Económicas:

a. Impacto económico.

b. Impacto ambiental.

Las conclusiones de la etapa de evaluación del riesgo de plagas permiten definir un nivel de riesgo. Si el riesgo se considera inaceptable, el análisis podrá continuar proponiendo opciones en materia de manejo que puedan reducir el riesgo a un nivel aceptable. Posteriormente, dichas opciones de manejo del riesgo podrán ser utilizadas para establecer la reglamentación fitosanitaria pertinente.

Dado que un riesgo cero no es una opción razonable, el principio rector para el manejo del riesgo deberá ser manejar el riesgo para conseguir el grado necesario de seguridad que pueda estar justificado y sea viable dentro de los límites de las opciones y recursos disponibles.

4.5.3. Etapa 3. Manejo del Riesgo

El manejo del riesgo de plagas es el proceso analítico mediante el cual se identifican formas de reaccionar ante un riesgo percibido, se evalúa la eficacia de esas medidas y se identifican las opciones más apropiadas. Es un proceso basado en políticas de decisión y disposición de las medidas necesarias para mitigar el riesgo de plagas. Se utilizan las conclusiones de la evaluación del riesgo de plagas para decidir si es necesario un manejo del riesgo y la intensidad de las medidas que se utilizarán.

1. Mayor riesgo = medidas más fuertes

2. Menor riesgo = medidas menos restrictivas

5. CONCLUSIONES

El ARP es una forma lógica, basada en conocimiento científico, de pensar y argumentar.

Es una actividad estratégica que requiere de personas calificadas y acceso a la información, para poder llevarlo a cabo de la mejor manera posible.

Es un estudio interdisciplinario que se desarrolla en el marco de una política de cuarentena: procedimientos y criterios transparentes, independientes y lo más objetivos posibles.

El ARP es el pilar sobre el cual toda política cuarentenaria y acciones debiesen ser construidas.

6. REFERENCIAS

FAO (2007). NIMF N° 2: Marco para el análisis de riesgo de plagas. Convención Internacional de Protección Fitosanitaria.

FAO (2010). NIMF N°5. Glosario de términos fitosanitarios. Convención Internacional de Protección Fitosanitaria.

FAO (2013). NIMF N° 11. Análisis de Riesgo de Plagas para plagas cuarentenarias 2013. Convención Internacional de Protección Fitosanitaria.

Organización Mundial de Comercio. (2019). Disponible en: https://www.wto.org/indexsp.htm

Scott, J. (2007). *The WTO agreement on sanitary and phytosanitary measures: a commentary*. Oxford: Oxford University Press.

CAPÍTULO 11
MARCO LEGAL PARA IMPORTACIONES Y EXPORTACIONES SILVOAGRÍCOLAS EN CHILE

JORGE CONCHA[1], TAMARA GÁLVEZ[2], ERIK LEÓN[1] Y GEMMA OLIVERA[3]

[1] Sección de Productos Agrícolas y Forestales, Subdepartamento Requisitos Fitosanitarios Exportación, Departamento Regulaciones y Certificación Fitosanitaria, División Protección Agrícola y Forestal, Servicio Agrícola y Ganadero. Santiago, Chile.

[2] Subdepartamento Regulaciones Fitosanitarias de Importación, Departamento Regulaciones y Certificación Fitosanitaria, División Protección Agrícola y Forestal, Servicio Agrícola y Ganadero. Santiago, Chile.

[3] Subdepartamento Requisitos Fitosanitarios Exportación, Departamento Regulaciones y Certificación Fitosanitaria, División Protección Agrícola y Forestal, Servicio Agrícola y Ganadero. Santiago, Chile.

RESUMEN

Los procesos de importaciones y exportaciones se enmarcan en el contexto de la Convención Internacional de Protección Fitosanitaria (CIPF), debido a que Chile es parte contratante de dicha convención, y por tal motivo, corresponde dar cumplimiento a los principios establecidos por esta. Para cumplir con lo señalado, Chile definió al Servicio Agrícola y Ganadero (SAG), como la Organización Nacional de Protección Fitosanitaria, por lo tanto, tiene la responsabilidad exclusiva para la certificación fitosanitaria de productos de exportación y es el encargado oficial de la operación o supervisión del sistema de importaciones. Asimismo, se tiene el marco legal nacional, que establece las regulaciones, para llevar a cabo los procesos de importación y exportación de productos silvoagrícolas.

1. INTRODUCCIÓN

El Departamento de Regulación y Certificación Fitosanitaria, perteneciente a la División de Protección Agrícola y Forestal del SAG, tiene a cargo la coordinación de los procesos de importación y exportación.

En el contexto de las importaciones, se tiene como función elaborar propuestas de normas, resoluciones, protocolos y planes de trabajo para la importación de productos silvoagrícolas, agentes biológicos, medios de transporte y equipaje acompañante, así como para su tránsito por territorio nacional, determinar el Manejo del Riesgo de los artículos reglamentados de importación o tránsito y elaborar los Análisis de Riesgo de Plagas de importaciones y exportaciones.

En la certificación fitosanitaria para la exportación, elaborar propuestas de directrices, procedimientos, estándares y sistemas de inspección fitosanitaria, referidas a productos agrícolas y forestales y material de propagación de exportación, para que se dé cumplimiento a los requisitos establecidos por los Organismos Nacionales de Protección Fitosanitaria o autoridades fitosanitarias de los países importadores.

Ambos procesos se encuentran enmarcados en el ámbito internacional, en los principios y normas establecidos por la Convención Internacional de Protección Fitosanitaria (CIPF), y en el ámbito nacional, en leyes, decretos, resoluciones y normas, que establecen el accionar como Servicio.

2. LA CONVENCIÓN INTERNACIONAL DE PROTECCIÓN FITOSANITARIA Y SAG

La Convención Internacional de Protección Fitosanitaria (CIPF) es un tratado internacional relacionado con sanidad vegetal, la cual fue aprobada por la Conferencia de la FAO en 1951 y entró en vigor en abril de 1952.

La finalidad de la CIPF es prevenir la diseminación e introducción de plagas de plantas y productos vegetales, y promover medidas apropiadas para combatirlas (Artículo I.1).

Para lograr su objetivo, la CIPF requiere de la cooperación internacional, para lo cual trabaja en forma coordinada con los países que son partes contratantes, ya sea a través de las Organizaciones Nacionales de Protección Fitosanitaria (ONPF) como las Organizaciones Regionales de Protección Fitosanitaria (ORPF).

La CIPF proporciona un marco regulatorio para el establecimiento de medidas fitosanitarias técnicamente justificadas y armonizadas de forma que permitan un comercio seguro y expedito.

Además de las plantas y productos vegetales, la CIPF establece que las partes contratantes pueden, si lo consideran apropiado, aplicar los principios de esta convención a cualquier organismo, objeto o material capaz de albergar o diseminar plagas de plantas, como lugares de almacenamiento, de empacado, medios de transporte, contenedores y suelo, entre otros.

Chile es parte contratante de la Convención Internacional de Protección Fitosanitaria (CIPF), desde que esta entrara en vigor, en abril de 1952, y por tal motivo se debe dar cumplimiento a los principios que en ella se encuentran establecidos.

De acuerdo al texto de la CIPF, se establece en su Artículo IV "Disposiciones generales relativas a los acuerdos institucionales de protección fitosanitaria nacional", que cada parte contratante tomará las disposiciones necesarias para establecer una Organización Nacional de Protección Fitosanitaria (ONPF).

En Chile, el organismo oficial, que actúa como Organización Nacional de Protección Fitosanitaria (ONPF), es el Servicio Agrícola y Ganadero (SAG). El Servicio nace en 1967 mediante la Ley 16.640, la cual posteriormente fue derogada por la Ley Orgánica SAG 18.755/1989 (última modificación 2014), que "Establece Normas sobre el Servicio Agrícola y Ganadero, deroga la Ley 16.640 y otras disposiciones".

Por otra parte, mediante el Decreto 144 del 25-10-2007, se promulga el nuevo texto revisado de la convención, que entró en vigor para Chile y los demás Estados partes de la convención, el 2 de octubre de 2005.

Por lo tanto, el texto de la convención es de cumplimiento obligatorio para Chile, por lo que las responsabilidades propias de cada ONPF descritas en el texto de la convención, deben ser cumplidas. Las responsabilidades consignadas en el texto se refieren a:

a) La emisión de certificados referentes a la reglamentación fitosanitaria del país importador para los envíos de plantas, productos vegetales y otros artículos reglamentados;

b) la vigilancia de plantas en cultivo, tanto de las tierras cultivadas (por ejemplo, campos, plantaciones, viveros, jardines, invernaderos y laboratorios) y la flora silvestre, de las plantas y productos vegetales en almacenamiento o en transporte, particularmente con el fin de informar de la presencia, el brote y la diseminación de plagas, y de combatirlas, incluida la presentación de informes a que se hace referencia en el párrafo 1 a) del Artículo VIII;

c) la inspección de los envíos de plantas y productos vegetales que circulen en el tráfico internacional y, cuando sea apropiado, la inspección de otros artículos reglamentados, particularmente con el fin de prevenir la introducción y/o diseminación de plagas;

d) la desinfestación o desinfección de los envíos de plantas, productos vegetales y otros artículos reglamentados que circulen en el tráfico internacional, para cumplir los requisitos fitosanitarios;

e) la protección de áreas en peligro y la designación, mantenimiento y vigilancia de áreas libres de plagas y áreas de escasa prevalencia de plagas;

f) la realización de análisis del riesgo de plagas;

g) para asegurar mediante procedimientos apropiados que la seguridad fitosanitaria de los envíos después de la certificación fitosanitaria respecto de la composición, sustitución y reinfestación se mantiene antes de la exportación; y

h) la capacitación y formación de personal.

Para dar cumplimiento a sus responsabilidades como ONPF, en el ámbito de las Importaciones y Exportaciones, SAG definió una estructura que considera ambas actividades, de forma de armonizar los criterios para establecer requisitos fitosanitarios de importación y dar cumplimiento a estos.

Es así que se creó el Departamento de Regulación y Certificación Fitosanitaria **(Figura 11.1)** que forma parte de la División de Protección Agrícola y Forestal, mediante Resolución 4964/2016, donde se da cumplimiento a las obligaciones de las letras a) Emisión de Certificados Fitosanitarios, c) la inspección de los envíos de plantas y productos vegetales que circulen en el tráfico internacional, d) la desinfestación o desinfección de los envíos de plantas, productos vegetales y otros artículos reglamentados que circulen en el tráfico internacional, para cumplir los requisitos fitosanitarios, f) creación de procedimientos y g) capacitación continua de funcionarios que desarrollan sus funciones en el proceso de certificación.

A continuación, se detallan los principales decretos y Resoluciones nacionales que regulan el proceso de Importación y Exportación de artículos reglamentados:

- **Decreto 144/2007.** Del Ministerio de Relaciones Exteriores, que Promulga texto revisado de la convención internacional de protección fitosanitaria.
- **Decreto Ley 3.557/1980.** Del Ministerio de Agricultura, que Establece disposiciones sobre Protección Agrícola.
- **Ley 18.755/1988.** Del Ministerio de Agricultura, que Establece normas sobre el Servicio Agrícola y Ganadero.
- **Ley 19.283/1994.** Modifica Ley 18.755 sobre Organización y Atribuciones del Servicio Agrícola y Ganadero.

Figura 11.1

Organigrama del Departamento de Regulación y Certificación Fitosanitaria.

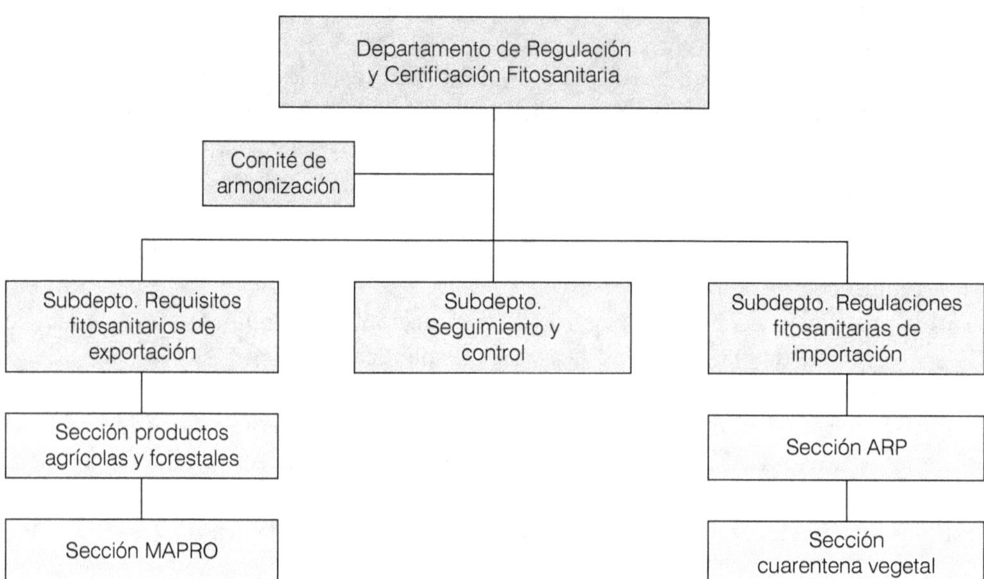

- **Resolución Exenta 292/1997.** Del Ministerio de Agricultura, Servicio Agrícola y Ganadero, Dirección Nacional; que establece normas para Certificación Fitosanitaria de Productos de Exportación y Deroga Resolución que indica.
- **Resolución SAG N° 3.080 de 2003:** Establece criterios de Regionalización en relación a las plagas cuarentenarias para el territorio de Chile (y sus modificaciones).
- **Resolución SAG N° 3.815 de 2003:** Establece normas para la importación de artículos reglamentados o mercaderías peligrosas para los vegetales.
- **Resolución SAG N° 3.589 de 2012:** Establece categorización de productos según su riesgo de plagas.
- **Resolución SAG N° 6.383 de 2013:** Establece los requisitos para ingreso de material vegetal a Cuarentena Posentrada.

3. IMPORTACIONES Y EXPORTACIONES

Ambos procesos, se basan en las Normas Internacionales de Medidas Fitosanitarias (NIMF), las cuales son el marco para dar cumplimiento a los principios de la Convención. Estas no son mandatorias, pero se insta a los países a que sean utilizadas, de forma de facilitar el entendimiento en el ámbito fitosanitario, entre los países.

El proceso de Importación, se basa en Normas como: NIMF 2 "Marco para el Análisis de Riesgo de Plagas", NIMF 8 "Determinación de una Plaga en un área", NIMF 20

"Directrices sobre un Sistema Fitosanitario de Reglamentación de Importaciones", y el proceso de Certificación Fitosanitaria (exportaciones), está basado en las normas internacionales NIMF 7 "Sistema de Certificación Fitosanitaria" y NIMF 12 "Certificados Fitosanitarios".

Un concepto común a ambos procesos es el término que se presenta a continuación:

3.1. Artículos reglamentados

Todos los productos pueden reglamentarse con respecto a las plagas cuarentenarias. Entre algunos de los ejemplos de artículos reglamentados para los cuales el SAG y las ONPF de los países de destino establecen requisitos fitosanitarios de importación, figuran:

a. Plantas y sus productos utilizados para plantar, el consumo, o la elaboración o cualquier otro fin.
b. Materiales de embalaje incluyendo la madera de estiba.
c. Suelo, fertilizantes orgánicos y materiales relacionados.
d. Equipo potencialmente contaminado (como los utilizados para fines agrícolas, militares y para el movimiento de tierra).
e. Plagas y agentes de control biológico.

3.2. Proceso de Importación

El sistema fitosanitario de reglamentación de importaciones tiene como objetivo prevenir la introducción de plagas cuarentenarias o limitar la entrada de plagas no cuarentenarias reglamentadas con los productos básicos importados y otros artículos reglamentados **(Figura 11.2)**. Dicho sistema deberá constar de dos componentes: un marco normativo de legislación, reglamentos y procedimientos fitosanitarios; y la ONPF como el servicio oficial encargado de la operación o supervisión del sistema. El marco jurídico deberá incluir: la autoridad legal para que la ONPF cumpla con sus obligaciones; las medidas que los productos básicos importados deberán cumplir; otras medidas (incluyendo prohibiciones) concernientes a los productos básicos y otros artículos reglamentados importados; y las acciones que puedan llevarse a cabo cuando se detecten incidentes de incumplimiento o incidentes que requieran la aplicación de acción de emergencia. Este marco jurídico también puede incluir medidas concernientes a los envíos en tránsito (NIMF 20:2004).

La ONPF tiene una serie de responsabilidades cuando aplica un sistema de reglamentación de importaciones. Entre ellas se incluyen las identificadas en el Artículo IV.2 de la CIPF (1997) relacionadas con las importaciones, incluyendo la vigilancia, la inspección, la desinfestación o desinfección, llevar a cabo análisis de riesgo de plagas y la capacitación y mejoramiento del personal. Estas responsabilidades conllevan actividades relacionadas con áreas tales como: la administración, la auditoría y la verificación del cumplimiento, las acciones tomadas ante el incumplimiento, las acciones de emergencia, la autorización de personal y la solución de controversias. Además, las partes contratantes

Figura 11.2

Diagrama del proceso de elaboración de normas para las importaciones.

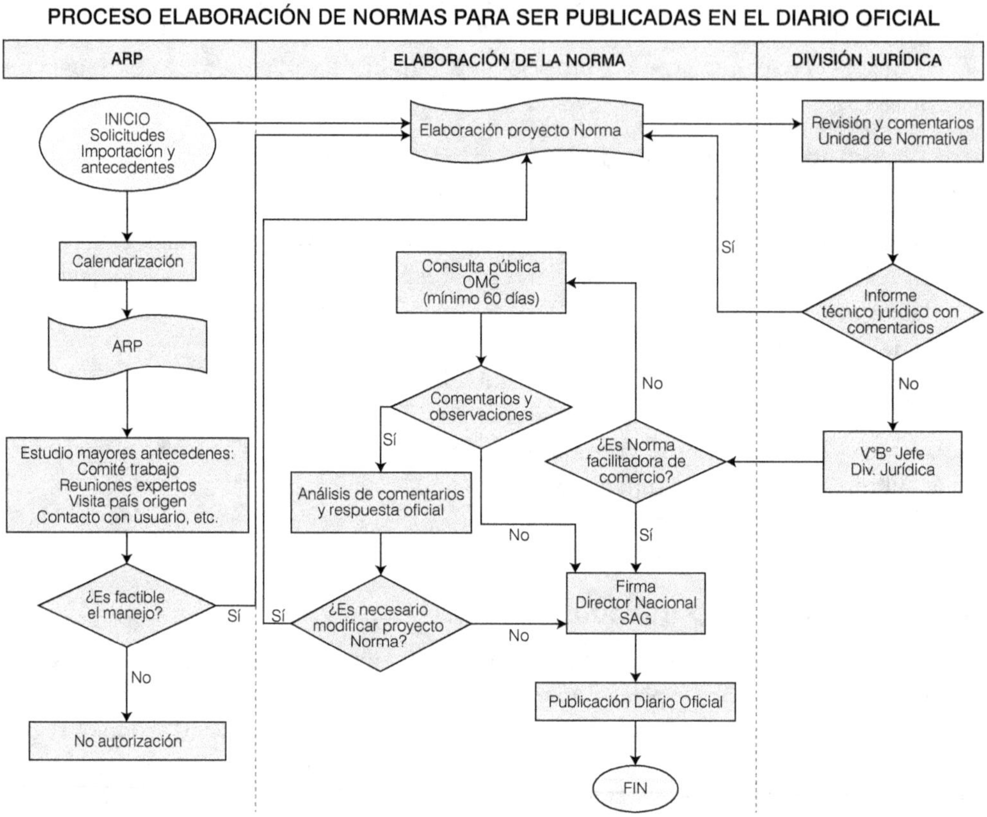

PROCESO ELABORACIÓN DE NORMAS PARA SER PUBLICADAS EN EL DIARIO OFICIAL

podrán asignar a las ONPF otras responsabilidades tales como elaboración y modificación de reglamentos. Se precisa de los recursos de la ONPF para asumir estas responsabilidades y actividades. También existen requisitos para los enlaces internacionales y nacionales, la documentación, la comunicación y la revisión (NIMF 20:2004).

3.2.1. *Trámites de autorización de importación para los artículos reglamentados*

A través de la Resolución SAG N° 3.815 de 2003 se establecen las normas que regulan el proceso de importación de artículos reglamentados y en ella se indica que:

1. Toda persona natural o jurídica que desee una autorización de importación al país, o conocer los requisitos fitosanitarios y condiciones de ingreso de un artículo reglamentado o mercadería peligrosa, de material vegetal genéticamente modificado o sujeto a régimen de cuarentena de post entrada, lo deberá realizar a través de la

normativa y procedimientos específicos para este tipo de material y sus correspondientes formularios.

2. Todo artículo reglamentado, que no tenga a la fecha requisitos publicados y que se desee importar a Chile, deberá ser estudiado mediante Análisis de Riesgo de plagas (ARP).

3. El ARP correspondiente, debe ser desarrollado por el Servicio Agrícola y Ganadero, siguiendo los lineamientos de la CIPF.

4. La información requerida para iniciar el ARP debe emanar oficialmente de la ONPF del país de origen y ser remitida al SAG a través del Formulario N° 2 "Información requerida para iniciar el Análisis de riesgo de plaga para la importación de productos de origen vegetal a Chile".

5. La asignación del orden de prioridades para realizar los Análisis de Riesgo de Plaga (ARP) se realiza cumpliendo los siguientes criterios, los cuales no están en orden de importancia:

   a. Fecha de recepción del Formulario N° 2, con los antecedentes e información requerida para este fin.

   b. Necesidad de responder a peticiones de los gobiernos con los que se mantienen relaciones bilaterales o Tratados de Libre Comercio.

Una vez concluido el ARP los resultados posibles de este análisis pueden ser:

1. Autorizar la importación de un producto que se establecen a través de requisitos fitosanitarios y condiciones de ingreso.

2. No autorizar la importación debido a alto nivel de riesgo asociado.

Para concluir de manera transparente la publicación del establecimiento de Requisitos fitosanitarios y condiciones de ingreso de un producto, estos son sometidos a Consulta Pública y notificación a la Secretaría OMC en espera de observaciones, las cuales son respondidas por SAG de manera Oficial.

3.2.2. Medidas Fitosanitarias para los envíos que se importan

1. Las medidas que deberán cumplir los envíos de plantas, productos vegetales y otros artículos reglamentados importados deberán especificarse en los reglamentos.

2. Dichas medidas pueden ser generales, aplicándose a todo tipo de productos básicos, o pueden ser específicas, aplicándose a productos básicos específicos provenientes de un origen particular.

3.3. Proceso de Exportaciones

Las exportaciones de productos silvoagrícolas se enmarcan en el concepto de Certificación Fitosanitaria (**Figura 11.3**) definido como el "uso de procedimientos fitosanitarios, conducentes a la expedición de un Certificado Fitosanitario (NIMF 5, FAO, 2010).

La certificación fitosanitaria se utiliza para avalar que los envíos cumplen con los requisitos fitosanitarios de importación y se aplica a la mayoría de las plantas, productos vegetales y otros artículos reglamentados en el comercio internacional. La certificación fitosanitaria contribuye con la protección de las plantas, incluyendo las plantas cultivadas y no cultivadas/no manejadas y la flora silvestre (incluidas las plantas acuáticas), los hábitats y ecosistemas en los países importadores (NIMF 7, FAO, 2011).

La certificación fitosanitaria también facilita el comercio internacional de plantas, productos vegetales y otros artículos reglamentados proporcionando un documento convenido en el ámbito internacional y los procedimientos relacionados.

La ONPF del país exportador tiene la autoridad exclusiva para realizar la certificación fitosanitaria y debería establecer un sistema de manejo para abordar los requisitos legislativos y administrativos. La ONPF asume las responsabilidades operativas, incluyendo el muestreo y la inspección de plantas, productos vegetales y otros artículos reglamentados; la detección e identificación de plagas, la vigilancia de los cultivos, la realización de tratamientos y el establecimiento y mantenimiento de un sistema de registro (NIMF 7, FAO, 2011).

Las actividades para la certificación fitosanitaria de los productos vegetales de exportación (inspección fitosanitaria, tratamiento y expedición del Certificado Fitosanitario) se realizaba en los puertos de salida. Sin embargo, debido al aumento progresivo de los volúmenes de las exportaciones se comenzó a llevar las actividades de inspección o tratamiento fitosanitario a los lugares de origen de los productos, de tal forma de llegar a los puertos de salida con productos aprobados. Esto implicó que la labor del puerto se concentrara principalmente en la emisión de Certificados Fitosanitarios.

3.3.1. Inicio del trámite de Exportación

Para poder exportar un producto de origen vegetal a otro país, este debe cumplir con los requisitos fitosanitarios de importación establecidos por la ONPF del país de destino, para lo cual el SAG ha definido procedimientos que deben ser cumplidos por los interesados en exportar. En cada Región de Chile en la que se realicen actividades de exportaciones agrícolas existen Oficinas SAG en las que se desempeñan Supervisores e Inspectores de exportaciones Agrícolas, quienes se encuentran a cargo de la realización de las actividades descritas en los procedimientos del SAG y en los acuerdos o protocolos específicos con cada país.

En caso de no contar con los requisitos fitosanitarios, es posible obtenerlos de la siguiente forma:

1. Realizar la consulta a la ONPF del país de destino, ya sea oficialmente por la ONPF del país exportador (en el caso de Chile SAG) o mediante el importador el cual puede acercarse directamente a la ONPF del país de destino. Algunas ONPF realizan los ARP para determinados productos, en donde establecen los requisitos fitosanitarios generales necesarios para el ingreso del producto desde cualquier país de origen, por lo tanto, al realizar la consulta a la autoridad correspondiente, estos serán entregados en forma expedita. Los requisitos indicados son analizados de forma de determinar la factibilidad de cumplirlos.

2. En otros casos, las ONPF aún no han definido los requisitos fitosanitarios de importación para productos de origen chileno, por lo que, para poder establecerlos, la ONPF de destino deberá desarrollar el Análisis de Riesgo de Plagas (ARP). En este caso se deberá completar un cuestionario por parte de la ONPF de Chile (SAG) que permita a los analistas definir los requisitos para el producto.

Una vez que se establece el requisito, el cual es informado a través de un documento oficial emitido por la ONPF del país de destino, en donde se describen los requisitos fitosanitarios requeridos para la importación del producto, se analizan por la unidad normativa de SAG, y si es posible aceptarlos, estos son publicados en los sistemas de apoyo, de tal forma que se pueda comunicar a todos los participantes del proceso (exportadores, productores, inspectores SAG).

Una vez que se tienen acordados y establecidos los requisitos, el Servicio procede a realizar la certificación fitosanitaria, adecuándose a los requisitos establecidos por la ONPF de destino.

Todas las actividades para la Certificación Fitosanitaria se encuentran descritos en procedimientos e Instructivos establecidos por SAG.

El proceso de certificación, contempla las actividades que se desarrollan desde el campo, en los Establecimientos (actividades de origen) y a nivel de los puertos de embarque.

A continuación, se presenta el esquema del proceso de certificación:

Figura 11.3

Esquema del proceso de certificación fitosanitaria.

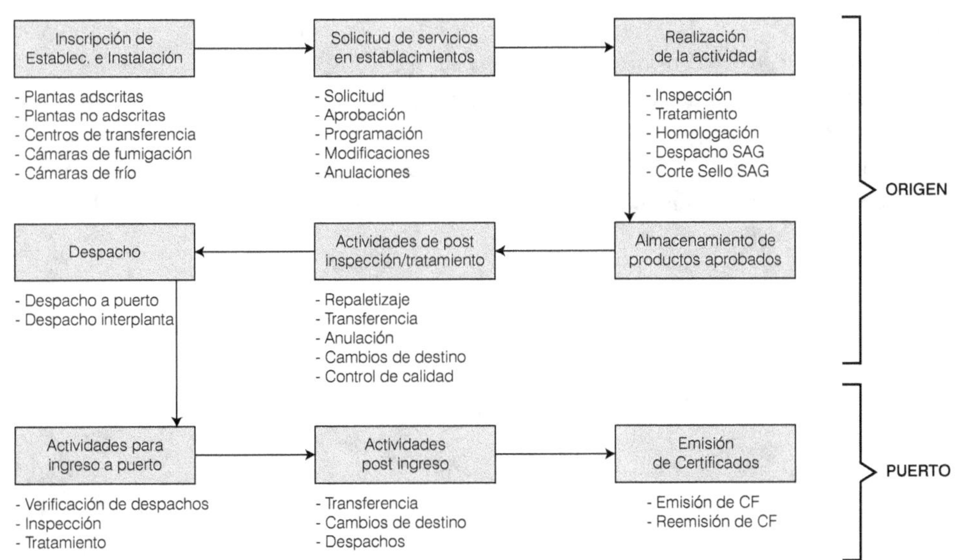

4. REFERENCIAS

Decreto 144/2007. Del Ministerio de Relaciones Exteriores que promulga texto revisado de la convención internacional de protección fitosanitaria.

Decreto Ley 3.557/1980. Del Ministerio de Agricultura que establece disposiciones sobre protección agrícola.

FAO (1996). NIMF N°8. Determinación de la situación de una plaga en un área. Convención Internacional de Protección Fitosanitaria.

FAO (2007). NIMF N° 2. Marco para el análisis de riesgo de plagas. Convención Internacional de Protección Fitosanitaria.

FAO (2010). NIMF N °5. Glosario de términos fitosanitarios. Convención Internacional de Protección Fitosanitaria.

FAO (2011). NIMF 7. Sistema de Certificación Fitosanitaria. Convención Internacional de Protección Fitosanitaria.

FAO (2017). NIMF 12. Certificados Fitosanitarios. Convención Internacional de Protección Fitosanitaria.

FAO (2017). NIMF 20. Directrices Sobre un Sistema Fitosanitario de Reglamentación de Importaciones.

Ley 18.755/1988. Del Ministerio de Agricultura que Establece normas sobre el Servicio Agrícola y Ganadero.

Ley 19.283/1994. Modifica Ley N° 18.755 sobre Organización y Atribuciones del Servicio Agrícola y Ganadero.

OMC (2019). Organización Mundial de Comercio. 2019. Disponible en: https://www.wto.org/indexsp.htm

Resolución Exenta 292/1997. Del Ministerio de Agricultura, Servicio Agrícola y Ganadero, Dirección Nacional. Que establece normas para certificación fitosanitaria de productos de exportación y deroga resolución que indica.

Resolución SAG N° 3.080 de 2003: Establece criterios de Regionalización en relación a las plagas cuarentenarias para el territorio de Chile (y sus modificaciones).

Resolución SAG N° 3.815 de 2003: Establece normas para la importación de artículos reglamentados o mercaderías peligrosas para los vegetales.

Resolución SAG N° 3.589 de 2012: Establece categorización de productos según su riesgo de plagas.

Resolución SAG N° 6.383 de 2013: Establece los requisitos para ingreso de material vegetal a cuarentena post entrada.

CAPÍTULO 12
VIGILANCIA Y CONTROL DE PLAGAS SILVOAGRÍCOLAS

FERNANDO TORRES
Subdepartamento Vigilancia y Control de Plagas Agrícolas, Departamento Sanidad Vegetal, División Protección Agrícola y Forestal, Servicio Agrícola y Ganadero. Santiago, Chile.

RESUMEN

El Programa de Vigilancia Agrícola del Servicio Agrícola y Ganadero (SAG), tiene por objetivo detectar en forma oportuna las plagas cuarentenarias ausentes para Chile, así como conocer la situación sanitaria actualizada de los distintos cultivos o la situación de una determinada plaga en el país. Para este fin, el Programa de Vigilancia tiene como estrategia la realización de Prospecciones Generales (inspecciones a campo) de los cultivos más relevantes o emergentes de cada región del país. Con la información recopilada por este programa se puede realizar informes de situaciones sanitarias de los cultivos agrícolas, los cuales son remitidos a las autoridades fitosanitarias de los países importadores de productos chilenos y de esta forma se asegura la apertura de mercados.

1. ANTECEDENTES

1.1. Plagas cuarentenarias ausentes

El Servicio Agrícola y Ganadero (SAG) clasifica como plagas cuarentenarias no presentes en el país a todos aquellos organismos capaces de producir daños de importancia económica y/o ambiental y que no han sido detectados en el territorio nacional (insular y continental), por ejemplo mosca de la fruta, Huanglongbing (HLB) o enverdecimiento de los cítricos, entre otras.

En el caso de Chile, estas plagas están establecidas en la Resolución N° 3.080/2003 y sus modificaciones posteriores.

1.2. Plagas cuarentenarias presentes (bajo control oficial)

El control oficial de plagas involucra todas las acciones que se ejercen para controlar, suprimir o erradicar una plaga cuarentenaria que esté presente en alguna zona del país, así como proteger las áreas libres.

El SAG tiene bajo control oficial a diversas plagas agrícolas y que corresponden a organismos presentes en el país, priorizadas en función de su impacto económico directo, capaces de producir graves daños de importancia económica, en los mercados de exportación y en el medioambiente y la biodiversidad.

Algunas de las plagas agrícolas que se encuentran bajo control oficial por parte del SAG son: *Lobesia botrana* o polilla del racimo de la vid; bacteriosis del kiwi o Psa; enfermedad de Sharka, *Plum Pox Virus* Raza D; chinche apestoso o *Halyomorpha halys*; chinche pintado o *Bagrada hilaris*, entre otros.

1.3. Plagas relevantes presentes

El SAG clasifica como plagas relevantes presentes en el país a todas aquellas plagas que se encuentran en territorio nacional y que por su importancia están solo bajo vigilancia por parte del SAG, no se clasifican como plagas cuarentenarias bajo control oficial.

Referencias normativas y legales.

La actividad de prospecciones de cultivos y productos agrícolas responde, como una actividad dentro del Programa de Vigilancia Agrícola, a las siguientes normativas y legislación fitosanitaria del país:

1. DL. 3.557/1980. "Establece disposiciones sobre protección agrícola", en donde aunque no se explicita la vigilancia, por constituir una ley no actualizada con respecto a las normas nacionales e internacionales vigentes, el Sistema de Vigilancia Agrícola se encuentra respaldando las principales funciones y medidas técnicas del Servicio.

2. Texto refundido de la Ley Orgánica del SAG, 1994, en el cual las letras b y c del Artículo 3 se relacionan con el mantenimiento de un sistema de vigilancia silvoagropecuaria y la adopción de medidas tendientes a evitar la introducción de plagas al territorio nacional.

3. Res. 3080 del 20 de Octubre de 2003 y sus modificaciones. "Establece criterios de regionalización en relación a las plagas cuarentenarias para el territorio de Chile", en las que se establecen las listas de plagas cuarentenarias ausentes y bajo control oficial en el país, basadas en Análisis de Riesgo de Plagas, en los cuales se considera la situación fitosanitaria nacional, entre otros factores de evaluación.

Con respecto a las principales directrices y normativas internacionales, el Sistema de Vigilancia Agrícola responde al cumplimiento del Servicio de las siguientes:

1. Convención Internacional de Protección Fitosanitaria (CIPF), nuevo texto revisado, 1997, con respecto a la responsabilidad del Servicio como Organización Nacional de protección Fitosanitaria, de realizar la vigilancia de plantas, productos vegetales y otros artículos reglamentados.

2. Acuerdo sobre la Aplicación de Medidas Sanitarias y Fitosanitarias de la Organización Mundial del Comercio (OMC), 1994, en lo referente a los métodos pertinentes de inspección, muestreo y pruebas, la prevalencia de plagas concretas, la existencia de zonas libres de plagas, entre otras materias relacionadas con un sistema de vigilancia.

2. PROGRAMA DE VIGILANCIA Y CONTROL DE PLAGAS AGRÍCOLAS

El Servicio Agrícola y Ganadero cuenta con un Programa de Vigilancia y Control de Plagas Agrícolas, el cual permite mantener actualizada la situación de plagas en el país, propendiendo a la detección temprana y oportuna de plagas cuarentenarias, y evaluar la incidencia, prevalencia y dispersión de plagas relevantes de interés para la producción nacional y la exportación, constituyendo el respaldo técnico-científico de la situación fitosanitaria del país a nivel nacional e internacional.

Paralelamente, en el país existen plagas nativas y endémicas con diferente data de introducción, algunas de estas últimas, asociadas a las especies cultivadas con fines variados ya sea para consumo interno o bien para exportación en sus diferentes categorías que incluyen, desde materiales de propagación, hasta productos para consumo fresco.

El conocimiento de la presencia, incidencia y distribución de tales plagas es materia de permanente revisión y actualización de la información fitosanitaria nacional, debido a la amplia variabilidad de situaciones que pueden presentar y a la variación en la producción de especies de cultivo, asociadas a una demanda basada en variables socioeconómicas.

Para ello, el Servicio ejecuta anualmente, y con cobertura nacional, un sistema de vigilancia o monitoreo orientado a la detección temprana de plagas cuarentenarias y para conocer la condición fitosanitaria de las plagas relevantes presentes en el territorio, lo cual sirve como apoyo para la categorización de las plagas reglamentadas y respaldo de la situación de las plagas a nivel nacional e internacional en el proceso de exportación de mercaderías agrícolas.

Las principales acciones del plan de vigilancia son la inspección de sitios de producción y áreas en peligro, mediante la realización de Encuestas Fitosanitarias o Prospecciones, además de un Monitoreo mediante una red de trampas (de feromonas para las plagas cuarentenarias priorizadas y tableros pegajosos) que tienen expresión nacional.

Las Prospecciones y el Trampeo Agrícola vigilan los diferentes cultivos o especies priorizadas por el Servicio, a través de la inspección visual, revisión de trampas y la recolección de muestras para la identificación de potenciales problemas fitosanitarios. Estas actividades son realizadas por funcionarios del SAG y las muestras analizadas en Laboratorios Oficiales.

La información fitosanitaria relativa a las plagas, para su recopilación y evaluación requiere un proceso de generación estandarizado con el fin de otorgarle el respaldo técnico-científico adecuado, para lograr el cumplimiento de los objetivos específicos del Programa de Vigilancia Agrícola y apoyar en la toma de decisiones técnicas que correspondan.

Para obtener la rigurosidad necesaria en la ejecución de las prospecciones de cultivos y productos agrícolas, se requiere una mayor sistematización de los procedimientos del proceso, estableciendo la trazabilidad necesaria de las detecciones.

El Plan anual de prospecciones incluye diversas líneas de acción, tales como:

1. Prospecciones Específicas dirigidas a conocer el estatus de las plagas de interés o productos priorizados. La mayoría de las estaciones o encuestas realizadas están orientadas a conocer la situación de las plagas cuarentenarias ausentes, definidas por el marco legal de la Resolución N° 3080 del 2003 y sus modificaciones.

2. Prospecciones Generales, dirigidas a vigilar los cultivos relevantes de cada región, los cultivos emergentes con necesidad de información y las áreas de riesgo (vías internacionales, centros urbano-turísticos, viveros, recintos de procesamiento de

productos), en cuyo caso se releva una lista de plagas que pudieran afectar al cultivo seleccionado.

3. Vigilancia tipo VITE (Vigilancia Integral, Temporal y Espacial): que corresponde a la verificación de la condición fitosanitaria integral de un cultivo estratégico, en relación a las plagas cuarentenarias y a plagas endémicas relevantes priorizadas; por un periodo acotado (temporal) que generalmente es por dos años y es espacial, porque se ejecuta en todo el territorio nacional, donde exista el cultivo seleccionado. Este tipo de vigilancia incluye la verificación visual de la condición fitosanitaria de la especie vegetal en toda la cadena productiva (a la planta en los viveros, en su desarrollo en el huerto y en algunos casos, al producto).

4. El Programa de Trampeo Agrícola o monitoreo consiste en la revisión de trampas de feromonas y tableros pegajosos, que son instaladas con el objetivo de detectar oportunamente las plagas cuarentenarias y determinar la distribución geográfica de las plagas de importancia para el país.

El recurso agrícola del país es diverso, extenso y la cantidad de plagas que pueden afectar a los cultivos superan las 700 especies (Resolución 3080/2003 y sus modificaciones), por lo que la Vigilancia Agrícola juega un rol relevante a la hora de actualizar la situación de los cultivos o de las plagas de relevancia (presentes o ausentes), que respaldan la actividad exportadora.

Dado lo anterior, el mantener actualizada la información fitosanitaria nacional respecto de las plagas y su distribución, constituye un soporte técnico para la elaboración de Análisis de Riesgo de Plagas en las Organizaciones Nacionales de Protección Fitosanitaria (ONPF) que son destino de los productos de exportación chilenos. La Información técnica fitosanitaria entregada a estas ONPF, permitirá establecer los requisitos de exportación para los productos agrícolas.

3. LÍNEAS DE ACCIÓN

Como se mencionó anteriormente, el Plan anual del Programa de Vigilancia contempla diversas líneas de acción, las cuales se detallan con mayor profundidad a continuación:

3.1. Prospecciones específicas de plagas

Las prospecciones específicas de plagas están orientadas a la priorización de las especies sometidas a una vigilancia, con el objetivo de esclarecer su estatus y/o distribución. Estas pueden ser cuarentenarias ausentes, presentes bajo control oficial, no cuarentenarias reglamentadas para viveros y semillas, plagas presentes de importancia económica y plagas exóticas que se estime necesario realizar un seguimiento.

3.2. Prospecciones generales de cultivos

Estas prospecciones están orientadas a la vigilancia de los diferentes rubros productivos agrícolas y áreas en peligro cercanos a estos o que se encuentren en áreas en peligro, como las que se indican en el numeral 4.2.4. de este capítulo.

En cada Región se determinan los cultivos (frutales, cultivos u ornamentales) relevantes y emergentes a nivel sectorial, que requieran información fitosanitaria o actualización de la misma. Además, según las directrices del Programa de Vigilancia Agrícola, se identifican las áreas en peligro para cada sector.

3.2.1. Prospecciones de cultivos relevantes

Se realiza una priorización de los cultivos de importancia socioeconómica a nivel sectorial, ya sean estos, cultivos tradicionales o cultivos consolidados en la producción frutícola del país. Esta priorización se realiza de acuerdo a la superficie real o potencial destinada al rubro.

La programación de la vigilancia en cultivos relevantes tiene prioridad y para ello se considera la ejecución de prospecciones integrales, que contemplan la detección de cualquier tipo de plaga cuarentenaria ausente, bajo control oficial cuando corresponda, presentes relevantes y aquellas de reciente detección.

La superficie a prospectar para los cultivos relevantes definidos, es programada a nivel sectorial, de acuerdo a la priorización de los cultivos y superficie de estos, de forma de tener una muestra representativa que alcance aproximadamente el 20% de la superficie sectorial o regional por año.

Las prospecciones de cultivos relevantes incluyen estaciones para la vigilancia de productos agrícolas finales, produciendo un mayor aprovechamiento de los recursos al desarrollar las actividades en períodos en que la inspección en campo no es adecuada.

3.2.2. Prospecciones de cultivos emergentes y/o con necesidad de información fitosanitaria

Esta actividad considera cultivos de reciente establecimiento en la Región, que poseen un potencial exportador y que pueden, en el futuro, jugar un papel socioeconómico interesante. También se consideran dentro de este tipo de cultivos, aquellos de los que se requiere información fitosanitaria debidamente respaldada.

Para poder abordar las emergencias o imprevistos, tales como nuevas determinaciones, incursiones o brotes de plagas, necesidad de información de cultivos puntuales u otro evento que requiera realizar estaciones de prospección, se programa un ítem denominados "Otros", el cual no supera el 5% del total de estaciones totales que se ejecutarán en el sector.

3.2.3. Prospecciones de cultivos estratégicos (VITE)

Se consideran cultivos estratégicos aquellos que están destinados fundamentalmente a la exportación, visión concordante con la orientación del país como potencia agroalimentaria y exportadora.

Este tipo de prospección de cultivos estratégicos permite una mayor representatividad y consistencia de la información fitosanitaria a nivel nacional.

Esta actividad tiene componentes de Vigilancia Integral, Espacial y Temporal, según las orientaciones que se indican a continuación:

- Integral: Por cuanto considera la vigilancia acotada de plagas cuarentenarias y/o relevantes, ya sean organismos artrópodos, malezas, gasterópodos o microorganismos.
- Espacial: Se efectúa en todas las regiones donde existan cultivos comerciales de los cultivos estratégicos identificados.
- Temporal: Las actividades de prospecciones se desarrollan a lo menos durante 2 años consecutivos.

3.2.4. Prospecciones en áreas en peligro

Este tipo de prospecciones no considera cultivos específicos, excepto prospecciones puntuales. Están orientadas a zonas más susceptibles a la introducción de plagas cuarentenarias por movimiento de productos básicos, actividades de propagación de material vegetal, especialmente si involucran la importación de plantas, centros de acopio, etc., de productos agrícolas o material de propagación.

Se consideran como áreas susceptibles a plagas cuarentenarias:

a. Los entornos de controles fronterizos o puertos nacionales.
b. Estaciones experimentales.
c. Vías o rutas camineras nacionales e internacionales.
d. Centros de acopio.
e. Sitios de explotación.
f. Áreas industriales con alto movimiento de embalajes de madera y material importado.
g. Viveros y depósitos de plantas.
h. Semilleros de exportación.
i. Centros urbanos y turísticos.
j. Entorno de cuarentenas de post entrada.
k. Huertos caseros y abandonados.
l. Áreas de cultivo de plantas genéticamente modificadas (OVM).
m. Planteles de animales y sus entornos.
n. Huertos comerciales.

Las programaciones de estas prospecciones corresponden a:

- Un mínimo de un 10% de las estaciones generales totales programadas por el sector para los viveros ornamentales que produzcan especies vegetales que sean hospedantes potenciales de plagas cuarentenarias y que las mismas puedan asociarse a cultivos estratégicos, estaciones que se determinan según las Plagas Cuarentenarias a vigilar, y los recursos sectoriales disponibles. También es posible la ejecución de esta actividad mediante operativos regionales de vigilancia.

- La prospección del 10 al 20% de las estaciones generales totales programadas por el sector para los semilleros de exportación u otro material de propagación que sean hospedantes potenciales de plagas cuarentenarias (semilleros de aliáceas, cucurbitáceas, fréjol, pimiento, tomate, maravilla, frutales como frutilla, bulbos, etc.).

- La prospección en otras áreas susceptibles a la introducción de plagas cuarentenarias identificadas a nivel regional/sectorial, tales como rutas internacionales y otras vías, estaciones experimentales, lugares de acopio de grano importado, centros urbanos, áreas con peligro de introducción de plagas bajo control oficial, etc.

3.3. Trampeo agrícola para detección de plagas cuarentenarias

El trampeo agrícola es una herramienta importante para la detección oportuna de Plagas Cuarentenarias, mediante la utilización de trampas, pudiendo ser estas con atrayentes sexuales (feromonas); atrayentes alimenticios o cromotrópicas.

Las trampas de atrayentes sexuales se utilizan en aquellas especies en las cuales se dispone de feromonas cuya efectividad ha sido internacionalmente probada.

Es importante destacar que el programa de trampeo agrícola también se utiliza para ratificar situaciones de plagas insectiles reportadas en el pasado en Chile y que se requiere clarificar su situación actual.

Basado en lo anterior, anualmente se establece el listado de plagas insectiles a monitorear, considerándose los siguientes criterios:

1. Que sean Plagas Cuarentenarias Ausentes.
2. Plagas ausentes (que no son plagas cuarentenarias).
3. Que hayan sido reportadas en el pasado en Chile, pero que se requiere ratificar su condición actual.
4. Plagas de relevancia nacional con distribución restringida.
5. Que se disponga de feromonas comerciales y que se haya probado internacionalmente la efectividad del monitoreo por esta vía.

3.4. Verificación de denuncias y reportes de plagas

Como línea de captura de información fitosanitaria se da prioridad a las denuncias. Existen dos tipos de formularios para estos fines, uno para el usuario público general, en donde su denuncia o aviso de plaga se informa a la oficina SAG más cercana a su domicilio de manera presencial, mediante el llenado de un formulario para tal situación (F-VYC-VIS-PA-007 "Ficha de denuncia de vigilancia agrícola"). En caso de que el usuario tenga dificultades para llenar dicho formulario, será ayudado por el personal del programa de vigilancia agrícola en la oficina sectorial según corresponda; sin embargo, el mismo debiera ser firmado por el usuario. Para el caso de denuncias realizadas por investigadores o académicos, el Nivel Central del SAG pone a disposición el formulario F-VYC-VIS-PA-008 "Ficha de reporte de nuevas plagas de vigilancia agrícola", para que los investigadores hagan llegar sus reportes.

La verificación de la denuncia puede realizarse de dos formas:

1. Si el denunciante entrega la muestra propiamente tal, se considerará verificada una vez obtenido el resultado del laboratorio.
2. Si el denunciante realiza la denuncia en forma verbal o escrita, sin muestra asociada, el personal del programa de vigilancia agrícola verificará en terreno.

4. CONCLUSIONES

El objetivo de la vigilancia agrícola es detectar oportunamente el ingreso de plagas cuarentenarias y/o exóticas para Chile (Según resolución 3080/2003 y sus actualizaciones), conocer la situación de plagas agrícolas de importancia económica para la producción nacional y exportación y mantener actualizada la información fitosanitaria de cultivos y productos agrícolas en el país.

Este programa se ejecuta a nivel nacional, tanto en territorio continental, como insular, donde trabajan profesionales y técnicos capacitados en el Programa de Vigilancia Agrícola.

Para su desarrollo, el programa contempla tres grandes líneas de acción:

1. Prospección; inspección y muestreo en campo y/o recinto con el objetivo de detectar plagas tales como insectos, ácaros, gasterópodos, bacterias, hongos, virus y viroides, fitoplasmas, nematodos y malezas, en especies frutales, cultivos, ornamentales, medicinales y aromáticas.
2. Trampeo; instalación y revisión de tableros pegajosos y trampas tipo delta con atrayentes (feromonas), que tienen por objeto, capturar tempranamente plagas insectiles cuarentenarias.
3. Verificación de denuncia fitosanitaria; evaluación en terreno de denuncias fitosanitarias de plagas, realizadas por usuarios/as en las oficinas del SAG.

5. REFERENCIAS

Decreto Ley 3.557/1980. Del Ministerio de Agricultura que establece disposiciones sobre protección agrícola.

FAO (2018). NIMF N° 6 Vigilancia. Convención Internacional de Protección Fitosanitaria.

Ley 19.283/1994. Modifica Ley N° 18.755 sobre organización y atribuciones del Servicio Agrícola y Ganadero.

OMC (2019). Organización Mundial de Comercio. Disponible en: https://www.wto.org/indexsp.htm

Resolución SAG N° 3.080 de 2003: Establece criterios de regionalización en relación a las plagas cuarentenarias para el territorio de Chile (y sus modificaciones).

CAPÍTULO 13

PLATAFORMA DE APOYO A PRODUCTORES: EL CASO DE RPF

ROBERTO TAPIA

Sección Inteligencia Fitosanitaria, Departamento Sanidad Vegetal, División Protección Agrícola y Forestal, Servicio Agrícola y Ganadero (SAG). Santiago, Chile.

RESUMEN

El proyecto Red de Pronóstico Fitosanitario (RPF) fue una iniciativa SAG con la Unión Europea (UE) que tenía como objetivo inicial potenciar el sector de la fruticultura de exportación en Chile como un eje estratégico para que el país integrara de mejor forma ser parte del OCDE. De esta forma se planteó el desarrollo de sistemas de apoyo a la toma de decisiones y estudio biológicos básicos de plagas priorizadas que producían rechazos en origen de fruta de exportación. Actualmente, este proyecto ha desarrollado tres portales web y dos sistemas de apoyo a la toma de decisiones que se encuentran alojados en el SAG, con el objetivo de poder operar 24 horas al día con un monitoreo permanente. El Portal Productor RPF que ha sido lanzado en junio del 2018, tiene disponible los servicios de Sistemas de Alerta Fitosanitaria para *Lobesia botrana* y los Sistemas Expertos de Diagnósticos para Arándano y Frambuesa. El Sistema de Alerta Fitosanitario recibe información de 445 estaciones meteorológicas automáticas (EMAs), correspondientes a dos bases de datos como la Red Agroclimática Nacional (RAN) del Ministerio de Agricultura (Minagri) y la Dirección Meteorológica de Chile (DMC), pudiendo generar pronósticos a 8 días en cuarteles por especie y variedad a una resolución de 90 por 90 metros. Finalmente, este proyecto se encuentra activo por medio de proyectos colaborativos con universidades e institutos, con desarrollo de modelos predictivos para nuevas plagas y sistemas expertos para otros cultivos.

1. INTRODUCCIÓN

La misión del Servicio Agrícola y Ganadero es proteger y mejorar la condición de estado de los recursos productivos silvoagropecuarios en sus dimensiones sanitaria, ambiental, genética y geográfica y el desarrollo de la calidad alimentaria para apoyar la competitividad, sustentabilidad y equidad del sector.

Las líneas estratégicas que ha definido la Institución, en relación a la innovación y competitividad, son en primer lugar, proteger y mejorar la condición fito y zoosanitaria de los recursos silvoagropecuarios del país, mediante la prevención de ingreso, la vigilancia, el control y erradicación de plagas y enfermedades de importancia económica, de acuerdo a las prioridades de la política silvoagropecuaria. En segundo lugar, mantener y mejorar el acceso de productos silvoagropecuarios chilenos a los mercados internacionales a través del fortalecimiento de la seguridad y eficiencia de los procesos de certificación fito y zoosanitaria. Y en tercer lugar, certificar la inocuidad y otros atributos de productos de origen vegetal y animal, otorgando el respaldo exigido por los mercados de destino.

El objetivo general de la Red de Pronóstico Fitosanitario (RPF) es poder contribuir a un mejoramiento del estándar fitosanitario nacional, a través de alertas tempranas a los productores para la aplicación de medidas fitosanitarias de control que permitan tener lugares de producción con una condición fitosanitaria que asegure envíos libres de las plagas de interés cuarentenario para el país de destino, evitando al mismo tiempo, los rechazos en origen y destino de productos hortofrutícolas de exportación. Esto contribuye a mejorar la condición fitosanitaria de los productos y aumenta la competitividad de la agricultura chilena en los mercados internacionales, permitiendo mantener los mercados existentes, disminuyendo o eliminando las medidas fitosanitarias establecidas, lo cual facilita el comercio y el acceso de nuevos productos a los mismos o a nuevos mercados.

El propósito de este proyecto es la elaboración, validación e implementación de modelos de plagas para la aplicación de un Sistema de Alerta Fitosanitaria, de difusión pública privada a pequeña escala, para las principales plagas presentes relevantes del sector hortofrutícola exportador, que son cuarentenarias para los países de destino. En el mediano plazo, tal sistema permitiría optimizar los procesos y sistemas de información desarrollados, para la consolidación de las capacidades informáticas y humanas a nivel nacional.

2. ANTECEDENTES

La Organización Nacional de Protección Fitosanitaria de Chile (ONPF), es el Servicio Agrícola y Ganadero (SAG), y como tal tiene, entre otros, la responsabilidad de la certificación fitosanitaria, es decir, debe avalar que los envíos cumplen con los requisitos fitosanitarios de importación establecidos por las ONPF de los países de destino, lo cual facilita el comercio internacional de plantas, productos vegetales y otros artículos reglamentados hacia los mercados de destino.

El fuerte crecimiento del sector hortofrutícola del país, visto a través del aumento de exportaciones, tanto en cantidad como en diversidad de especies, conlleva la necesidad de contar con un sistema de certificación para las exportaciones que entregue seguridad a los países importadores permitiendo, por lo tanto, la mantención de los actuales mercados, al dar cumplimiento a las reglamentaciones fitosanitarias establecidas por los países destino, lo que contribuye al reconocimiento internacional de la certificación fitosanitaria que realiza el SAG.

De esta manera, y en busca de una lógica productiva exportadora que eleva el estándar fitosanitario nacional, el Servicio desarrolla una coordinación público-privada en un sistema de alerta fitosanitario para plagas presentes de relevancia para el sector hortofrutícola de exportación, que consiste en tratar de determinar con precisión los períodos en que se presentarán condiciones favorables para la aparición de una plaga, a través de modelos de pronóstico y monitoreo constante del clima, plagas y cultivos hospedantes, para de esta manera poder generar campañas fitosanitarias de control de estos organismos a nivel de huerto. La información disponible de los boletines fitosanitarios que genera el sistema de alerta, orientarán la toma de decisiones para la detección oportuna de las plagas y su control, lo que se traducirá en la presentación de productos para certificación, libres de las plagas cuarentenarias para el país de destino, reduciendo por lo tanto en el mediano plazo, el rechazo de productos hortofrutícolas en origen y evitando las detecciones de plagas en los puntos de entrada del país importador.

El desarrollo de este nuevo instrumento (RPF) se planteó como un gran programa de trabajo, con objetivos a corto, mediano y largo plazo, tratando de conciliar por un lado la oportunidad de demostrar, con base en los conocimientos disponibles, que un enfoque como el propuesto puede ofrecer resultados en el diseño y la aplicación de medidas preventivas y de control de problemas fitosanitarios, y por el otro, la necesidad de avanzar en la generación del conocimiento necesario para abordar una mayor gama de problemas, en relación con los cultivos de mayor importancia del sector hortofrutícola.

Esta nueva acción apoya e impulsa el fortalecimiento de los procesos productivos hortofrutícolas nacionales, colocando especial énfasis en la incorporación de elevados estándares fitosanitarios como elementos diferenciadores de la producción hortofrutícola nacional. En este sentido, la articulación público-privada es y deberá seguir ejerciendo un rol protagónico en la Política Agroalimentaria Chilena que promueve:

- Profundización de la estrategia de inserción competitiva de los mercados: Trabajar para una imagen país, impulsar las exportaciones, con alianzas público-privadas, consolidar nuevos mercados y mantener los actuales.
- Fortalecimiento de las políticas, la institucionalidad y los recursos referidos a la protección y mejoramiento del patrimonio fitosanitario, como una de las bases de la competitividad del sector exportador y en general del sector hortofrutícola.

3. PROBLEMÁTICA A ABORDAR

En la primera etapa del proyecto (2009-2012), se registraba una alta incidencia de plagas presentes afectando huertos productivos hortofrutícolas, lo que se ha traducido en impactos económicos directos, por mermas efectivas sobre la producción y en impactos indirectos por restricciones generadas por las exigencias fitosanitarias para la exportación de productos a diferentes mercados destino.

Dichas restricciones cuarentenarias, que aumentan día a día con la globalización del comercio, se han traducido para el mercado nacional, debido a la presentación de productos con plagas de carácter cuarentenario para los países importadores, en altos volúmenes de productos hortofrutícolas que son rechazados durante los procesos de inspección y muestreo para la certificación fitosanitaria en origen realizada por el Servicio Agrícola y Ganadero durante las temporadas de exportación, lo que impacta directamente sobre la competitividad que ha generado el sector en los últimos años.

Por ejemplo, durante la temporada 2016-2017 se registró un número de rechazos en el programa origen de exportaciones del SAG del orden de 59.329,1 toneladas de fruta rechazada donde el 96% se debió por problemas fitosanitarios y el resto por elementos contaminantes; mientras que para el programa del Departamento de Agricultura de Estado Unidos (USDA) durante la misma temporada hubo un total de 69.369,5 toneladas de fruta rechazada de las cuales casi un 99% se debió a problemas fitosanitarios. Plagas como

Pseudococcus viburni (40%), *Eriosoma lanigerum* (14%) y *Cydia pomonella* (7%) fueron las más relevantes para los rechazos del programa de origen, mientras que *Blapstinus punctulatus* (16%), Curculionidos (15%) y Proeulia (11%), lo fueron para el programa USDA.

Para poder superar este problema, se hizo necesario el desarrollo de nuevos instrumentos de control fitosanitario que permitan, mediante campañas de cooperación público-privadas, un mejor diseño y operación fitosanitaria a nivel de huertos de exportación hortofrutícola. De esta manera, la falta de herramientas metodológicas que permitan apoyar adecuadamente los problemas fitosanitarios mediante la aplicación de medidas oportunas de prevención y control, la necesidad de optimizar los recursos materiales, humanos e informáticos como la oportunidad de aplicar nuevos conocimientos y tecnologías de vanguardia, como son los modelos de simulación que permiten utilizar la información agroclimática disponible y estimar el comportamiento de los organismos dañinos, ha generado la necesidad de desarrollar este proyecto.

En consecuencia y desde la perspectiva de la innovación, el RPF plantea un sistema de información, cuyo soporte digital permite un acceso amplio y expedito para una red de productores y exportadores, con lo cual se potencia un conjunto de acciones eficaces para elevar el estándar de los productos que el agro chileno produce, con miras a insertarse en los mercados globales. El desarrollo de tecnologías, que entreguen información procesada para programar actividades de manejo fitosanitario, genera sin duda, un impacto positivo en la productividad del agro chileno.

4. RELACIÓN Y VINCULACIÓN CON LAS POLÍTICAS PÚBLICAS NACIONALES, REGIONALES Y/O SECTORIALES

La Institución (SAG) ha apoyado la elaboración y desarrollo de una serie de proyectos, insertados dentro de las líneas estratégicas de la protección y vigilancia fitosanitaria relacionados con la investigación para el control de plagas presentes en huertos de exportación, en función de parámetros biológicos referente a su dinámica poblacional, con el objetivo de mejorar nuestro patrimonio fitosanitario.

En este aspecto el SAG ha priorizado las líneas de investigación en control químico, biológico, insecto estéril, confusión sexual, con su relación con la biología de cada plaga específica y la fenología de los distintos hospedantes. Por otra parte, ha apoyado proyectos para determinar morfológica y molecularmente las especies de plagas específicas, sean estas nuevas o ya conocidas, a nivel de estados inmaduros y de adultos, y así disminuir la cantidad de fruta rechazada.

De esta manera, el desarrollo del Proyecto RPF permitirá un mayor impacto de las iniciativas actualmente llevadas a cabo por los diferentes estamentos públicos que se desarrollan en un marco de impacto económico dada su importancia cuarentenaria en los mercados de destino. Del mismo modo, permitirá complementar los proyectos individuales que hoy se llevan a cabo con apoyo público, en el marco de una política de financiamiento de programas de monitoreo, alertas y control de plagas presentes, a través de las instituciones que ya se encuentran desarrollando programas.

5. CARACTERÍSTICAS DEL SECTOR Y PARTES INVOLUCRADAS

Las instituciones identificadas como parte del desarrollo del proyecto se refieren a institutos de investigación y asociaciones de productores que han trabajado en el desarrollo de programas de control de plagas presentes mediante redes agroclimatológicas, modelos predictivos, y modelos de teledetección aeroespacial en base a la fenología de cultivos y plagas. El impacto de estos servicios ha sido más bien limitado, debido a que se restringe a generar las alarmas de aparición de plagas en estados fenológicos de las plantas que resultan críticas para su desarrollo a nivel de estaciones meteorológicas.

INIA: el Instituto de Investigaciones Agropecuarias, ha desarrollado una serie de investigaciones y trabajos con diversas universidades, en sus centros de investigación a lo largo del país. Estos desarrollos se han basado en investigar líneas de control sobre plagas presentes tales como *Brevipalpus chilensis, Cydia pomonella* y Peudococcidae, mediante la creación de modelos de desarrollo fenológico para zonas específicas. Adicionalmente, se han desarrollado sistemas de captura de datos para hacer funcionar los sistemas basados en información de tipo agroclimatológica y sistemas expertos que permiten predecir (basándose en los modelos) la aparición de las plagas y generar las alertas de control. La validación de dichos modelos ha sido escasa y su aplicación sistemática comenzó en el momento que las empresas frutícolas se hicieron partícipes.

Redes de estaciones públicas y privadas, han sistematizado modelos predictivos de control de plagas presentes basadas en sus propios modelos o modelos desarrollados por investigadores de las universidades, y su posterior aplicación práctica a nivel de estaciones meteorológicas. El número de plagas presentes monitoreadas, si bien es escasa en relación a la totalidad de las plagas presentes, es bastante relevante respecto de las especies frutales de interés comercial, la incidencia y daño económico que cada una de ellas causan y la probabilidad de aplicación de dichas medidas de control a nivel de campo. En general, se ha dado prioridad a plagas consideradas cuarentenarias para los mercados de destino y que causan daños graves a la industria por su presencia, hasta incluso posibles cierres de mercado.

6. BENEFICIARIOS

En corto plazo, se planificó que los principales beneficiarios directos sean los productores de huertos hortofrutícolas desde la Región de Coquimbo hasta la Región del Biobío, que participen en las campañas fitosanitarias, debido a la incorporación de una herramienta útil y complementaria del control químico, mediante la cual se puede estimar la necesidad de un tratamiento para plagas específicas. De este modo, los tratamientos se podrán realizar, en caso de existir un razonable riesgo de ataque de plagas, pudiendo reducirse el número de aplicaciones y en muchas ocasiones realizarlas en forma más oportuna.

Las exportadoras serán beneficiarias principalmente por la disminución de rechazos en origen y destino, que asegura una mayor competitividad de sus productos en los mercados destino y aumento de la productividad potencial de los huertos exportadores asociados.

Por otra parte, las Asociaciones de exportadores y productores serán beneficiarios como usuarios del sistema y participantes en los procesos de difusión.

En el ámbito público, el Servicio Agrícola y Ganadero (SAG) se visualiza como un beneficiario directo por el fortalecimiento de sus capacidades tecnológicas, como apoyo a la toma de decisiones tanto para usuario interno como externo, que asegure el soporte fitosanitario de la competitividad del sector hortofrutícola; además de otras instituciones que realizan investigación de forma permanente, tal como el Instituto Nacional de Investigaciones Agropecuarias (INIA), a través del fortalecimiento de sus redes de investigación y cooperación.

Entre los beneficiarios públicos indirectos, en el mediano plazo de haber implementado el sistema de Alerta, estarían todas aquellas agencias que formulan, aplican o evalúan políticas sectoriales, tales como Instituto de Desarrollo Agropecuario (INDAP) y la Oficina de Desarrollo Agropecuario (ODEPA), potenciando la transferencia tecnológica o como usuario de la gran cantidad de información utilizada en los modelos generados.

7. TEMAS TRANSVERSALES

El RPF generará un conjunto de información acerca de modelos de producción, de propagación de plagas, de incidencia de factores climáticos, que no solo pueden tener un uso en el desarrollo de un sistema de alerta y monitoreo, sino que además, se asienta en un proceso de investigación multidisciplinario y multiinstitucional.

Adicionalmente, la interacción pública-privada, sobre la base de un sistema de información con cobertura regional y nacional, supone un trabajo integrado de instituciones vinculadas a la investigación, a una red climatológica, y asociaciones de productores que en esencia son instituciones que operan con una mirada eminentemente descentralizada.

En la medida que el acceso a la información, o que los respectivos informes de riesgo fitosanitario, se difunden en un medio virtual, como la web, se garantiza una participación y acceso amplio a todos los actores con interés en el tipo de información que generará el RPF de manera permanente.

8. ESTADO ACTUAL DEL PROYECTO RPF

El SAG, en junio del 2018 ha lanzado oficialmente el Portal Productor RPF, plataforma web que tiene por objetivo poner a disposición de los productores del país las distintas herramientas trabajadas en este proyecto. Se trata de una plataforma web que pone al servicio de los productores agrícolas un sistema de apoyo a la toma de decisiones para reducir el impacto de las plagas y enfermedades en el sector hortofrutícola nacional. Está formado por un Sistema de Alerta Temprana (Sistema Alerta Fitosanitaria) y un Sistema Experto de Diagnóstico Fitosanitario (Sistema Diagnóstico Fitosanitario).

8.1. Sistema de alerta fitosanitario

El Sistema de Alerta Fitosanitaria (SAF) es una herramienta que utiliza información agroclimática, geográfica y biológica que permite modelar y pronosticar la acumulación térmica, con el objetivo de alertar y sugerir momentos oportunos de monitoreo y control fitosanitario. El SAF está implementado en un servidor de última generación, donde el SAG está poniendo a disposición del sector agrícola diferentes sistemas en estado productivo. En este servidor, el SAG ha virtualizado diferentes espacios para la operación de los diferentes módulos del sistema RPF. Los módulos que componen el SAF se describen a continuación:

1. Módulo de adquisición y modelamiento. Módulo de rutinas automáticas construido en lenguaje C++, que se conecta varias veces al día a los servidores de la Red Agroclimática Nacional (RAN) y de la Dirección Meteorológica de Chile (DMC) para la actualización de la base de datos de 445 Estaciones Meteorológicas Automáticas (EMAs) que se encuentran distribuidas desde el valle de LLuta por el norte hasta Punta Arenas, en la zona austral, asegurando una cobertura a nivel nacional. Una vez actualizadas las bases de datos originales de cada EMA, comienza una serie de procesos automáticos de validación y llenado de datos, que permiten la generación de una nueva base de datos validados y continuos. Este módulo utiliza la nueva BBDD validada y continua para el modelamiento espacial (modelos de espacialización de parámetros de temperatura y humedad relativa) y generación de mapas en formato ráster que alimentan al sistema de alerta y pronóstico fitosanitario.

Figura 13.1

Diagrama de Flujo del Sistema de Alerta Fitosanitario.

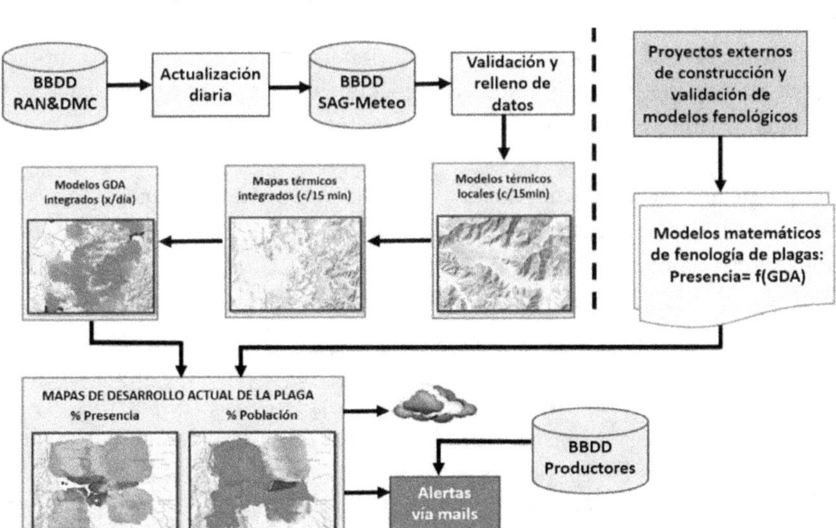

En la **Figura 13.1**, se aprecia el diagrama de flujo de cómo el módulo de adquisición y modelamiento va guiando el flujo de la información desde las estaciones meteorológicas de la Red Agroclimática Nacional y la Dirección Meteorológica de Chile, generando una base de datos original y una base de datos validada y completa, para pasar a generar mapas térmicos cada 15 minutos en las áreas de cobertura de cada estación meteorológica; luego, según los criterios de umbrales térmicos específicos para una plaga, genera mapas de grados días acumulados integrados que permiten el cálculo pixel a pixel del desarrollo actual de la plaga (% presencia,% población, acción fitosanitaria), lo que permite el envío de alertas vía correo electrónico a los productores inscritos.

En el SAF del Portal Productor RPF, el administrador puede programar de manera simple tanto la generación de modelos de grados día acumulado (GDA) específico para una plaga, como ingresar la información de modelos de desarrollo de estados inmaduros y rangos de acumulación térmica que gatillan un cambio de estado fenológico que genere una alerta fitosanitaria. De esta manera, el portal está preparado para la carga de la información de diferentes plagas de insectos para la implementación de nuevos sistemas de alerta a una resolución de 90 x 90 metros.

2. Módulo de atención de consultas. Módulo de rutinas automáticas y puntuales que tiene el objetivo de actualizar la información del Sistema de Alerta Fitosanitario en el Portal Productor RPF. Este módulo genera las respuestas de consultas puntuales hechas por el usuario en los portales web, así como la actualización de pronósticos y envío de *e-mails* tanto de alertas como de avisos de aplicación a los productores que hayan registrado sus cuarteles por especie y variedad mediante un polígono.

El Panel de control de pronóstico y alertas fitosanitaria ubicado en el Portal Productor RPF (**Figura 13.2**) es actualizado todas las madrugadas por el Módulo de atención de consultas, con el objetivo de entregar información actualizada a los productores desde las primeras horas del día. En este panel, el productor puede ver el pronóstico fitosanitario a 8 días por cuartel, especie y variedad para una plaga específica. Además, permite el acceso a visualizar la información espacializada como mapa o gráfica.

3. Módulo de análisis y administración. El módulo de análisis y administración permite ver tanto el funcionamiento de las EMAs, como visualizar los mapas meteorológicos modelados, así como generar un análisis específico en un área determinada. Al administrador le permite una conexión directa con el sistema y la generación de reportes específicos.

Este sistema (SAF) se encuentra disponible para los productores en el Portal Productor RPF, debiendo realizar, cada productor por cada cuartel de una misma variedad, los siguientes pasos para la programación de los pronósticos y alertas:

a. *Establecer cuarteles por especie y variedad.* En este panel (Programación de Alerta y Control Químico) se ingresa la localización del cuartel y los puntos adicionales de monitoreo, pero el cuartel se genera solamente si está dentro del área de cobertura.

Figura 13.2
Panel de control de pronóstico y alertas fitosanitaria.

Enviar AVISO APLICACIÓN Predial   Ir a Programación de Alerta y Control Fitosanitaria

Alerta Fitosanitaria

Este panel de control muestra, mediante un código de colores, las acciones de control sugeridas desde el día de consulta y el pronóstico para la semana. H: postura de huevos. L1: inicio Larva primer estadío

Color	Acción fitosanitaria	Color	Acción fitosanitaria
	Activa		Control Huevos y Larvas
	Próxima Inicio Control		Control Larvas
	Control Huevos		Plaga Inactiva

Panel Control Alerta Fitosanitaria   Fecha Actual: 20-09-2018

Ver +	Nombre	Comuna	Plaga	Hospedero	Cronofix	Biofix	20-09-2018	21-09-2018	22-09-2018	23-09-2018	24-09-2018	25-09-2018	26-09-2018	27-09-2018	Ver Mapa	Ver Gráfico
▸	S Fernando 01	SAN FERNANDO	Lobesia botrana	VID DE MESA		1 Julio	0% H-1 0% L1-1 0% L3-1 GDA:137	0% H-1 0% L1-1 0% L3-1 GDA:137	0% H-1 0% L1-1 0% L3-1 GDA:138	0% H-1 0% L1-1 0% L3-1 GDA:139	0% H-1 0% L1-1 0% L3-1 GDA:141	0% H-1 0% L1-1 0% L3-1 GDA:143	0% H-1 0% L1-1 0% L3-1 GDA:146	0% H-1 0% L1-1 0% L3-1 GDA:149		
▸	p5c6	SAN VICENTE	Lobesia botrana	VID VINIFERA		1 Julio	6% H-1 0% L1-1 0% L3-1 GDA:208	7% H-1 0% L1-1 0% L3-1 GDA:208	7% H-1 0% L1-1 0% L3-1 GDA:209	7% H-1 0% L1-1 0% L3-1 GDA:210	7% H-1 0% L1-1 0% L3-1 GDA:211	8% H-1 0% L1-1 0% L3-1 GDA:213	8% H-1 0% L1-1 0% L3-1 GDA:215	9% H-1 0% L1-1 0% L3-1 GDA:217		
▸	C02	RETIRO	Lobesia botrana	CIRUELO		1 Julio	0% H-1 0% L1-1 0% L3-1 GDA:142	0% H-1 0% L1-1 0% L3-1 GDA:142	0% H-1 0% L1-1 0% L3-1 GDA:142	0% H-1 0% L1-1 0% L3-1 GDA:142	0% H-1 0% L1-1 0% L3-1 GDA:143	0% H-1 0% L1-1 0% L3-1 GDA:143	0% H-1 0% L1-1 0% L3-1 GDA:144	0% H-1 0% L1-1 0% L3-1 GDA:145		
▸	C02	RIO CLARO	Lobesia botrana	ARÁNDANO		1 Julio	0% H-1 0% L1-1 0% L3-1 GDA:77	0% H-1 0% L1-1 0% L3-1 GDA:78	0% H-1 0% L1-1 0% L3-1 GDA:78	0% H-1 0% L1-1 0% L3-1 GDA:79	0% H-1 0% L1-1 0% L3-1 GDA:80	0% H-1 0% L1-1 0% L3-1 GDA:81	0% H-1 0% L1-1 0% L3-1 GDA:83	0% H-1 0% L1-1 0% L3-1 GDA:85		
▸	1	VILLA ALEGRE	Lobesia botrana	VID DE MESA		1 Julio	0% H-1 0% L1-1 0% L3-1 GDA:160	0% H-1 0% L1-1 0% L3-1 GDA:160	0% H-1 0% L1-1 0% L3-1 GDA:161	0% H-1 0% L1-1 0% L3-1 GDA:163	0% H-1 0% L1-1 0% L3-1 GDA:166	0% H-1 0% L1-1 0% L3-1 GDA:169	0% H-1 0% L1-1 0% L3-1 GDA:173	0% H-1 0% L1-1 0% L3-1 GDA:177		

Los puntos de monitoreo son una herramienta optativa que permite observar la actividad de la plaga en distintos sectores del huerto y sus alrededores.

b. *Monitorear alertas y pronósticos en cuarteles.* Este panel de control muestra, mediante un código de colores, las acciones de control sugeridas desde el día de consulta, además del pronóstico para los siguientes 8 días. Las alertas programadas avisan cuando el momento de control se visualiza con 8 días de anticipación.

c. *Programar controles químicos.* Permite programar controles según listado de productos, determinando fecha de término de aplicación y fenología de la planta.

d. *Mapa de información agrometeorológica.* El mapa de información agrometeorológica permite obtener información de temperatura, humedad relativa (modelos meteorológicos) y áreas de cobertura de la red, correspondientes a 445 EMAs (RAN + DMC) o acumulación térmica (modelos grados-días) de una zona o punto en particular, tanto histórica como diaria.

e. *Mapa fenología de plagas.* La herramienta monitoreo de plagas permite visualizar cuatro tipos de información: estado de actividad de la plaga, presencia, población y generación. El estado de "actividad" indica categorías o grados de desarrollo fenológico de la plaga en su huerto y entorno; "presencia" indica el porcentaje de la población presente en ese instante; "población" es el porcentaje acumulado de ese estado fenológico; y "generación" señala la generación o vuelo predominante.

f. *Enviar avisos de aplicación directos a la oficina SAG que corresponda.* Permite al productor, una vez programado el control químico, enviar el aviso de aplicación directamente a los funcionarios SAG correspondientes al área administrativa donde se sitúa el predio.

g. *Variables meteorológicas en Estaciones:* Por EMA permite consultar una serie de tiempo (datos originales y rellenados) de parámetros meteorológicos diarios como: temperatura (mínima, máxima, promedio), humedad relativa (promedio diario), velocidad y dirección del viento, precipitación, radiación solar, presión atmosférica, Horas Frío (base 7), Unidades de Frío (UTAH), N° Horas bajo 0 °C y Número de Datos. Permite bajar datos de una serie de tiempo como archivo Excel.

h. *Datos GDA Estaciones Meteorológicas:* Permite consultar una serie de tiempo (datos originales y rellenados) de datos de grados-día acumulados (GDA) de estaciones meteorológicas (EMAs). Por defecto, el sistema entrega el cálculo en el periodo de tiempo transcurrido desde el 1° de julio a la fecha en la cual se hace la consulta, temperatura base 10, corte 30 y método de corte horizontal, pero todos los campos son parametrizables.

i. *Monitoreo de Datos de EMAs por región:* En escala numérica y de colores, esta herramienta permite visualizar el número de datos originales recibidos cada día por cada estación a nivel regional, como también graficar por estación los datos térmicos diarios y por temporada. De igual forma, permite visualizar los datos corregidos.

Actualmente, se encuentra disponible el modelo predictivo para *Lobesia botrana*, implementándose como marcha blanca en las regiones de erradicación y contención del

Programa Nacional de Lobesia botrana PNLb con obligación de realizar controles químicos en áreas agrícolas. Varios estudios se están llevando a cabo entre distintas instituciones con el SAG para el desarrollo de nuevos modelos predictivos para polillas de la fruta (Eulias), chanchitos blancos (*Pseudococcus*) y trips de fruta.

9. SISTEMA EXPERTO PATRÓN SEP DE DIAGNÓSTICO FITOSANITARIO

Basándose en una Iniciativa de Fomento Integrada (IFI) del Programa de Transforma Alimentos de CORFO 2017, se generó una licitación abierta para el desarrollo de un software (SEP) que permitiera el desarrollo de sistemas expertos de diagnóstico fitosanitario para cada una de las especies frutales de interés y que permitiera su actualización permanente en el caso de ingreso de nuevas plagas que generen una sintomatología específica. De esta forma, se desarrolló un software en base a tres módulos alojados en los mismos servidores productivos donde opera el Sistema de Alerta Fitosanitario, quedando implementado para arándanos y frambuesa.

Figura 13.3

Panel con el detalle de los sistemas expertos disponibles.

Sistemas Expertos SAG - RPF

Nombre Sistema Experto	Nombre Científico Hospedante	Documento	Fotografía
Entrar a Sistema Arandano	Vaccinium corymbosum	Ver Documento	
Entrar a Sistema Frambuesa	Rubus idaeus	Ver Documento	

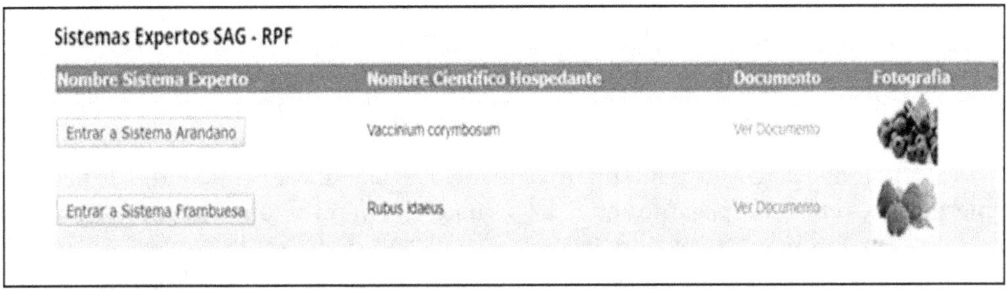

El Panel de Sistemas Expertos RPF (**Figura 13.3**) es una de las ventanas disponibles en el Sistema Experto de Diagnóstico Fitosanitario ubicado en el Portal Productor RPF. Al seleccionar el panel se despliegan los sistemas expertos disponibles por cultivo.

Es un sistema compuesto de tres módulos (administrador, experto y usuario), construidos en lenguaje C++, que permiten generar sistemas expertos de diagnóstico fitosanitario para todas las especies que se requieran. El sistema se basa en el concepto de inteligencia artificial donde se unen los conocimientos de expertos con algoritmos de base matricial, con el objetivo de poder apoyar al productor para obtener un diagnóstico inicial ante una sintomatología específica. Los módulos que componen el SAF se describen a continuación:

9.1. Módulo de Administración SEP

Este módulo cuenta con una versión web para el trabajo en línea por parte del administrador y una versión desktop para el trabajo de escritorio. A través de este módulo, el sistema se conecta tanto con el Sistema de Registro Agrícola SRA para traer las especies y variedades de cultivos para la generación de un nuevo sistema experto de un frutal específico, como al Sistema de Situación Fitosanitaria para traer la relación plaga-hospedante.

9.2. Módulo del Experto SEP

El módulo del experto cuenta con una versión *desktop*, para que cada investigador específico de las diferentes ramas de sanidad vegetal trabaje en su área. De esta forma, cada especialista ingresa la información panel por panel, configurando el sistema y entregándole los criterios de lógica al SEP. Además, cada especialista evalúa finalmente si al sistema le falta información y recibe alertas. Una vez terminado el trabajo se envía directo del módulo un archivo comprimido (.zip) con el nuevo sistema experto generado.

9.3. Módulo Usuario SEP

Corresponde al módulo de interacción de los sistemas expertos con los usuarios finales productores y/o asesores. El módulo disponible solo en versión web, permite a los usuarios realizar un diagnóstico interactivo a través de una serie de consultas y respuestas, una búsqueda puntual a través del buscador y finalmente tener acceso a los listados de plagas y enfermedades que se generan al trabajar los sistemas expertos por cada especie frutal, viña o cultivo.

Al utilizar el diagnóstico interactivo o modelo de identificación y control de plagas y enfermedades en un hospedante activado, permite al usuario obtener un prediagnóstico, respondiendo tres tipos de preguntas como variedad de cultivo, estado fenológico y órgano afectado. Luego se responde una serie de consultas hechas por el modelo de identificación.

El SEP como software quedó terminado desde el punto de vista fitosanitario, quedando pendiente la adecuación para que permita generar un diagnóstico completo ante cualquier síntoma expresado en la planta o frutos.

Al seleccionar un Sistema Experto específico (Arándano o Frambuesa) se ingresa al Módulo de Identificación y Control de Plagas y Enfermedades (**Figura 13.4**). En este módulo hay dos herramientas de búsqueda, un buscador por palabra clave y una búsqueda interactiva que pide seleccionar variedad, estado fenológico y órgano afectado.

Figura 13.4

Módulo de identificación y control de plagas y enfermedades.

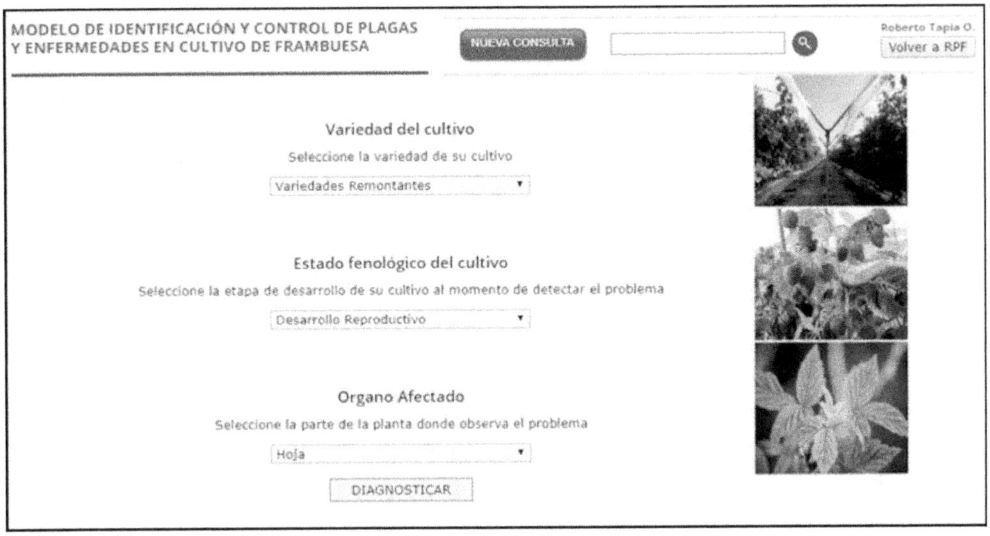

10. REFERENCIAS

SAG-UE-AGCI (2013). Manual de administración sistema fenología de plagas. V.4. Desarrollo de un sistema de alerta para las principales plagas presentes de relevancia económica para el sector hortofrutícola nacional.

SAG-UE-AGCI (2013). Informe final proyecto desarrollo e implementación sistema de información red de pronóstico fitosanitario. Versión 4. Desarrollo de un sistema de alerta para las principales plagas presentes de relevancia económica para el sector hortofrutícola nacional.

SAG-UE-AGCI (2013). Manual de usuario sistema de atención de usuario. Versión 4. Desarrollo de un sistema de alerta para las principales plagas presentes de relevancia económica para el sector hortofrutícola nacional.